21世纪远程教育精品教材·公共基础课系列

计算机应用基础

主编 李 刚

中国人民大学出版社

·北京·

“21 世纪远程教育精品教材”
编委会

总　序

我们正处在教育史尤其是高等教育史上的一个重大的转型期。在全球范围内，包括在我们中华大地，以校园课堂面授为特征的工业化社会的近代学校教育体制，正在向基于校园课堂面授的学校教育与基于信息通信技术的远程教育相互补充、相互整合的现代终身教育体制发展。一次性学校教育的理念已经被持续性终身学习的理念所替代。在高等教育领域，从1088年欧洲创立波洛格纳（Bologna）大学以来，21世纪以前的各国高等教育基本是沿着精英教育的路线发展的，这也包括自19世纪末创办京师大学堂以来我国高等教育短短百多年的发展史。然而，自20世纪下半叶起，尤其在迈进21世纪时，以多媒体计算机和互联网为主要标志的电子信息通信技术正在引发教育界的一场深刻的革命。高等教育正在从精英教育走向大众化、普及化教育，学校教育体系正在向终身教育体系和学习型社会转变。在我国，党的十六大明确了全面建设小康社会的目标之一就是构建学习型社会，即要构建由国民教育体系和终身教育体系共同组成的有中国特色的现代教育体系。

教育史上的这次革命性转型绝不仅仅是科学技术进步推动的。诚然，以电子信息通信技术为主要代表的现代科学技术的进步，为实现从校园课堂面授向开放远程学习、从近代学校教育体制向现代终身教育体制和学习型社会的转型提供了物质技术基础。但是，教育形态演变的深层次原因在于人类社会经济发展和社会生活变革的需求。恰在这次世纪之交，人类社会开始进入基于知识经济的信息社会。知识创新与传播及应用、人力资源开发与人才培养已经成为各国提高经济实力、综合国力和国际竞争力的关键和基础。而这些是仅仅依靠传统学校校园面授教育体制所无法满足的。此外，国际社会面临的能源、环境与生态危机，气候异常，数字鸿沟与文明冲突，对物种多样性与文化多样性的威胁等多重全球挑战，也只有依靠世界各国进一步深化教育改革与创新、人与自然的和谐发展才能得到解决。正因为如此，我国党和政府提出了“科教兴国”、“可持续发展”、“西部大开发”、“缩小数字鸿沟”以及“人与自然和谐发展”的“科学发展观”等基本国策。其中，对教育作为经济建设的重要战略地位和基础性、全局性、前瞻性产业的确认，对高等教育对于知识创新与传播及应用、人力资源开发与人才培养的重大意义的关注，以及对发展现代教育技术、现代远程教育和教育信息化并进而推动国民教育体系现代化、构建终身教育体系和学习型社会的决策更得到了教育界和全社会的共识。

在上述教育转型与变革时期，中国人民大学一直走在我国大学的前列。中国人民大学是一所以人文、社会科学和经济管理为主，兼有信息科学、环境科学等的综合性、研究型大学。长期以来，中国人民大学充分利用自身的教育资源优势，在办好全日制高等教育的同时，一直积极开展远程教育和继续教育。中国人民大学在我国首创函授高等教育。1952 年，校长吴玉章和成仿吾创办函授教育的报告得到了刘少奇的批复，并于 1953 年率先招生授课，为新建的共和国培养了一大批急需的专门人才。在上世纪 90 年代末，中国人民大学成立了网络教育学院，成为我国首批现代远程教育试点高校之一。经过短短几年的探索和发展，中国人民大学网络教育学院创建的“网上人大”品牌，被远程教育界、媒体和社会誉为网络远程教育的“人大模式”：即“面向在职成人，利用网络学习资源和虚拟学习社区，支持分布式学习和协作学习的现代远程教育模式”。成立于 1955 年的中国人民大学出版社是新中国建立后最早成立的大学出版社之一，是教育部指定的全国高等学校文科教材出版中心。在过去的几年中，中国人民大学出版社与中国人民大学网络教育学院合作创作、设计、出版了国内第一套极富特色的“现代远程教育系列教材”。这些凝聚了中国人民大学、北京大学、北京师范大学等北京知名高校学者教授、教育技术专家、软件工程师、教学设计师和编辑们广博才智的精品课程系列教材，以印刷版、光盘版和网络版立体化教材的范式探索构建全新的远程学习优质教育资源，实现先进的教育教学理念与现代信息通信技术的有效结合。这些教材已经被国内其他高校和众多网络教育学院所选用。中国人民大学出版社基于“出教材学术精品，育人文社科英才”理念的努力探索及其初步成果已经得到了我国远程教育界的广泛认同，是值得肯定的。

今年 4 月，我被邀请出席《中国远程教育》杂志与中国人民大学出版社联合主办的“远程教育教材的共建共享与一体化设计开发”研讨会并做主旨发言，会后受中国人民大学出版社的委托为“21 世纪远程教育精品教材”撰写“总序”，这是我的荣幸。近几年来，我一直关注包括中国人民大学网络教育学院在内的我国高校现代远程教育试点工程。这次，更有机会全面了解和近距离接触中国人民大学出版社推出的“21世纪远程教育精品教材”及其编创人员。我想将我在上述研讨会上发言的主旨做进一步的发挥，并概括为若干原则作为我对包括中国人民大学出版社、中国人民大学网络教育学院在内的我国网络远程教育优质教育资源建设的期待和展望：

● 现代远程教育教材的教学内容要更加适应大众化高等教育面对在职成人、定位在应用型人才培养上的需要。

● 现代远程教育教材的教学设计要更加适应地域分散、特征多样的远程学生自主学习的需要，培养适应学习型社会的终身学习者。

● 在我国网络教学环境渐趋完善之前，印刷教材及其配套教学光盘依然是远程教材的主体，是多种媒体教材的基础和纽带，其教学设计应该给予充分的重视。要在印刷教材的显要部位对课程教学目标和要求做明确、具体、可操作的陈述，要清晰地指导远程学生如何利用多种媒体教材进行自主学习和协作学习。

●应组织相关人员对多种媒体的远程教材进行一体化设计和开发，要注重发挥多种媒体教材各自独特的教学功能，实现优势互补。要特别注重对学生学习活动、教学交互、学习评价及其反馈的设计和实现。

●要将对多种媒体远程教材的创作纳入到对整个远程教育课程教学系统的一体化设计和开发中去，以便使优质的教材资源在优化的教学系统、平台和环境中，在有效的教学模式、学习策略和学习支助服务的支撑下获得最佳的学习成效。

●要充分发挥现代远程教育工程试点高校各自的学科资源优势，积极探索网络远程教育优质教材资源共建共享的机制和途径。

中华人民共和国教育部远程教育专家顾问
丁兴富
2005年4月28日

计算机技术与互联网的应用已经非常普及，它给人们的生活和工作带来了便利，人们期望学习和掌握计算机应用技能的知识，以适应学习和工作的需要。本书全面介绍了计算机基础知识、Windows 7 操作系统及其应用、Microsoft Office 2010 软件的使用、计算机网络基础、Internet 的应用、计算机安全、计算机多媒体技术等内容。

本书的编写指导思想是以计算机应用为依托，介绍计算机系统的构成和工作原理、介绍微型计算机及其常用软件的使用、介绍利用互联网索取和发布信息的方法、介绍计算机多媒体技术的应用。书中内容操作步骤清晰详尽，不容易理解的地方以举例的方式加以说明。本书内容安排如下：

第 1 章计算机基础知识。介绍计算机的基本知识、计算机系统的组成、信息编码、微型计算机的硬件组成等内容。通过学习相关知识应掌握微型计算机的工作原理和配置微型计算机硬件和软件的方法。

第 2 章 Windows 操作系统及其应用。主要介绍 Windows 7 操作系统的使用技巧，包括 Windows 系统桌面参数的设置方法、附件程序的使用、文件管理的使用、控制面板的使用。

第 3 章 Word 文字编辑。主要介绍 Word 文档的操作知识。介绍 Word 文档的编辑、排版、打印设置的技巧。

第 4 章 Excel 电子表格。主要介绍 Excel 工作簿和工作表的操作知识。介绍编辑 Excel 表格、Excel 表格数据加工、设置 Excel 表格格式的方法。

第 5 章 PowerPoint 电子演示文稿。主要介绍制作 PowerPoint 幻灯片文件的方法。介绍制作 PowerPoint 幻灯片、设置 PowerPoint 幻灯片动画和播放格式的技巧。

第 6 章计算机网络基础。介绍计算机网络、互联网的基本知识。

第 7 章 Internet 的应用。介绍 Internet 的基本应用。介绍搜索引擎、博客、电子邮件操作的知识。

第 8 章计算机安全，介绍计算机网络安全的基本知识。介绍计算机安全服务的主要技术、计算机病毒防范的知识。

第 9 章计算机多媒体技术，介绍计算机多媒体技术的基本知识。介绍多媒体基本工具的使用、多媒体信息的处理方法。

本书涵盖了教育部全国高校网络教育考试委员会制定的“计算机应用基础”考试大纲（2013 年修订）的内容，可以作为大、中专院校非计算机专业的教材。由于计算机技术发展较快，书中难免有遗漏和不当之处，恳请读者批评指正。

编　者

2014 年 1 月

录
目
Contents

第1章 计算机基础知识

当今应用计算机技术已经成为人们学习和工作的基本技能，学习计算机技术需要了解计算机的基本概念、掌握计算机的硬件系统和软件系统构成的知识、了解信息在计算机中的表示方法、掌握微型计算机硬件的性能和常用设备的使用方法。

知识导论

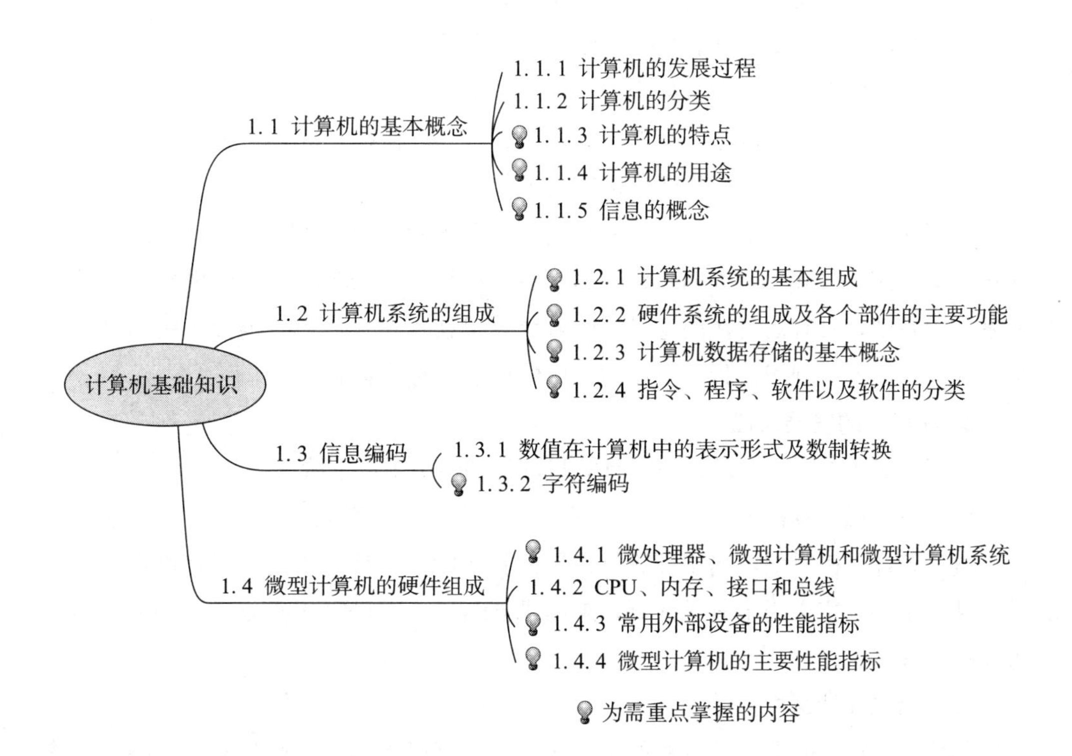

1.1 计算机的基本概念

学习目标

※ 了解计算机的发展过程；

※ 了解计算机的分类；

※ 理解计算机的主要特点；

※ 了解计算机的主要用途；

※ 了解信息的基本概念。

1.1.1 计算机的发展过程

1. 计算机的诞生

计算机是一种能自动运行、具有高速运算能力和信息存储能力、在程序控制下完成信息加工工作的电子设备。计算机的出现得益于杰出的学者——冯·诺依曼，他提出了建立“自动计算系统”设备的设想，这就是目前被广泛使用的计算机。冯·诺依曼研究报告提出计算机体系结构的基本思想可以归纳为：

（1）计算机中的程序和数据全部采用二进制数表示。

（2）计算机由输入设备、存储设备、运算器、控制器、输出设备组成。

（3）计算机由存储程序控制完成有关工作。

按照这个设计思想，1946年世界第一台电子数字计算机ENIAC（The Electronic Numerical Integrator and Calculator）研制成功。ENIAC的出现奠定了计算机发展的基础，具有划时代的意义。随着计算机技术的发展，目前计算机已经广泛应用到社会的各个领域，计算机成为人们处理信息的重要工具。

2. 计算机的发展阶段

按照计算机电子元件的构成，计算机的发展经历了以下阶段：

（1）第一代计算机。

电子管计算机时期，属于计算机发展的初级阶段，计算机的运算速度慢，信息的存储容量小，主要用于科学计算，采用机器语言（二进制代码方式）和汇编语言方式设计程序。

（2）第二代计算机。

晶体管计算机时期，计算机的体积减小，计算机操作系统软件日益成熟，计算机自动控制能力增强，主要用于科学计算和事务处理，采用类似于自然语言的高级程序语言设计程序，提高了设计程序的效率。

（3）第三代计算机。

集成电路计算机时期，计算机的体积明显减小，计算机的运算速度和性能明显提高，出现了计算机通信网络。这一时期微型计算机诞生，计算机广泛应用于各个领域，采用计算机高级程序语言设计程序。

（4）第四代计算机。

大规模或超大规模集成电路计算机时期，微型计算机技术和应用发展迅猛，计算机互联网络得到广泛的应用，计算机应用领域更加广泛，多媒体信息处理非常简便，出现了面向对象的程序设计语言，计算机程序设计的效率更高。但是，计算机病毒、黑客的出现使得计算机的安全受到威胁。

未来计算机的应用发展趋势是继续以互联网的应用为核心，实现物联网的应用。同时为了解决信息处理速度的问题，利用云计算增强计算机的网络功能和协同工作能力。计算机更加便于携带，计算机的智能化得到提高。

1.2.2　计算机的分类

计算机按照用途可以分为通用计算机和专用计算机。通用计算机功能齐全、用途广泛，专用计算机功能单一。通用计算机按照机器的规模和处理能力可以分为以下类别：

（1）巨型计算机。

巨型计算机具有很强的计算和处理数据的能力，主要特点表现为高速度和大容量，配有多种外部设备及丰富的、高功能的软件系统，运算速度能够达到每秒数万亿次。我国研制的银河系列、曙光系列、天河系列计算机属于巨型计算机。

（2）大型计算机。

大型计算机采用并行处理器技术，具有很强的数据处理能力。

（3）中型计算机。

中型机主要用于事务数据处理。中型计算机用于银行系统、证券系统、大型企业和科研机构的信息管理。

（4）小型计算机。

小型计算机体积小、功能强、维护方便。

（5）微型计算机。

微型计算机体系结构简单，软件丰富。微型计算机包括台式计算机、笔记本电脑、掌上电脑等多种形式，能够满足家庭或移动信息处理的需要。

1.2.3 计算机的特点

计算机具有以下特点：

(1) 运算速度快、精度高。

现代计算机运算速度能够达到每秒数万亿次，数据处理的速度相当快，是其他任何工具无法做到的事情。

(2) 具有存储与记忆能力。

计算机可以存储数值、文字、图形、图像、音频、视频等不同格式的数据。数据能够永久地存放在计算机的磁盘中。

(3) 具有逻辑判断能力。

计算机借助于逻辑运算，可以进行逻辑判断，并根据判断结果自动确定下一步该做什么。

(4) 自动化程度高。

利用计算机解决问题时，人们启动编制好的程序以后，计算机可以自动执行，一般不需要人工干预，计算机会自动得到运算结果。

(5) 计算机通用性强。

目前计算机在很多领域得到了广泛应用，通过程序完成各种信息加工工作。所以，计算机具有很强的通用性。

1.2.4 计算机的用途

电子计算机自诞生以来广泛应用于各个领域。

(1) 数值计算。

数值计算是计算机应用的重要领域，数值计算要求量大、计算结果精度高、速度快。例如，数值计算应用于航天数据计算、气象数据加工、建筑设计计算、遥感监测数据处理等方面。

(2) 事务信息处理。

事务信息处理是计算机应用最广泛的领域，事物信息处理主要指文字数据的处理，包括数据的收集、存储、加工、传输、利用等环节。事务信息处理广泛应用于不同领域的信息系统，例如电子政务系统、电子商务系统、办公自动化系统、企业的管理信息系统、银行的金融信息系统、证券信息系统等方面。

(3) 自动控制。

利用计算机进行生产过程的自动控制，可以实现生产过程的实时数据处理。自动控制的应用提高了生产过程的工作效率。

（4）计算机辅助应用。

计算机辅助设计（Computer Aided Design，CAD）技术是指工程技术人员利用计算机技术对产品和工程项目进行总体设计、绘图、分析的过程，利用CAD技术可以提高产品设计、建筑设计的工作效率。

计算机辅助制造（Computer Aided Manufacturing，CAM）技术应用于产品设计工作，它可以降低产品制造的成本。

计算机辅助教学（Computer Aided Instruction，CAI）技术，是一种利用计算机作为教学手段的教学技术，这个技术的应用克服了传统教学方式受到时间和空间限制的局限，可以根据学生的不同情况进行教学。

（5）人工智能的应用。

人工智能的应用是指利用计算机可以模拟人的思维、感知、判断、理解活动的应用。例如，智能机器人的应用、医疗专家系统诊疗病情软件的应用属于这个范畴。

（6）计算机网络的应用。

利用计算机网络可以实现信息资源的共享，特别是互联网的应用与人们的生活、学习和工作密切相关，利用互联网可以获得更多的信息资源。

（7）计算机多媒体的应用。

多媒体是指文字、图片、音频和视频信息。利用计算机可以处理多媒体信息资源，制作、加工和播放多媒体资料文件，给人们带来娱乐享受。

1.2.5　信息的概念

1. 数据

数据是对客观事物特征的具体描述，数据能够用符号直接反映出来，其表现形式可以是文字、数值、图形、图像、语音、视频等。例如，在人事管理工作中，“张三”表示员工的姓名，“2014/01/01”表示日期。现实世界存在着大量数据，数据不能脱离一定的语义环境而存在，数据按照某种规范经过分类以后，形成了具有一定语义特征的数据集合。例如，学生的姓名、年龄、入校时间等数据构成了学生基本情况的数据集合。

2. 信息

信息是对客观事物的抽象描述，是对大量数据加工后得到的结果。信息能够提供给人们进行管理和决策。

信息具有时效性，历史信息能够帮助人们回顾和总结，时效性强的信息，可以帮助人们有效地利用信息。信息具有价值性，信息是人们对数据有目的的加工结果，有效地利用信息能够创造更多的价值。信息具有真伪性，由于收集数据的策略和方法不同，因而数据处理后产生的信息具有真伪性，利用信息时要正确辨认其真伪性。信息具有层次性，不同层次的人员可能需要不同层次的信息。

信息分成不同的类型。例如，具有管理职能的信息称作管理信息，管理信息能够给企业的管理决策和管理目标的实现带来参考价值。

3. 信息系统

信息系统是具有一定职能、以信息管理为目的、由相关要素组成的整体。信息系统的管理技术包括信息存储技术和信息处理技术。信息系统的职能是完成信息的收集、存储、加工、传递、利用等工作，其核心任务是提供信息管理服务。

现实中存在大量信息系统的应用案例。例如，对会计信息进行处理的系统称作会计信息系统，包括凭证处理、凭证审核、凭证记账、期末结账、报表处理等信息处理环节，利用会计信息系统可以提高企业会计信息的处理效率。再如，在企业的管理工作中，各部门之间有大量的信息交流环节，通过部门间的信息交流，能够为企业的管理者提供管理和决策服务，为企业的经营创造更多价值。所以，企业需要建立一套体系完整的信息系统，为企业的管理工作服务。

1.2 计算机系统的组成

学习目标

※ 理解计算机系统的基本组成；

※ 了解硬件系统的组成及各个部件的主要功能；

※ 理解计算机数据存储的基本概念；

※ 了解指令、程序、软件的概念以及软件的分类。

1.2.1 计算机系统的基本组成

计算机系统由硬件和软件两大部分组成，计算机系统的组成如图 1—1 所示。

1.2.2 硬件系统的组成及各个部件的主要功能

1. 硬件系统的组成

计算机硬件系统的组成如图 1—2 所示，包括输入设备、存储设备、运算器、控制器、输出设备。

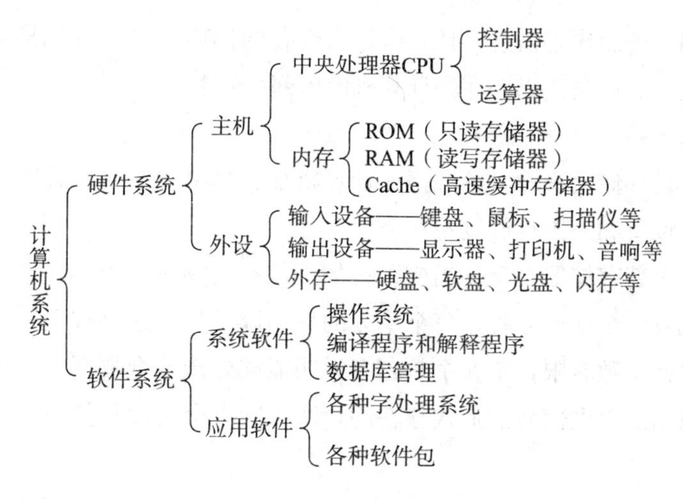

图 1—1　计算机系统的组成

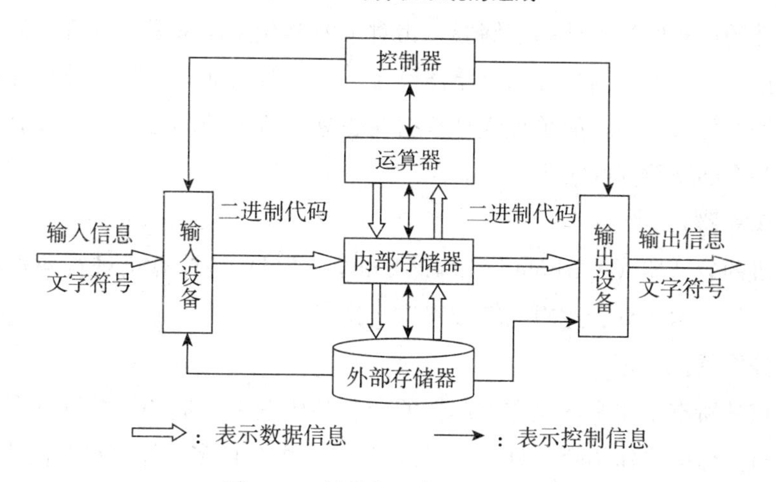

图 1—2　计算机硬件系统的组成

2. 计算机的工作原理

（1）计算机在控制器的控制下，把以文字符号形式存在的数据或程序，通过输入设备转换成二进制代码，存储到计算机的内部存储器。

（2）计算机在控制器的控制下，根据程序的处理要求，从内部存储器中取得数据传送到运算器进行加工，运算器将运算的结果返回到内部存储器。

（3）计算机在控制器的控制下，根据程序的处理要求，从内部存储器中取得数据传送到输出设备，经输出设备将二进制代码转换成文字符号显示或打印。

（4）计算机在控制器的控制下，根据操作需要，可以将内部存储器中的数据保存到计算机的外部存储器。

3. 计算机各部件的职能

（1）输入设备。

由于计算机是电子设备，只能够识别电信号，而电信号可用 0、1 表示，所以计算机能够识别二进制代码信息。计算机输入设备的作用是将文字符号经过输入设备的处理转换成为二进制代码保存到计算机的内部存储器。

(2) 存储设备。

存储设备是存储用户输入的数据或计算机加工结果的设备。计算机的存储设备分成内部存储设备和外部存储设备两类。

计算机的内部存储器是保存当前正在加工数据的场所，内部存储器分为若干单元，每个单元有一个地址名称，每个单元的数据以八位二进制代码的形式表示，内部存储器的单元个数有限，单元个数越多说明能够处理的数据越多。由于计算机内部存储器的数据是以电信号的形式存在的，所以断电会造成计算机内部存储器数据的丢失。

计算机的外部存储器是保存内部存储器数据的场所，内部存储器的数据可以以计算机文件的形式保存到外部存储器。相对于内部存储器来说，计算机的外部存储器存储数据的容量大，因为外部存储器设备可以随时增加。计算机外部存储器的数据以磁信号的形式存在，简单来说是数据在磁盘上留下的刻痕，所以计算机断电不会造成外部存储器数据的丢失。

(3) 运算器。

计算机的运算器（Arithmetic Logic Unit，ALU）是计算机进行各种运算的部件，可以进行算术运算、逻辑运算和移位运算。

(4) 控制器。

计算机的所有工作全部是在控制器的控制和协调下完成的。控制器保存了计算机所能进行操作的操作指令。计算机CPU提供的指令越多，计算机的性能越强。单位时间内，CPU处理指令的条数越多，计算机的速度越快。CPU是衡量计算机性能好坏的重要指标，目前微型计算机采用多CPU技术，提高了计算机的性能。

运算器和控制器集成在一起称为中央处理器（CPU）。

(5) 输出设备。

由于计算机内部是以二进制代码的形式处理数据，所以计算机输出设备的作用是将计算机内部的二进制代码转换成为人们能够识别的图形或符号。

1.2.3 计算机数据存储的基本概念

1. 计算机为什么采用二进制表达信息

由于计算机是由电子元件组成的电子设备，计算机只能识别电压信息，简单来说当计算机的电子元件有电压时，可以用“1”表示，无电压时用“0”表示。计算机要处理文字、数值、声音、图像等数据时，必须将它们转换成为二进制代码。

2. 计算机的信息存储单位

计算机中存储数据的最小单位是一位二进制代码，称作1bit（比特），其结果值是“0”或“1”，一位二进制代码能够表达两个信息状态。计算机一次能处理的二进制的位数称作字长。

8bit称作1Byte（字节，简写B），字节是存储数据的单元。计算机中的数据以字节为单元保存，每个单元有一个单元地址，单元地址用二进制代码表示，单元地址的位数越多，提供的单元个数越多。计算机通过单元地址找到单元存放的数据。

计算机存储单位的换算关系：2^{10}B＝1 024B＝1KB，2^{10}KB＝1MB，2^{10}MB＝1GB，2^{10}GB＝1TB。

计算机的指令和内存单元的地址采用二进制代码表示，指令的条数、单元的个数与计算机的字长有关，指令条数越多说明计算机的功能越强。理论上来说，32位字长的计算机可以有2^{32}条指令，可以提供2^{32}个内存单元，因此说字长是衡量计算机性能的重要指标。

1.2.4　指令、程序、软件以及软件的分类

1. 指令

指令是指挥机器工作的命令，计算机能够执行的指令的集合，称作计算机的指令系统。指令的种类和多少与计算机的机型有关。通常一条指令包括操作码和操作数，操作码决定要完成的操作，操作数指参加运算的数据及其所在的单元地址。

2. 程序

程序是用某种计算机程序设计语言编写的、按一定逻辑排列的指令序列。

计算机程序设计语言是开发应用软件的软件工具。利用计算机程序设计语言可以编写应用程序。例如，进行数值运算和过程处理可以选用Visual C语言、Visual Basic语言设计应用程序。计算机程序设计语言包括：

（1）机器语言。

机器语言（Machine language）采用二进制代码形式编写应用程序，用机器语言设计的程序称作目标程序。采用机器语言设计的应用程序可移植性较差。

（2）汇编语言。

利用汇编语言（Assembly language）采用符号方式设计程序，与机器语言相比利用汇编语言设计的程序可读性好。

（3）高级语言。

高级语言是一种完全符号化的语言，利用高级语言设计的程序采用自然语言方式描述，容易被人们理解和掌握。利用高级语言设计的程序通用性好，具有很强的

可移植性。

程序是为了解决某个问题，将问题分解成若干个最小步骤，每个步骤用计算机语言的命令或语句完成，所以程序是一组语句序列。

3. 软件

软件是指支持计算机运行或解决某些特定问题而需要的程序、数据以及相关的文档。软件包括系统软件和应用软件。计算机软件系统的构成如图 1—3 所示。

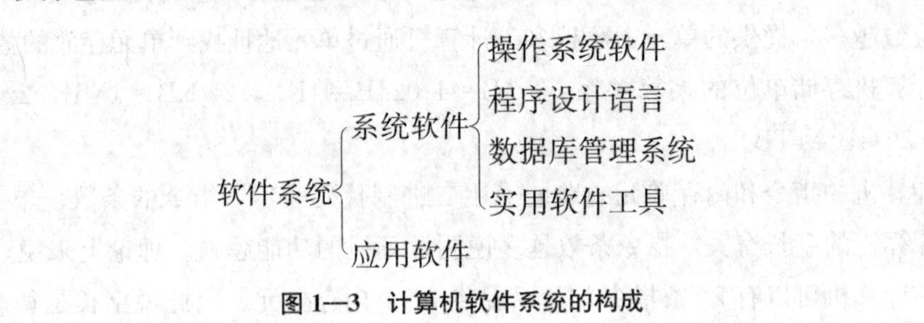

图 1—3　计算机软件系统的构成

（1）系统软件：是指维持计算机系统正常运行，负责控制和协调计算机及外部设备，支持应用软件开发和运行的软件。

➢ 操作系统软件是计算机必须安装的软件。主要作用是管理软件和硬件资源，控制和协调计算机各部件工作。微型计算机常见的操作系统软件有 DOS、Windows、Xenix、Linux 等。

➢ 数据库管理系统是维护和管理数据库的软件。利用计算机解决事务数据处理问题，例如财务管理、人事管理等时，需要用数据库管理系统软件来解决。事务处理问题首先需要建立数据库模型，然后设计加工数据的程序。例如，常用的数据库管理系统有 Access、Visual FoxPro、SQL Server、MySQL 等。

➢ 办公软件用于编辑文字和加工表格数据。常用的办公软件有 Microsoft Office、WPS。Microsoft Office 主要包括：Word 文字处理软件，可以进行文字、图片和表格处理。Excel 是电子数据表格处理软件，可以进行表格数据的编辑和加工运算，可以制作统计图；Outlook 是电子邮件通信软件；Access 是微软发布的关系型数据库管理系统软件；PowerPoint 是制作演示文稿幻灯片的软件。

➢ 影音播放软件是处理视频或音频文件的软件。播放软件类别繁多，常用的影音播放软件有：暴风影音、RealPlayer、Windows Media Player 等；网络电视播放软件有：PPlive、QQlive、Adobe 公司的 Flash Player 等。

➢ 图形图像处理软件用于广告制作、平面设计、影视后期制作等领域。常用的产品有 Adobe 公司的 Photoshop 软件。

➢ 浏览器软件是显示网页程序的软件工具。浏览器软件包括微软的 Internet Explore 浏览器、Mozilla 公司的 Firefox 浏览器。

➢ 文件下载软件是用来将互联网文件下载到客户端计算机的工具软件。各大型网站都有各自的下载文件的实用程序。常见的下载软件有迅雷、网际快车、超级旋风等。

➢ 互联网为人们提供了大量的信息资源，互联网信息是网页程序在浏览器的控制下，以网页页面的形式展示给浏览者的，要想在互联网上发布信息，需要设计网页程序文件。网页程序由 HTML 语句和脚本语句组成。常用的网页程序设计软件有 FrontPage、Dreamweaver。

➢ 查杀计算机病毒的软件。计算机病毒是破坏计算机正常工作的程序，计算机病毒可以通过网络方式发布和传播，并通过运行程序被激活。计算机病毒不仅破坏计算机的软件，造成程序运行异常或数据丢失，计算机病毒也可以破坏硬件设备。由于微型计算机的体系结构简单，随着计算机互联网应用的普及，利用网络传播计算机病毒的情况越来越严重，病毒给信息的安全带来了威胁，所以计算机需要安装查杀计算机病毒的软件。

➢ 聊天软件可以实现实时通信，聊天时可以 1 对 1 或 1 对多进行文字、声音、视频交流。常用的聊天软件有 QQ、MSN 等。

（2）应用软件：是指为解决某个或某类给定的问题而设计的软件。如会计电算化软件、教学管理软件、网络购物软件、网络银行软件等。

1.3　信息编码

学习目标

※ 了解数值在计算机中的表示形式及数制转换；

※ 了解字符编码。

1.3.1　数值在计算机中的表示形式及数制转换

1. 数制及其表示

数制是一种计数进位的规则，常见的有十进制、二进制、八进制、十六进制。

（1）十进制。

十进制是最常用的计数方法。十进制数计数规则是逢十进位，十进制数的各位可以用 0、1、2、3、4、5、6、7、8、9 共 10 个符号表示。例如，65、1 024 等表示十进制数。

（2）二进制。

二进制数是计算机内部存储数据采用的计数方法。二进制数的计数规则是逢二进位，二进制数的各位可以用 0、1 共 2 个符号表示。例如，$(01000001)_2$、$(1111)_2$ 等表示二进制数。

1 位二进制数能够表达“0”、“1”共 2 个信息状态，2 位二进制数能够表达“00”、“01”、“10”、“11”共 4 个信息状态……n 位二进制数能够表达 2^n 个信息状态。

（3）八进制。

八进制数是为了便于记忆二进制数而采用的计数方法。八进制数的计数规则是逢八进位，八进制数的各位可以用 0、1、2、3、4、5、6、7 共 8 个符号表示。例如，$(101)_8$、$(77)_8$ 等表示八进制数。

（4）十六进制。

十六进制数也是为了便于记忆二进制数而采用的计数方法。十六进制数的计数规则是逢十六进位，十六进制数的各位可以用 0、1、2、3、4、5、6、7、8、9、A、B、C、D、E、F 共 16 个符号表示。例如，$(41)_{16}$、$(A9F)_{16}$ 等表示十六进制数。

各进制数之间的对照关系如表 1—1 所示。

表 1—1　　四种进制数对照表

十进制	二进制	八进制	十六进制	十进制	二进制	八进制	十六进制
0	0	0	0	10	1 010	12	A
1	1	1	1	11	1 011	13	B
2	10	2	2	12	1 100	14	C
3	11	3	3	13	1 101	15	D
4	100	4	4	14	1 110	16	E
5	101	5	5	15	1 111	17	F
6	110	6	6	16	10 000	20	10
7	111	7	7	17	10 001	21	11
8	1 000	10	8	18	10 010	22	12
9	1 001	11	9	19	10 011	23	13

2. 数制间的转换

各种进制数之间的转换遵循一些规律，在此介绍常见的数制转换方法。

（1）十进制数 $(X)_{10}$ 转换成 N 进制数的方法。

$(X)_{10} = (\cdots K_4 K_3 K_2 K_1 K_0)_N$

其中，N=2、8、16。

第一步：将十进制数 X 除以 N 得到一个余数和一个商，其中余数作为 K_0；如果商小于 N，那么商作为 K_1，这样转换完毕。如果得到的商大于 N 就要进行第二步转换。

第二步：将第一步得到的商除以 N 得到一个余数和一个商，其中余数作为 K_1；如果商小于 N，那么商作为 K_2，这样转换完毕。如果得到的商大于 N 就要进行第三步转换。

第三步：将第二步得到的商除以 N 得到一个余数和一个商，其中余数作为 K_2；如果商小于 N，那么商作为 K_3，这样转换完毕。如果得到的商大于 N 就要进行第四步转换。以此类推最终可以得到结果。

（2）N 进制数转换成十进制数 $(X)_{10}$ 的方法。

$(\cdots K_4K_3K_2K_1K_0)_N=(X)_{10}$

其中，N=2、8、16。

公式：$X=\sum_{i=0}^{n-1}k_iN^i$ ，这里假定 X 是正整数。N 表示进制，N 可以是 2、8、16 之一。i 表示 N 进制数从右侧开始的位数，假定有 k 位 N 进制数，$i=\{0, 1, \cdots, k-1\}$。k_i 表示 N 进制数从右侧开始的第 i 位的取值。

例如，$(01000001)_2=(1\times2^6+1\times2^0)_{10}=(64+1)_{10}=(65)_{10}$。

（3）二进制数与八进制数的互换。

二进制数转换成八进制数的方法是将二进制数从右侧开始向左侧每三位分成一组，不足三位时补零，将每一组三位二进制数分别转换成一位十进制数，这样就可以得到二进制数对应的八进制数。

八进制数转换成二进制数的方法是将八进制数逐位分别转换成三位二进制数，不足三位时用零补足成三位。每一位八进制数对应一组三位二进制数，这样就可以得到二进制数。

（4）二进制数与十六进制数的互换。

二进制数转换成十六进制数的方法是将二进制数从右侧开始向左侧每四位分成一组，不足四位时补零，将每一组四位二进制数分别转换成一位十六进制数，这样就可以得到二进制数对应的十六进制数。

十六进制数转换成二进制数的方法是将十六进制数逐位分别转换成四位二进制数，不足四位时用零补足成四位。每一位十六进制数对应一组四位二进制数，这样就可以得到二进制数。

不同进制间的数据比较大小时，要先把它们统一换算成为同一个进制的数，然后才能比较出结果。

1.3.2　字符编码

1. ASCII 编码

（1）ASCII 编码的作用。

ASCII（American Standard Code for Information Interchange）编码即美国标准信息交换码，是微型计算机普遍采用的英文字符编码方案。ASCII 编码解决英文符号在计算机中保存的问题，它给每个英文符号分配一个唯一的二进制代码，计算机通过保存和处理每个符号对应的二进制代码完成对英文符号的加工。

(2) ASCII 编码方案。

ASCII 编码方案将所有英文字母包括大写和小写、数字符号、特殊符号有规律地排列成为一个符号集合，每个符号依次用八位二进制代码表示，所以一个符号存储在计算机内部占用 1 个字节。每个符号二进制代码左侧第一位为“0”，其余七位是 0 或 1 的组合，这样 ASCII 编码方案中共有 2^7 个符号，如表 1—2 所示。

例如，字母“A”的 ASCII 编码是“01000001”，字母“a”的 ASCII 编码是“01100001”。当我们在键盘上输入字母“A”时，计算机内存存储的是 ASCII 编码“01000001”，计算机输出设备处理到“01000001”时，屏幕上就显示“A”符号。

表 1—2 **ASCII 编码表**

二进制数	符号	二进制数	符号	二进制数	符号	二进制数	符号
00000000	NUL	00100000	空格	01000000	@	01100000	、
00000001	SOH	00100001	!	01000001	A	01100001	a
00000010	STX	00100010	“	01000010	B	01100010	b
00000011	ETX	00100011	#	01000011	C	01100011	c
00000100	EOT	00100100	$	01000100	D	01100100	d
00000101	ENQ	00100101	%	01000101	E	01100101	e
00000110	ACK	00100110	&	01000110	F	01100110	f
00000111	BEL	00100111	,	01000111	G	01100111	g
00001000	退格	00101000	(	01001000	H	01101000	h
00001001	HT	00101001	)	01001001	I	01101001	i
00001010	换行	00101010	*	01001010	J	01101010	j
00001011	VT	00101011	+	01001011	K	01101011	k
00001100	FF	00101100	,	01001100	L	01101100	l
00001101	回车	00101101	—	01001101	M	01101101	m
00001110	SO	00101110	。	01001110	N	01101110	n
00001111	SI	00101111	/	01001111	O	01101111	o
00010000	DLE	00110000	0	01010000	P	01110000	p
00010001	DC1	00110001	1	01010001	Q	01110001	q
00010010	DC2	00110010	2	01010010	R	01110010	r
00010011	DC3	00110011	3	01010011	S	01110011	s
00010100	DC4	00110100	4	01010100	T	01110100	t

续前表

二进制数	符号	二进制数	符号	二进制数	符号	二进制数	符号
00010101	NAK	00110101	5	01010101	U	01110101	u
00010110	SYN	00110110	6	01010110	V	01110110	v
00010111	ETB	00110111	7	01010111	W	01110111	w
00011000	CAN	00111000	8	01011000	X	01111000	x
00011001	EM	00111001	9	01011001	Y	01111001	y
00011010	SUB	00111010	:	01011010	Z	01111010	z
00011011	ESC	00111011	;	01011011	[	01111011	}
00011100	FS	00111100	<	01011100	\	01111100	|
00011101	GS	00111101	=	01011101	{	01111101	]
00011110	RS	00111110	>	01011110	↑	01111110	~
00011111	US	00111111	?	01011111	↓	01111111	Del

2. 汉字编码

（1）汉字编码的作用。

汉字编码解决的是汉字及中文符号在计算机中保存的问题，按照汉字的编码方案将每个中文符号分配一个二进制代码，计算机通过保存和处理每个符号对应的二进制代码完成对汉字的加工。

（2）汉字编码方案。

汉字编码方案是指收集所有汉字、特殊符号形成汉字符号集合，所有符号有规律地排列，每个符号依次用十六位二进制代码表示，一个汉字符号在计算机内部存储占 2 个字节。每个汉字的二进制代码左侧第 1 位和第 9 位为“1”，所以汉字编码方案中共有 2^{14} 个符号。

汉字国标码（GB 2312—1980）是汉字编码的国家标准，国标码字符集共有 7 445个字符，分为 3 个部分：

➢ 符号区包括常用符号、序号、希腊字符、制表符共 682 个符号。

➢ 一级字库包括常用汉字，按照汉字拼音的顺序排列，共 3 755 个符号。

➢ 二级字库包括不常用汉字，按照汉字的偏旁排列，共 3 008 个符号。

计算机处理汉字的原理很简单，例如，当我们想在计算机中保存“中”字时，需要选择汉字的输入方法，如拼音输入方法、五笔输入法等，如果选择拼音输入法，需要在键盘上输入“中”字的拼音，计算机将“中”字对应的二进制编码保存到内存中存储，计算机的输出设备处理到“中”字二进制编码时，屏幕或打印机上就显示“中”字的符号。

1.4 微型计算机的硬件组成

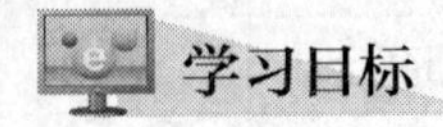

学习目标

※ 了解 CPU、内存、接口和总线的概念；

※ 理解常用外部设备的性能指标；

※ 理解微型计算机的主要性能指标。

1.4.1 微处理器、微型计算机和微型计算机系统

1. 微型计算机

微型计算机是能自动、高速、精确地处理信息的电子设备，具有算术运算和逻辑判断能力，能通过预先编好的程序自动完成数据的加工处理，微型计算机以微处理器为核心，采用总线结构模式。微型计算机包括很多档次和型号，例如台式计算机、笔记本电脑、掌上电脑。

2. 微型计算机系统

微型计算机系统由硬件系统和软件系统组成。

微型计算机的硬件系统包括主机和外部设备，如图 1—4 所示。其中主机包括中央处理器、存储器、各种接口，采用大规模集成电路集成在主板上。微型计算机的主板如图 1—5 所示。外部设备包括输入设备、输出设备、电源。

微型计算机的软件系统包括操作系统、高级语言和多种工具性软件等。

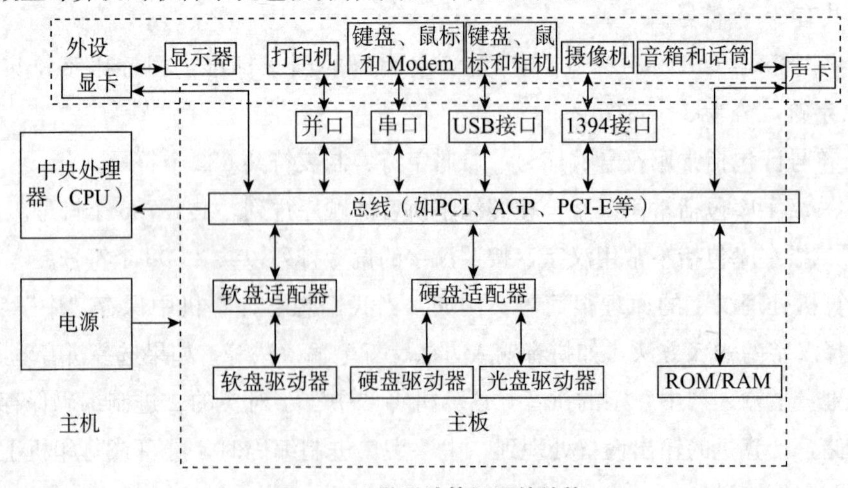

图 1—4 微型计算机硬件结构

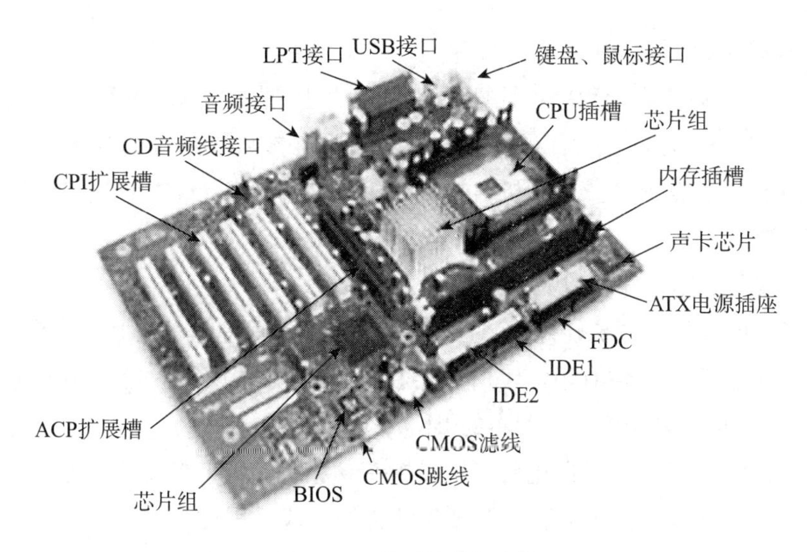

图 1—5　微型计算机主板

1.4.2　CPU、内存、接口和总线

微型计算机的主板安装有微处理器、内存、接口卡，各部件通过总线传递信息。

1. 微型计算机主板

主板是计算机中的一块电路板，用于连接各种设备和插卡。主板上有 CPU 插槽、高速缓存、内存插槽、控制芯片组（CMOS/BIOS 集成块等）、总线扩展（PCI、ISA、AGP）、外部设备接口（如键盘接口、鼠标接口、COM 口、LPT 口、GAME 口、USB 接口）、外部设备插槽等。

（1）CMOS/BIOS。

CMOS 是保存着计算机开机参数的芯片，BIOS 是处理 CMOS 的程序。计算机启动时要按照 CMOS 设置的参数工作，计算机的用户可以修改 CMOS 设置的参数，CMOS 集成在主板上。由于 CMOS 中也保存着计算机的时钟参数，需要电力来维持，所以每一块主板上都会有一颗纽扣电池，叫做 CMOS 电池。要设置 CMOS 里存放的参数，必须通过 BIOS 程序把设置好的参数写入 CMOS。

通过设置计算机的 CMOS 密码，可以只让知道密码的人使用计算机。启动计算机时，连续按 Del 键计算机进入系统参数设置界面，可以设置访问计算机的密码。

（2）BIOS。

BIOS（Basic Input/Output System）是指基本输入输出系统程序，是主板上的一块芯片，BIOS 为计算机提供最低级、最直接的硬件控制程序，简单地说，BIOS 是硬件与软件程序之间的一个转换器。BIOS 中主要存放的程序包括：

- 自诊断程序：通过读取 CMOS 中的参数识别计算机的硬件配置，并对计算机进行自检和初始化。

• 设置 CMOS 参数的程序：计算机启动引导过程中，连续按指定的热键，可以进入设置 CMOS 参数的界面，进行 CMOS 设置后，参数保存到 CMOS 中。

• 系统自动装载程序：计算机自检完毕后，将操作系统的引导程序装入内存，准备启动操作系统。

• I/O 设备的驱动程序和中断服务。

由于 BIOS 直接和系统硬件资源打交道，因此 BIOS 总是针对某一类型的硬件系统，而各种硬件系统又各有不同，所以存在不同种类的 BIOS，随着硬件技术的发展，BIOS 也不断更新版本，新版本的 BIOS 功能更强。

由于 CMOS 与 BIOS 都跟电脑系统设置密切相关，CMOS 是存放系统参数的地方，而 BIOS 中系统设置程序是完成参数设置的手段。因此，准确的说法应是通过 BIOS 设置程序对 CMOS 参数进行设置，所以这两个概念不能混淆。

2. 微处理器

微处理器也称 CPU，是微型计算机的核心，包括控制器和运算器。

CPU（Center Processor Unit）的作用是控制计算机工作、进行算术运算和逻辑运算处理。CPU 是计算机的核心，CPU 性能的好坏决定了计算机的运行速度和计算机的处理能力。为了提高 CPU 的性能，目前微型计算机 CPU 采用多核设计工艺。其中 Intel 公司和 AMD 公司是 CPU 的主要生产厂商。例如，Intel 酷睿 i7_4 770k 采用四核工艺，主频 3.5GHz，64 位处理器，三级缓存 8M；AMD 羿龙 II X4 975 采用四核工艺，主频 3.6GHz，64 位处理器，三级缓存 6M，如图 1—6 所示。

图 1—6　CPU 示意图

计算机中的指令系统是一台计算机能够进行操作的指令的集合，指令系统保存在计算机的 CPU 中。计算机采用多核 CPU，可以提高计算机处理数据的能力和速度。衡量 CPU 性能好坏的指标包括：

（1）主频：也叫做时钟频率，单位是 Hz（例如 3.5GHz），表示单位时间内脉冲数字信号振荡的速度，与 CPU 实际的运算能力没有直接关系。主频越高，CPU 的运算速度越快。

（2）CPU 缓存（Cache Memory）：是 CPU 与内存之间的临时存储器，它的容量比内存小但交换速度快。缓存的工作原理是当 CPU 要读取一个数据时，首先从缓存中查找，如果找到就立即读取并送给 CPU 处理；如果没有找到，就到内存中读取并送给 CPU 处理，同时把这个数据所在的数据块调入缓存中，这样以后对整块数据的读取都从缓存中进行，不必再调用内存。缓存中的数据是短时间内 CPU 即将访问的数据，在 CPU 中加入缓存是一种高效的解决方案，这样整个存储器（缓存＋内存）就变成了既有缓存的高速度，又有内存的大容量的存储系统了。缓存大小也是CPU的重要指标之一，缓存的结构和大小对CPU速度的影响非常大，CPU缓存的运行频率越高，CPU的速度越快，目前已有缓存为8M的CPU产品。

3. 内部存储器

内部存储器是计算机存储加工数据的场所。利用计算机加工数据时，首先要通过计算机的输入设备输入数据，数据转换成二进制代码保存到计算机的内部存储器，当完成数据加工以后，需要把内部存储器存储的数据以文件的形式保存到计算机的外部存储器，如硬盘。内部存储器存储数据的容量是有限的。内部存储器如图1—7所示。

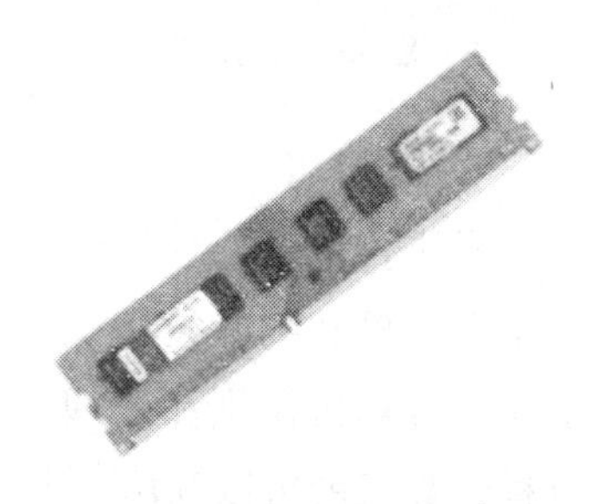

图1—7　内部存储器示意图

由于计算机加电以后才能工作，所以存储在内存中的信息是“电”信号，计算机断电后信息丢失。计算机内存中的信息按照单元存放，每个单元有一个单元地址，每个单元的地址采用二进制代码表示，单元地址数的个数与计算机的字长有关，理论上32位字长的计算机能够提供2^{32}个内存单元，所以内部存储器的存储容量有限。有些操作系统（例如Windows）在处理时，提出了虚拟内存的概念，当内部存储器空间不足时，计算机把内部存储器的部分数据临时保存到外部存储器，这样可以节省内部存储器的存储空间，所以计算机的内部存储器和外部存储器在不影响计算机正常工作的前提下有频繁的数据导入和导出操作，这样可以满足数据加工的需要。

4. 显卡

显卡又称为显示器适配卡，是计算机主机里的一个重要组成部件。显卡是连接主机与显示器的接口卡，显卡插在主板的插槽上，显示器的信号线与显卡的接口连接。显卡的作用就是控制计算机的图形输出，把计算机的数字信号变为显示器可以辨别的视频信号，性能好的显卡可以输出高品质的显示画面。显示卡由显示芯片、显示内存组成，这些组件决定了计算机屏幕上的输出，包括屏幕画面显示的速度、颜色。衡量显卡的指标是显示分辨率和显示内存，显示内存起到显示缓冲的作用，可以保证屏幕画面的流畅，目前已有内存为1 024M的显卡产品。显卡如图1—8所示。显示芯片厂商将3D技术加入到显卡技术中，产生了3D加速卡、3D绘图显示卡等产品。

图 1—8　显卡

5. 声卡

声卡也叫做音频卡，是计算机进行声音处理的设备，包括利用话筒采集音频数据和利用音箱播放音频数据。由于话筒和喇叭设备识别的是模拟信号，而计算机所能处理的是数字信号，所以要想让计算机识别和处理音频数据，需要用声卡将模拟信号和数字信号进行转换，这样计算机就可以利用声卡处理模拟信号。

从结构上分，声卡可分为模数转换电路和数模转换电路两部分。模数转换电路负责将麦克风等声音输入设备采到的模拟声音信号转换成为计算机能处理的数字信号。数模转换电路负责将计算机使用的数字声音信号转换成为喇叭等设备能使用的模拟信号。声卡工作时需要有声音处理软件的支持，包括驱动程序、混频程序（Mixer）和音频播放程序等。声卡有两个接口，一个接话筒，另一个接音箱。声卡如图 1—9 所示。

图 1—9　声卡

6. 网卡

网卡是计算机连接局域网或互联网的设备，分成有线网卡和无线网卡。

（1）有线网卡。

有线网卡插在计算机主板的插槽内。有线网卡可以直接连接到互联网，也可以利用 RJ45 接口，通过双绞线连接到的局域网交换机，再连接到服务器，借助网卡可以实现网络数据通信。利用网卡也可以先连接局域网再登录互联网。例如，办公室的台式计算机通过网卡连上局域网后可以上互联网，这是因为局域网做了一个访问互联网的出口，如果出口被关闭，那么只能登录局域网而不能登录互联网。

（2）无线网卡。

无线网卡的作用跟有线网卡一样，安装了无线网卡的计算机，或者内置无线网卡的笔记本电脑，通过必要设置以后可以登录互联网，实现无线上网。无线网卡按照接口分类包含 PCI 接口（内置）、USB 接口（外置）和 PCMICA 接口（外置）无线网卡三种，其中 PCI 接口无线网卡适用于台式电脑，PCMICA 接口产品适用于笔记本电脑，USB 接口的产品可以兼顾台式计算机和笔记本电脑。

无线路由器可以使企业、办公室或家庭中的多台微型计算机利用通信线路连接上网，内置有 4 个交换端口，可以无线上网，也支持以有线方式连接 4 台计算机。网卡、无线路由器如图 1—10 所示。

图 1—10　网卡、无线路由器

7. 接口

接口指外部设备与主板系统采用何种方式进行连接。常见的接口类型有并口、串口（也称为 RS-232 接口）和 USB 接口。

（1）并口又称为并行接口。目前，并行接口主要作为打印机端口，采用的是 25 针 D 形接头。所谓“并行”是指 8 位数据同时通过并行线进行传送，这样数据传送速度大大提高，但并行传送的线路长度受到限制，因为长度增加，干扰就会增加，数据也就容易出错。目前计算机基本上都配有并口。

（2）串口又称为串行接口，微机一般有两个串行口 COM1 和 COM2。串行口不同于并行口之处在于它的数据和控制信息是一位接一位地传送出去的。虽然这样速度会慢一些，但传送距离较并行口更长，因此若要进行较长距离的通信，应使用串行口。通常 COM1 使用的是 9 针 D 形连接器，也称为 RS-232 接口，而 COM2 有的使用老式的 DB25 针连接器，也称为 RS-422 接口，不过目前已经很少使用。

（3）USB（Universal Serial Bus），通用串行总线接口。USB 接口具有传输速度更快，支持热插拔以及连接多个设备的特点。目前已经在各类外部设备中被广泛采用。

8. 总线

总线（Bus）是计算机各种功能部件之间传送信息的公共通信干线，它是由导线组成的传输线束，按照计算机所传输的信息种类，计算机的总线可以划分为数据总线 DB（Data Bus）、地址总线 AB（Address Bus）和控制总线 CB（Control Bus），分别用来传输数据、数据地址和控制信号。总线是一种内部结构，它是 CPU、内存、输入和输出设备传递信息的公用通道，主机的各个部件通过总线相连接，外部设备通过相应的接口电路再与总线相连接，从而形成了计算机硬件系统。在计算机系统中，各个部件之间传送信息的公共通路叫做总线，微型计算机是以总线结构来连接各个功能部件的。

1.4.3 常用外部设备的性能指标

1. 外部存储设备

外部存储设备是用于保存计算机数据的设备，包括硬盘、移动硬盘、U 盘和光驱。外部存储设备用于保存相关数据构成的集合即计算机文件，每个文件都有文件名称，相关文件的集合构成了文件夹。管理外部存储设备是指管理外部存储设备的文件和文件夹。外部存储设备使用前需要进行格式化处理，利用格式化操作可以将计算机硬盘、移动硬盘、U 盘进行整理，清空文件系统。由于外部存储设备保存的是内存的加工结果，信息以“磁划痕”信号的形式存在，所以存储在外部存储设备的信息不会丢失。

硬盘内置于计算机的主机箱内。一般硬盘的容量是几百 GB。硬盘如图 1—11 所示。硬盘可以被逻辑分区，分为 C 盘、D 盘、E 盘等。一般 C 盘用于保存系统文件，如 Windows 相关文件保存到 C 盘后，计算机开机会自动进入 Windows 系统。D 盘、E 盘用于保存用户的数据文件。

移动硬盘是外置式的，通过 USB 接口与计算机相连接。一般移动硬盘的容量是几百 GB。移动硬盘用于保存用户的数据文件。移动硬盘如图 1—12 所示。

U 盘是外置式的，通过 USB 接口与计算机相连接。U 盘用于保存用户的数据文件。U 盘如图 1—13 所示。

光驱既有内置光驱也有外接光驱，外接光驱通过 USB 接口与计算机相连接。光驱分为 CD 光驱、DVD 光驱，它们存储数据的容量不同。CD 光驱只能读出 CD 光盘中的文件，DVD 光驱能读出 CD 光盘和 DVD 光盘中的文件。光盘刻录机可以读出光盘中的文件，也可以将计算机中的文件保存到光盘中。光驱如图 1—14 所示。

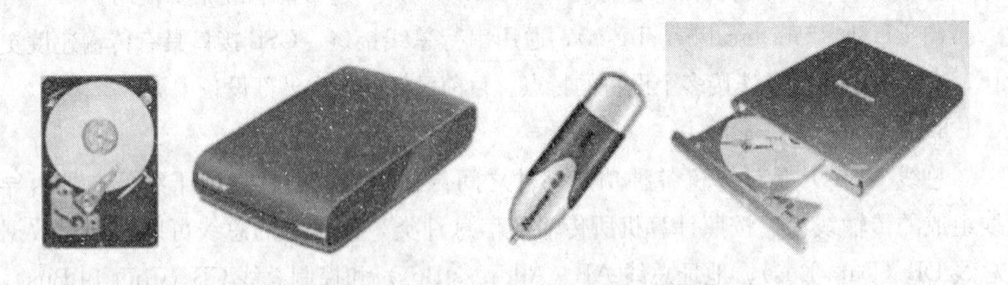

图 1—11　硬盘　　**图 1—12　移动硬盘**　　**图 1—13　U 盘**　　**图 1—14　光驱**

2. 输入设备

输入设备包括键盘、鼠标、手写板、扫描仪、读卡器、话筒等，利用这些设备可以将数据输入到计算机中。

（1）键盘是计算机常用的输入设备。有线键盘与主机的键盘接口连接可以输入数据。键盘用来输入大写和小写英文字母、汉字、数字、常用符号。键盘如图1—15所示。键盘常用键的使用方法：

计算机启动时，连续按Del键（计算机的品牌不同，按键也不同，可以从计算机手册中查到是哪个键），屏幕出现CMOS参数设置菜单，可以根据需要设置计算机的启动参数。

计算机工作时，按PrtSc键或Ctrl+PrtSc键，可以将计算机屏幕上出现的内容保存到粘贴板。按Alt+PrtSc键，可以将计算机屏幕上当前活动窗口出现的内容保存到粘贴板。按Ctrl+V可以将粘贴板中的数据保存到计算机文件中。按住Ctrl+Alt+Del键，计算机可以切换到“任务管理器”。

（2）鼠标与主机的鼠标接口连接，也可以与计算机的USB接口连接。鼠标分为有线鼠标和无线鼠标。无线鼠标如图1—16所示。

图1—15　键盘

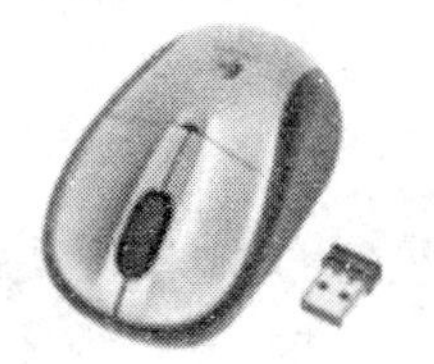

图1—16　无线鼠标

手写板与主机的USB接口连接。利用手写笔在手写板写出数据或符号就能输入到计算机，使用手写板需要安装驱动程序。

扫描仪通过USB接口与计算机连接，利用扫描仪可以将文稿、图片扫描到计算机中以文件的形式存储，计算机可以对扫描的结果进行二次编辑，利用扫描仪扫描的文稿文件会有误码现象出现。扫描仪如图1—17所示。

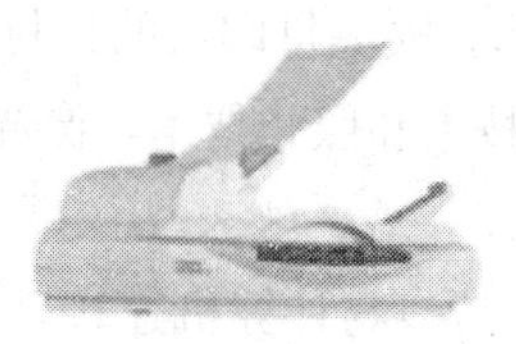

图1—17　扫描仪

读卡器与计算机的USB接口连接，用于处理磁卡保存的数据，如银行卡读卡器。

话筒可以连接到声卡的MIC接口，通过语音方式将数据输入到计算机。使用话筒时需要有软件支持才能将输入的语音保存到计算机。

3. 输出设备

输出设备包括显示器、打印机、音箱等，利用这些设备可以输出计算机中的数据。

(1) 显示器分为CRT（Cathode Ray Tube，阴极射线管）显示器和LCD液晶显示器，液晶显示器是目前计算机的首选配置。显示器如图1—18所示。

图1—18 CRT显示器和LCD液晶显示器

(2) 打印机分为针式打印机、喷墨打印机、激光打印机等。打印机如图1—19所示。

图1—19 针式打印机、喷墨打印机、激光打印机、多功能一体机

- 针式打印机的工作原理是打印机的打印头上排列着一组钢针，钢针击打色带，这样在打印纸上打印出图形符号，针式打印机的耗材廉价，但是如果打印头某根钢针折断，将无法打印完整的字符符号。
- 喷墨打印机的工作原理是打印喷墨嘴的墨水在喷射压力的作用下，从打印碰头中喷射在打印纸上，这样在打印纸上打印出图形符号，如果打印机长期不用喷墨嘴会堵塞，造成打印机不能工作，喷墨打印机的耗材价格高、更换频繁。
- 激光打印机结合了激光技术和照相技术，激光打印机的耗材比较昂贵，但是打印效果好。
- 多功能一体机通过USB接口与计算机连接，是集电话、扫描、复印、传真、打印于一体的计算机设备。

1.4.4 微型计算机的主要性能指标

1. 运算速度

运算速度是衡量计算机性能的一项重要指标。通常所说的计算机运算速度（平均运算速度），是指每秒钟所能执行的指令条数，一般用“百万条指令/秒”（mips，Million Instruction Per Second）来描述。同一台计算机，执行不同的运算所需时间可能不同，因而对运算速度的描述常采用不同的方法。常用的有CPU时钟频率（主频）、每秒平均执行指令数（ips）等。微型计算机一般采用主频来描述运算速度。例如，Intel酷睿i53 470的主频为3.2GHz。一般说来，主频越高，运算速度就越快。

2. 字长

计算机在同一时间内处理的一组二进制数称为一个计算机的“字”，而这组二进制数的位数就是“字长”。在其他指标相同时，字长值越大计算机处理数据的速度就越快。目前大多数微机的字长是32位，高档微机的字长为64位。

3. 内部存储器的容量

内部存储器，也称主存，是CPU可以直接访问的存储器，需要执行的程序与需要处理的数据就是存放在主存中的。内部存储器容量的大小反映了计算机即时存储信息的能力。随着操作系统的升级、应用软件的不断丰富及其功能的不断扩展，人们对计算机内存容量的需求也不断提高。内存容量越大，系统功能就越强大，能处理的数据量就越庞大。

4. 外存储器的容量

外存储器容量通常是指硬盘容量（包括内置硬盘和移动硬盘）。外存储器容量越大，可存储的信息就越多，可安装的应用软件就越丰富。目前，硬盘容量一般为几TG。

以上只是一些主要性能指标。除了上述这些主要性能指标外，微型计算机还有其他一些指标，例如，所配置外围设备的性能指标以及所配置系统软件的情况等。另外，各项指标之间也不是彼此孤立的，在实际应用时，应该把它们综合起来考虑，而且还要遵循“性能价格比”的原则。

习　题

一、简答题

1. 冯·诺依曼计算机体系机构的主要思想是什么？
2. 按照电子元件划分，计算机经历了几代？各代产品的特点有哪些？
3. 计算机有哪些应用领域？
4. 计算机事务处理的应用有哪些方面？
5. 说明计算机为什么采用二进制表达信息。
6. 说明计算机表示数据的单位有哪些。
7. 将十进制数128转换成为二进制数。

8. 字节与字长的区别是什么?
9. 说明 ASCII 编码表的作用和编码方案。
10. 对照表 1.2 查出 A、Z、a、z、回车、空格键对应的 ASCII 代码。
11. 说明计算机有哪些组成部分。
12. 说明计算机的工作原理。
13. 说明微型计算机主板的作用。
14. 如何设置访问本计算机的密码?
15. 说明微型计算机 CMOS、BIOS 的作用和区别。
16. 说明微型计算机网卡的作用。
17. 说明微型计算机内部存储器的作用。
18. 说明微型计算机外部存储器有哪些种类。
19. 说明微型计算机内部存储器与外部存储器有哪些区别。
20. 说明打印机有哪些种类。

二、单选题

1. 软件一般分为____两大类。
   A. 高级软件、系统软件　B. 汇编语言软件、系统软件
   C. 系统软件、应用软件　D. 应用软件、高级语言软件
2. 下列答案中____不是计算机总线简称。
   A. AB　B. DB　C. CB　D. MB
3. 1GB 相当于____。
   A. 1 024MB　B. 1 024B　C. 1 024KB　D. 1 024TB
4. 微机的性能主要取决于____。
   A. RAM　B. CPU　C. 显示器　D. 硬盘
5. ASCII 码是表示____的代码。
   A. 汉字　B. 标点符号　C. 英文字符　D. 制表符
6. CAD 是指____。
   A. 计算机辅助教学　B. 计算机辅助设计
   C. 计算机辅助制造　D. 计算机辅助管理
7. 与人工处理相比，计算机的主要特点是高可靠性和____。
   A. 处理速度快　B. 操作使用方便
   C. 存储信息量大　D. 模拟量与数字量相互转换
8. 在微机系统中，下列说法不正确的是____。
   A. 计算机的设备和接口，都有一个设备文件名
   B. 能将设备当作文件对待

C. 不能将接口当作文件对待

D. PRN 是打印机的设备文件名

9. 不属于计算机外部设备的是____。

A. 输入设备　　B. 输出设备

C. 外部存储器　　D. 主存储器

10. 以下对计算机监视器的说法正确的是____。

A. 监视器是计算机的一种输入设备

B. 监视器必须要有相应的显卡才能工作

C. 显示器可以独立工作

D. 显示器的尺寸大小决定了它的清晰度的高低

11. 计算机中的信息都用____来表示。

A. 二进制码　　B. 十进制数　　C. 八进制数　　D. 十六进制数

12. 在微机的硬件系统组成中，控制器与运算器统称为____。

A. CPU　　B. BUS　　C. RAM　　D. ROM

13. 用高级语言编写的程序称为____。

A. 执行程序　　B. 目标程序　　C. 源程序　　D. 解释程序

14. 程序是____。

A. 计算机语言

B. 解决某个问题的文档资料

C. 解决某个问题的计算机语言的有限命令的有序集合

D. 计算机的基本操作

15. 十进制数 100 转换成二进制数是____。

A. 1100010　　B. 1100111　　C. 1010111　　D. 1100100

16. 衡量微型计算机性能的指标不包括____。

A. 内存　　B. 硬盘　　C. 主频　　D. 字长

17. 内存中的地址是____。

A. 一条机器指令　　B. 顺序编号

C. 一条逻辑信息　　D. 二进制代码

18. 目前微型计算机采用的电子元件是____。

A. 电子管　　B. 晶体管　　C. 集成电路　　D. 大规模集成电路

19. 触摸屏属于____。

A. 内存　　B. 输入设备　　C. 输出设备　　D. 输入/输出设备

20. 下列与计算机接口有关的概念是____。

A. CPU　　B. USB　　C. ALU　　D. CAI

第 2 章 Windows 操作系统及其应用

本章以 Windows 7（简称 Win7）为例介绍 Windows 操作系统，通过对操作系统各组成部件基本概念和基本操作的介绍，展示 Win7 的主要特性。

知识导论

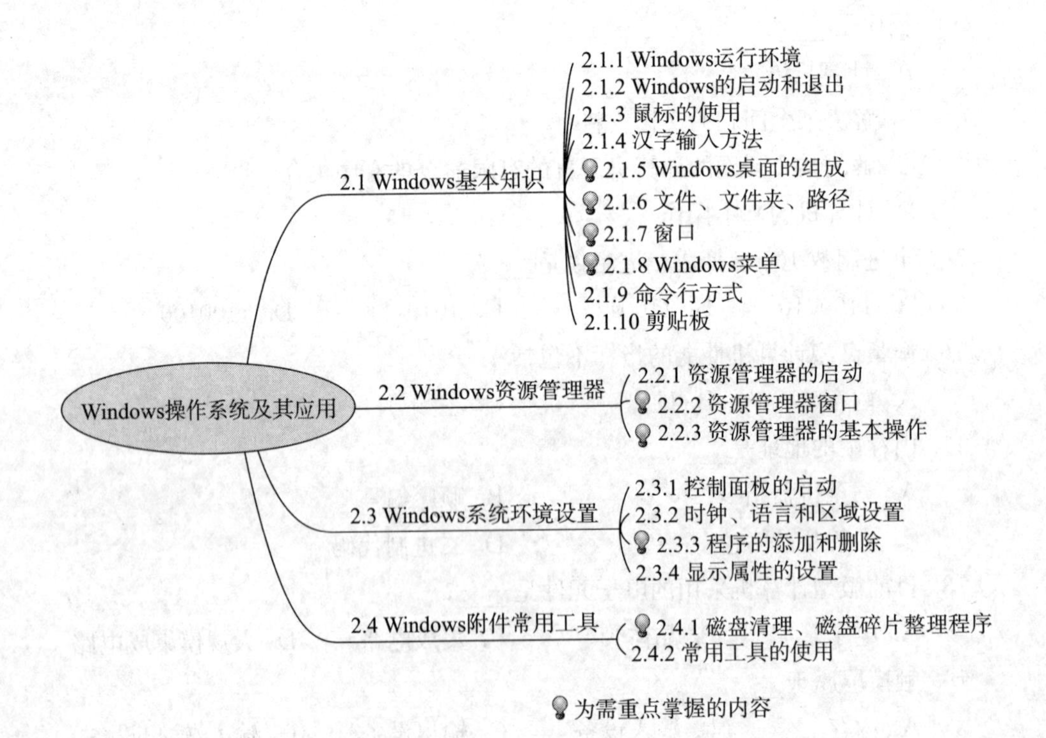

2.1　Windows 基本知识

学习目标

※ 了解 Win7 的运行环境；
※ 了解 Win7 桌面的组成；
※ 熟练掌握 Win7 的基本操作。

Microsoft Windows 可译为微软视窗或微软窗口，是微软（Microsoft）公司开发的图形化、多任务的操作系统。多任务是指可以同时运行多个应用程序。Windows 问世于 1985 年，起初仅是 MS-DOS 之下的桌面环境，而后逐渐发展成为个人电脑和服务器用户设计的操作系统，并最终成为世界上使用最广泛的操作系统。随着计算机系统的不断升级，Windows 操作系统也在不断升级，从 16 位、32 位到 64 位操作系统。从最初的 Windows 1.0 和 Windows 3.2 到大家熟知的 Windows 95、Windows 97、Windows 98、Windows 2000、Windows Me、Windows XP、Windows Server、Windows Vista、Windows 7、Windows 8，各种版本持续更新，微软公司一直在进行 Windows 操作的开发和完善。本书介绍 Win7 操作系统的使用。

2.1.1　Windows 运行环境

这里所说的运行环境是指操作系统运行所需要的硬件支持，硬件环境直接关系到操作系统的运行效率。Win7 操作系统对计算机硬件设备的最低配置要求为：

- CPU：1.6GHz 及以上，推荐 2.0GHz 及以上。
- 内存：256MB 及以上，推荐 1G 以上，旗舰版的内存消耗很大，建议在 2GB 以上。
- 硬盘：12GB 以上可用空间。
- 显卡：集成显卡 64MB 以上。

2.1.2　Windows 的启动和退出

1. 启动 Win7

如已在计算机上成功安装了 Win7，在接通电源后，系统会自动启动，用户可以按屏幕提示进行操作。启动成功后，选择用户账户登录，屏幕上会出现 Win7 的桌面，如图 2—1 所示。

图 2—1 Win7 的桌面

在系统启动过程中，长按键盘上的 F8 键，可进入安全模式。安全模式是 Windows 用于修复操作系统的模式，在安全模式下，可以帮助用户排查问题，修复系统错误。

2. 退出 Win7

打开“开始”菜单，单击右下角的“关机”按钮，就可以退出 Win7 操作系统，关闭计算机。单击“关闭”按钮右箭头菜单可以看到更多的选项。

（1）切换用户：可以在当前用户程序和文件都不关闭的情况下，使用其他账户登录。

（2）注销：关闭当前用户程序，结束当前用户的 Win7 对话，重新用其他账户登录。

（3）锁定：“锁定”与“注销”不同，注销后可以用其他账户登录，而锁定后只能用原用户名登录。如果本人不在时，为了防止别人动用你的电脑，可以选择“锁定”状态。

（4）睡眠：计算机处于低耗能状态，显示器关闭，计算机的风扇也停止转动，计算机只维持内存中的工作程序，操作系统会自动保存已打开的文件和程序。“睡眠”是计算机最快的关闭方式，也是快速恢复工作的方式。单击鼠标或键盘上的任意键，即可唤醒计算机。

（5）休眠：“休眠”是一种为便携式计算机设计的电源节能状态。睡眠通常会将工作和设置保存在内存中并消耗少量的电量，而休眠则将打开的文档和程序保存到硬盘中，然后关闭计算机。在 Win7 的所有节能状态中，休眠使用的电量最少。

2.1.3　鼠标的使用

使用鼠标可与计算机屏幕上的对象进行交互，拖动或点击鼠标可以进行对象的移动、打开、更改、丢弃或其他操作。Win7 系统中，使用鼠标几乎可以完成所有的基本操作。

1. 鼠标操作

（1）指向：移动鼠标，从而使指针看起来已接触到对象。在指向某对象时，经常会出现一个描述该对象的小框。例如，在指向桌面上的回收站时，会出现“包含您已经删除的文件和文件夹。”的信息框。

（2）左键单击：移动鼠标指向屏幕上的对象，然后按下并释放左键。左键单击通常用于选定某一操作对象或执行某一菜单命令。一般所说的“单击”指的是左键单击。

（3）右键单击：移动鼠标指向屏幕上的对象，然后按下并释放右键。右键单击对象通常显示可对其进行的操作列表。右键单击通常可以显示打开、清空、删除、属性等菜单。如果不能确定如何操作时，则可以右键单击该对象。

（4）双击：移动鼠标指向屏幕上的对象，然后快速地单击两次。如果两次单击间隔时间过长，它们就可能被认为是两次独立的单击，而不是一次双击。双击经常用于打开桌面上的对象。例如，通过双击桌面上的图标可以启动程序或打开文件夹。

（5）拖动：移动鼠标指向屏幕上的对象，按住左键，将该对象移动到新位置，然后释放左键。拖动（有时称为“拖放”）通常用于将文件和文件夹移动到其他位置，以及在屏幕上移动窗口和图标。

（6）滚轮的使用：如果鼠标有滚轮，则可以用它来滚动文档和网页。

[操作：自定义鼠标]

单击“开始—控制面板—硬件和声音”，选择“鼠标”，在弹出的“鼠标属性”对话框中可根据个人喜好进行鼠标的设置，如图 2—2 所示。例如，可更改鼠标指针在屏幕上移动的速度，或更改指针的外观。如果您惯用左手，则可将主要按钮切换到右按钮。

2. 鼠标指针

鼠标指针的形状取决于它所在的位置以及它与屏幕元素的相互关系，图 2—3 所示是常见鼠标指针的形状和含义。

2.1.4　汉字输入方法

在安装 Win7 时，系统已经将常用的输入法安装好，并在任务栏右侧显示语言栏，如图 2—4 所示。语言栏是一个浮动的工具条，单击语言栏上表示语言的按钮或

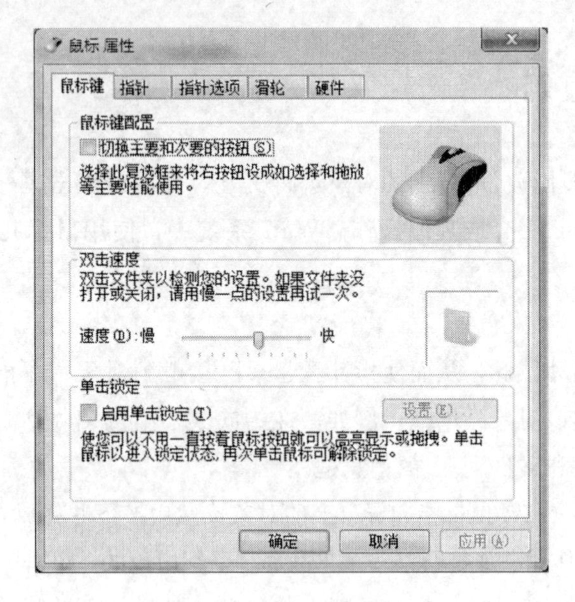

图 2—2　鼠标属性设置

正常选择	后台运行	垂直调整
选定文本	手写	水平调整
帮助选择	不可用	延对角线调整 1
忙	候选	延对角线调整 2
精确定位	链接选择	移动

图 2—3　鼠标指针的形状及含义

键盘的快捷键可以打开已安装的输入法列表。常用的快捷键有：

（1）Ctrl＋空格键：在汉字输入法和英文输入法之间切换。

（2）Shift＋空格键：在全角和半角字符之间切换，如图 2—5 所示。全角指一个字符占用两个标准字符位置，通常用于中文字符。半角指一个字符占用一个标准字符位置，半角通常用于英文字符、数字、符号等。

（3）Ctrl＋Shift：在已安装的输入法之间按顺序切换。

（4）Ctrl＋.：在中英文标点之间切换。

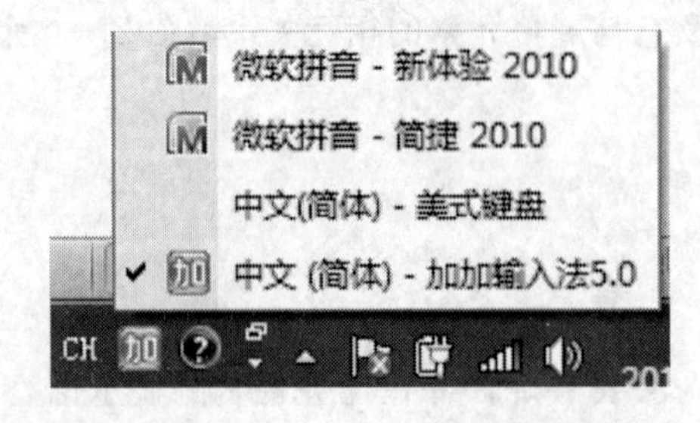

图 2—4　输入法语言栏

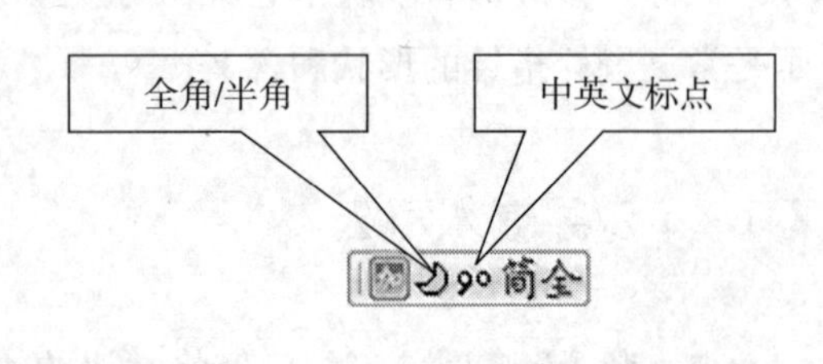

图 2—5　全角/半角切换

2.1.5 Windows 桌面的组成

桌面是打开计算机并登录到 Win7 之后看到的主屏幕区域，如图 2—6 所示。就像实际的桌面一样，它是工作的平台。打开程序或文件夹时，它们便会出现在桌面上。还可以将一些项目（如文件和文件夹）放在桌面上，并且随意排列它们。广义上讲，桌面包括桌面图标、“开始”按钮、桌面背景、任务栏。任务栏位于屏幕的底部，显示正在运行的程序，并可以在它们之间进行切换。使用“开始”按钮可以访问程序、文件夹和设置计算机。

图 2—6 Win7 桌面

1. 桌面图标

图标是代表文件、文件夹、程序和其他项目的小图片。首次启动 Win7 时，在桌面上至少可以看到一个图标“回收站”。双击桌面图标会启动或打开它所代表的项目，以便快速访问经常使用的程序、文件和文件夹。Win7 桌面上的常用图标有“计算机”、“用户的文件”、“控制面板”、“回收站”。桌面上的图标可以随时添加或删除。

[操作—显示或隐藏桌面图标]

按如下操作可以在桌面上显示或隐藏 Win7 常用图标：

（1）在桌面空白处单击鼠标右键，打开“个性化”。

（2）在左窗格中，单击“更改桌面图标”。

（3）在打开的“桌面图标”对话框中，选中要在桌面上显示的每个图标对应的复选框。清除不想显示的图标对应的复选框，然后单击“确定”，如图 2—7 所示。

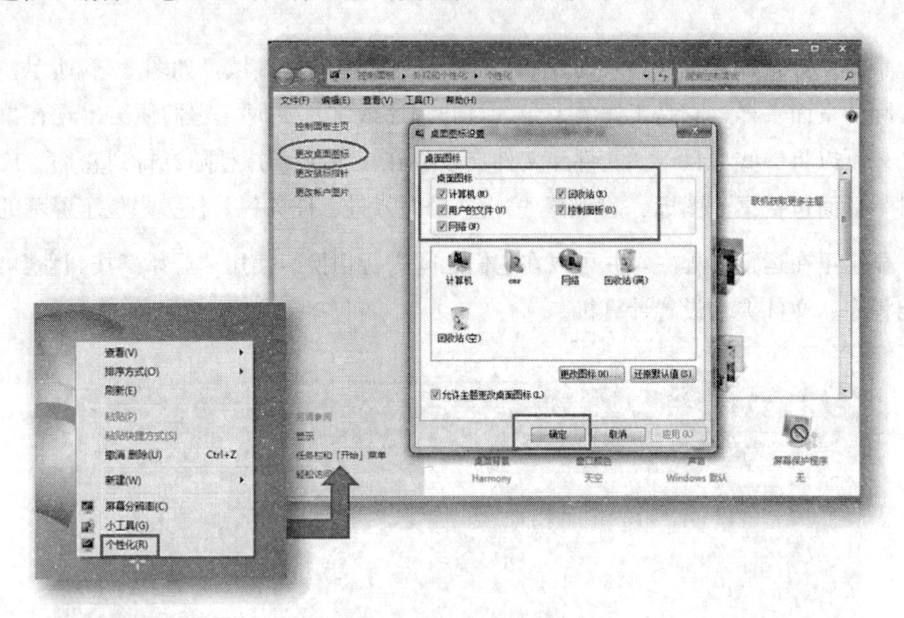

图 2—7　显示或隐藏 Win7 常用图标

（1）“计算机”图标。

“计算机”是系统文件夹，双击“计算机”图标后，屏幕上会显示如图 2—8 所示的窗口。在此可以访问收藏夹、库、磁盘驱动器、照相机、打印机及其他连接到计算机的硬件资源。“计算机”是访问计算机内资源的入口，实际上是打开了资源管理器，在这个窗口中可以查看并访问计算机内的各类资源。

（2）“用户的文件”图标。

“用户的文件”是 Win7 自动给每个用户建立的一个个人文件夹，桌面显示的文件夹图标是以当前登录用户账户命名的。如当前登录的用户名为 cmr，则该文件夹的名称为 cmr 。双击此图标后，就显示图 2—9 所示的窗口。此文件夹包括“收藏夹”、“我的视频”、“我的图片”、“我的文档”、“我的音乐”等子文件夹。

（3）“控制面板”图标。

通过“控制面板”可以进行系统设置和设备管理。双击“控制面板”图标，显示如图 2—10 所示窗口。用户可以设置 Win7 外观、时间、语言等，还可以查看系统账户安全，添加卸载程序。

（4）“回收站”图标。

当你删除文件或文件夹时，系统并不立即将其删除，而是将其放入回收站。如

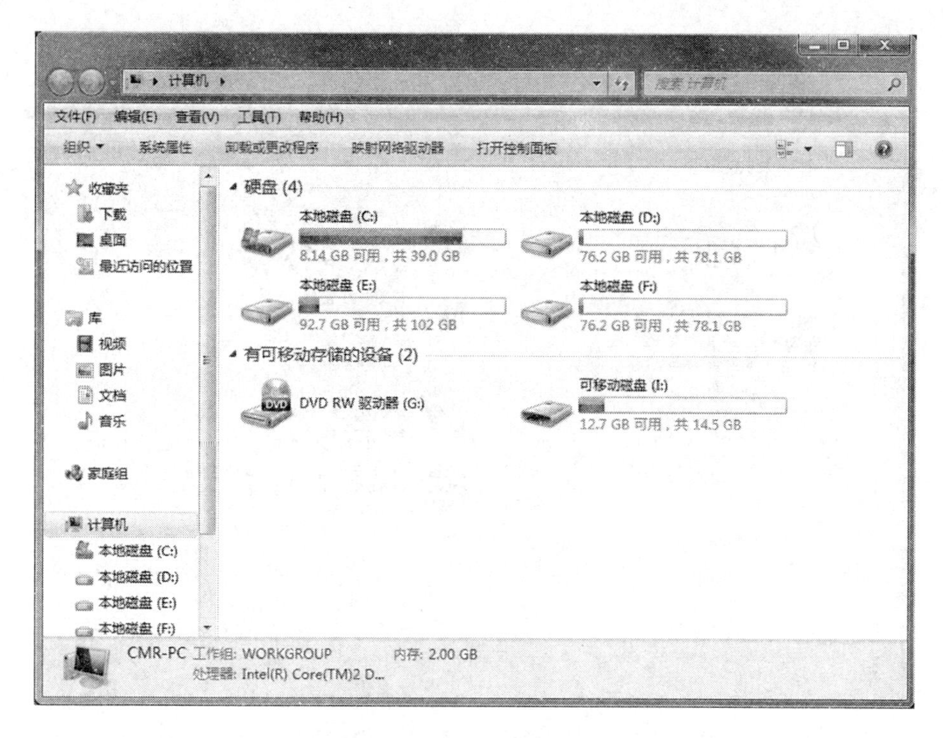

图 2—8　“计算机”图标运行窗口

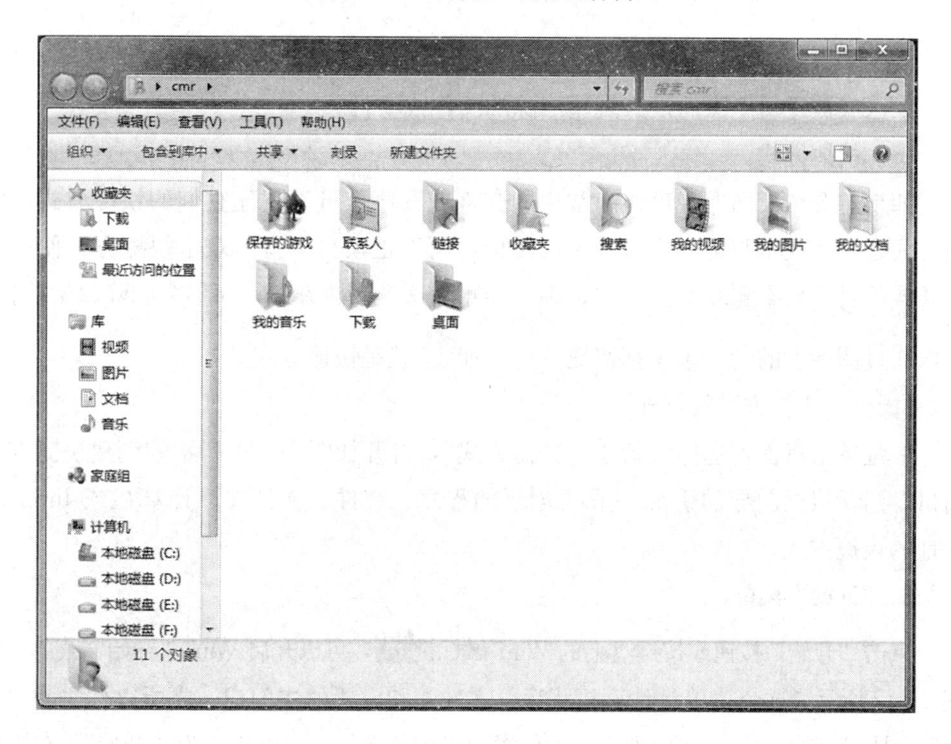

图 2—9　“用户的文件”图标运行窗口

图 2—10 “控制面板”图标运行窗口

果你改变主意并决定使用已删除的文件，则可以将其取回。双击打开回收站窗口，则显示已经被逻辑删除而没有真正删除的文件或项目。

（5）快捷方式。

如果想要从桌面上轻松访问常用的文件或程序，可以创建它们的快捷方式。快捷方式是一个表示与某个项目链接的图标，而不是项目本身。双击快捷方式便可以打开该项目。如果删除快捷方式，则只会删除这个快捷方式，而不会删除原始项目。可以通过图标上的箭头来识别快捷方式，如就是快捷方式。

[操作—快捷方式的创建]

右键单击桌面，选择“新建—快捷方式”，打开如图 2—11 所示的创建快捷方式窗口，然后根据向导的引导完成要创建的程序、文件、文件夹、计算机或 Internet 地址的快捷方式。

2. “开始”菜单

点击“开始”按钮或按键盘上的 Win7 徽标键，可以开启 Win7 “开始”菜单，如图 2—12 所示，这个菜单是计算机程序、文件夹和设置的主门户。之所以称之为“菜单”，是因为它提供一个选项列表，就像餐馆里的菜单。之所以称之为“开始”，在于通常是在这里选择并启动要打开的程序或项目，Win7 中几乎所有的操作都可以通过“开始”菜单来实现。

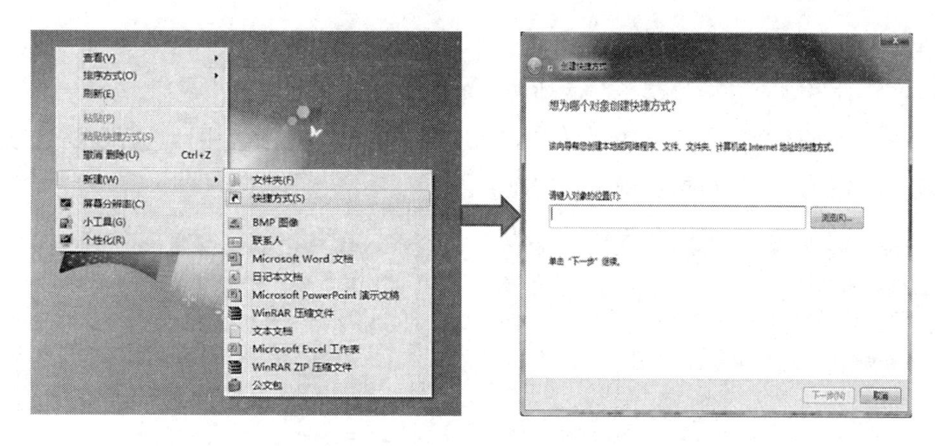

图 2—11　创建快捷方式

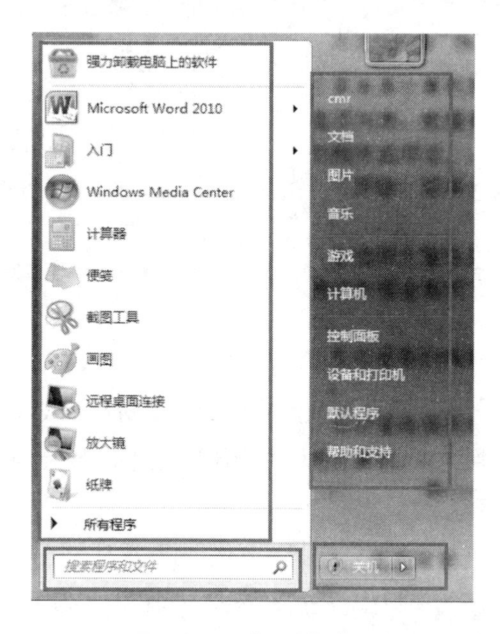

图 2—12　“开始”菜单

“开始”菜单由四个部分构成：

（1）程序列表：左边的大窗格显示计算机上程序的短列表。计算机制造商可以自定义此列表，所以其确切外观会有所不同。单击“所有程序”可以显示程序的完整列表。

（2）搜索框：左边窗格的底部是搜索框，通过键入搜索项可以在计算机上查找程序和文件。

（3）常用访问：右边窗格提供对常用文件夹、文件、设置和功能的访问。可以自定义右边窗格的内容。

（4）关机：在这里可注销 Win7 或关闭计算机。

[操作—“开始”菜单的定制]

（1）右键单击桌面底部的任务栏，选择“属性”，打开“任务栏和‘开始’菜单属性”对话框，如图 2—13 所示。

（2）选择“‘开始’菜单”选项卡，单击“自定义”按钮。

（3）在如图 2—14 所示的“自定义‘开始’菜单”对话框中，选择所需选项及此项目的外观，选好后按“确定”按钮。

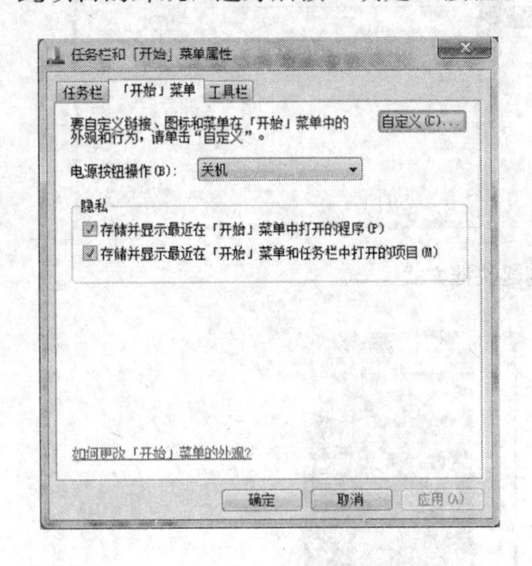

图 2—13　“开始”菜单属性对话框

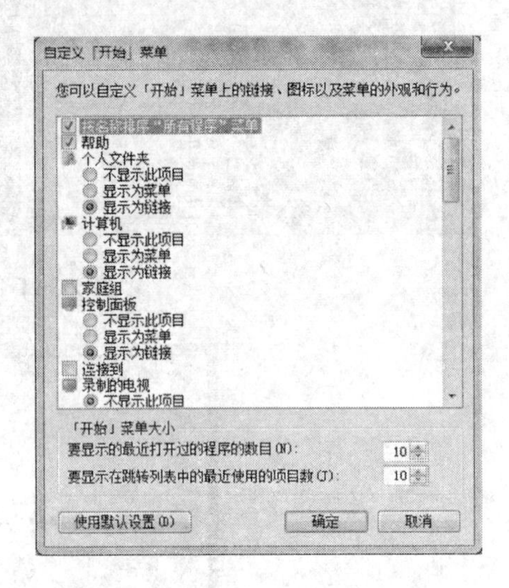

图 2—14　自定义“开始”菜单

3. 桌面背景

桌面背景（也称为壁纸）可以是个人收集的数字图片，或 Win7 提供的图片，或纯色或带有颜色框架的图片。可以选择一个图像作为桌面背景，也可以显示幻灯片图片。

[操作—设置桌面背景]

在桌面空白处点击鼠标右键，选择“个性化”选项，在弹出的窗口中选择“桌面背景”，即可以在弹出的窗口中设置背景图，如图 2—15 所示。

4. 任务栏

任务栏是位于屏幕底部的水平长条，如图 2—16 所示，从左到右依次为：

（1）“开始”按钮：用于打开“开始”菜单。

（2）快速启动区：显示常用程序的快捷图标，单击图标可以快速启动程序。

（3）程序按钮区：在中间部分，显示已打开的程序和文件，并可以在它们之间进行快速切换。查看任务栏就可以知道当前有哪些正在运行的程序。

（4）系统通知区：包括时钟以及一些告知特定程序和计算机设置状态的图标。

（5）“显示桌面”按钮：点击此按钮，可以用来显示桌面。

[操作—设置任务栏属性]

（1）鼠标右键单击任务栏空白区选择“属性”命令，打开“任务栏和‘开始’菜单属性”对话框，如图 2—17 所示。

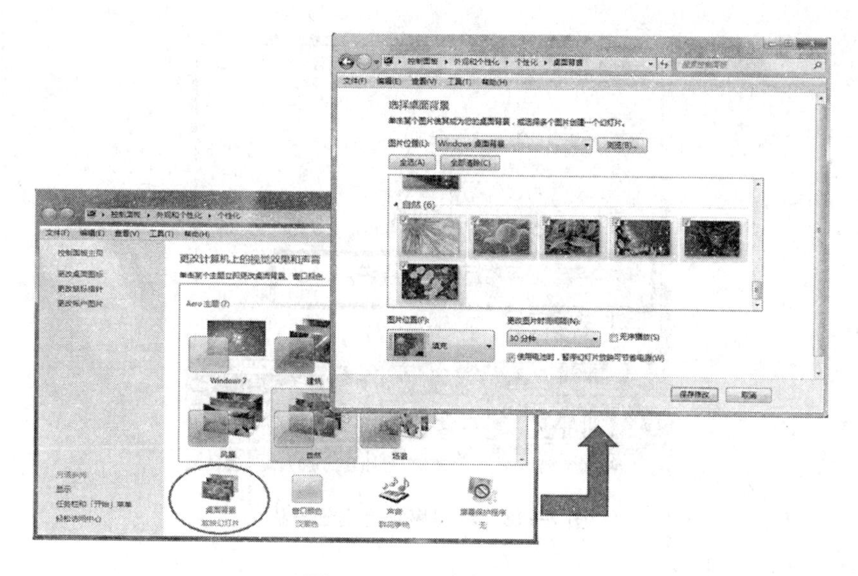

图 2—15　设置桌面背景

图 2—16　任务栏

（2）选择“任务栏”选项卡，可设置任务栏外观、通知区域、预览桌面按钮等。

（3）若要重新排列任务栏上快速启动程序的图标，可直接将图标拖动到相应位置。如果想将常用程序的快捷方式图标一直显示在任务栏中，可以右键单击任务栏上的程序图标，选择“将此程序锁定到任务栏”，如图 2—18 所示。

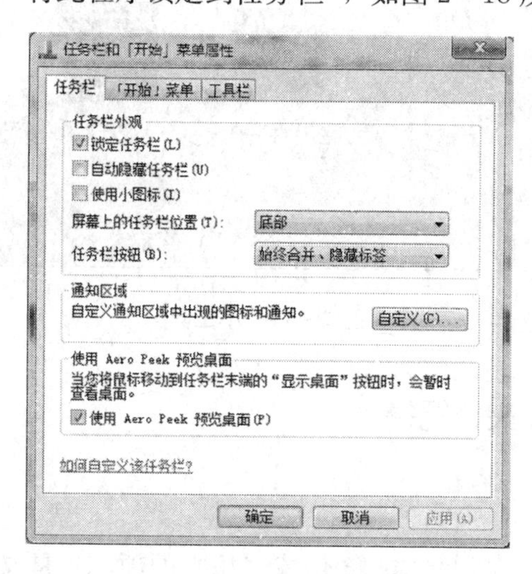

图 2—17　任务栏设置

图 2—18　将程序锁定到任务栏

5. 桌面小工具

Win7 桌面还包含了很多小工具。鼠标右键单击桌面空白处，选择“小工具”项，在弹出的如图 2—19 所示的窗口中可以选择系统提供的小工具，选中后该工具就显示在桌面上。

图 2—19　小工具

2.1.6　文件、文件夹、路径

1. 文件

文件是包含信息（例如文本、图像或音乐）的项，它是操作系统用来存储和管理外存上信息的基本单位，可以是程序、文档、图片、音视频等。文件存储在可移动磁盘或硬盘等磁盘介质上，文件通过文件名进行命名和管理，文件打开时就类似在桌面上或文件柜中看到的文本文档或图片。

文件名由两部分构成：文件名、扩展名（也叫后缀），文件名和扩展名之间用一个半角标点“.”隔开。文件名中不能包含/、\、:、*、?、"、＜、＞、|这些字符。扩展名通常用来表示文件的类型，由 1～4 位合法字符组成。保存文件时必须给出文件名。

2. 文件夹

文件夹也叫做目录，就像可以存储文件的文件柜。文件夹还可以存储其他文件夹。文件夹中包含的文件夹通常称为“子文件夹”。在文件夹中可以创建任何数量的子文件夹，每个子文件夹中又可以容纳任何数量的文件和其他子文件夹。你可以根据自己的习惯创建多层级的文件夹。

3. 路径

路径是描述文件存储位置的标识。为了便于数据的管理，计算机硬盘通常被划分为多个逻辑分区，用盘符来表示，如“C:”、“D:”、“E:”等。要描述文件的路径，首先要输入盘符，然后依次输入各级文件夹名，盘符和文件夹名之间用\隔开。例如 D 盘 cmr 文件夹下的子文件夹 student 下有一个文件 list. doc，则 list. doc 文件的路径为：D:\cmr\student\list. doc。

2.1.7　窗口

Win7 采用了多窗口技术，即可以同时打开多个应用程序，如图 2—20 所示。

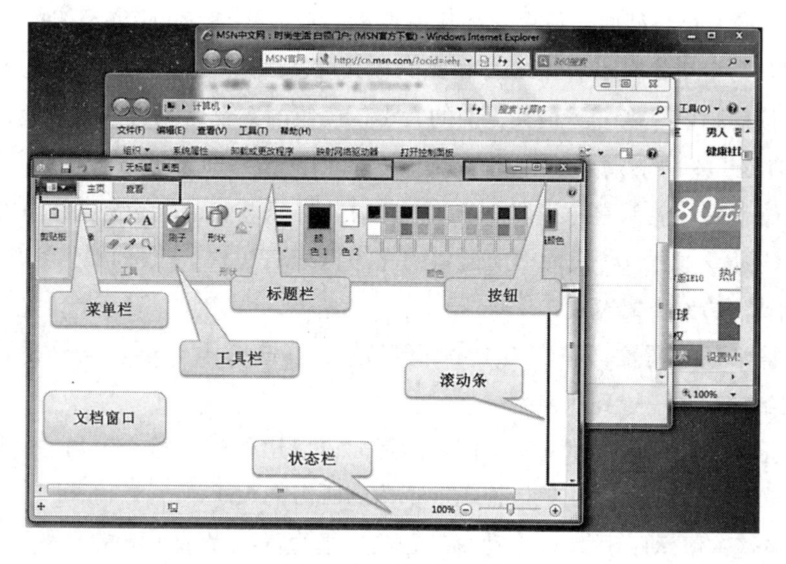

图 2—20　Win7 窗口

Win7 窗口由标题栏、菜单栏、工具栏、最大化按钮（恢复按钮）、最小化按钮、关闭按钮、滚动条、状态栏等组成，不同类型的窗口也会有其他的按钮、框等。Win7 常见的窗口有应用程序窗口、文件夹窗口、对话框窗口。对话框窗口是一种具有交互功能的特殊类型窗口，一般在执行菜单命令或单击命令按钮后出现，它要求用户选择不同的选项来执行任务，如图 2—21 所示。

图 2—21　对话框窗口

[操作一窗口的基本操作]

窗口的操作包括打开、关闭、移动、放大、缩小等。在桌面上可同时打开多个窗口。

(1) 移动窗口：窗口只有在非最大化时才可以进行移动。将鼠标指向窗口标题栏，按住鼠标左键不放就可以将窗口拖动到指定的位置。

(2) 窗口的最大化、最小化和恢复：标题栏右上角自左向右三个按钮分别是窗口最小化、还原或窗口最大化、关闭窗口。

- 窗口最小化与还原：用鼠标单击窗口的最小化按钮，窗口会缩小为任务栏上的图标，若要将图标还原成窗口，只需单击任务栏中的图标即可。
- 窗口最大化与还原：最大化按钮有两种状态，图案为单个矩形时，用鼠标单击该按钮，则窗口将充满整个屏幕，此时该按钮图案将变成两个前后重叠的矩形。再单击此按钮则窗口恢复到最大化前的大小，按钮图案也还原为单个矩形。
- 关闭窗口：用鼠标单击关闭按钮“×”，当前窗口即关闭。

(3) 窗口大小的调整：当窗口非最大化时，可以调整窗口的宽度和高度。

- 调整窗口宽度：将鼠标指向窗口的左边框或右边框，鼠标指针会变成“↔”，用鼠标拖动一边到所需宽度。
- 调整窗口的高度：将鼠标指向窗口的上边框或下边框，鼠标指针会变成“↕”，用鼠标拖动一边到所需的高度。
- 同时调整窗口高度和宽度：将鼠标指向窗口边框的任意一个角，待鼠标指针变成“↘”或“↗”后，用鼠标拖动一个角到所需的大小。

(4) 窗口的滚动：用鼠标拖动窗口右侧的垂直滚动条或下方的水平滚动条，可以将窗口内未显示全的内容显示出来。

2.1.8　Windows 菜单

大多数程序包含几十个甚至几百个使程序运行的命令（操作）。为了使桌面或程序看起来很整齐，很多命令被组织在菜单下面。根据菜单呈现的方式不同，Win7 菜单分为下拉式菜单和弹出式快捷菜单两种。下拉式菜单：菜单名称和个数是固定的，单击某个菜单标题后，在菜单下方拉出一组菜单项，如图 2—22 所示。弹出式菜单：单击鼠标后在窗口中弹出的菜单列表为弹出式菜单，如图 2—23 所示。

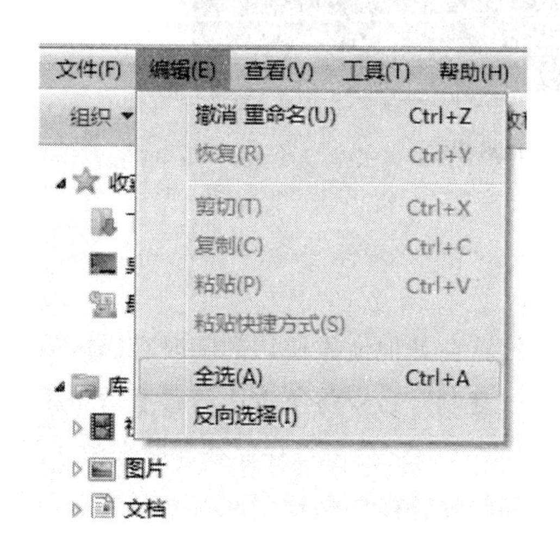

图 2—22　下拉式菜单

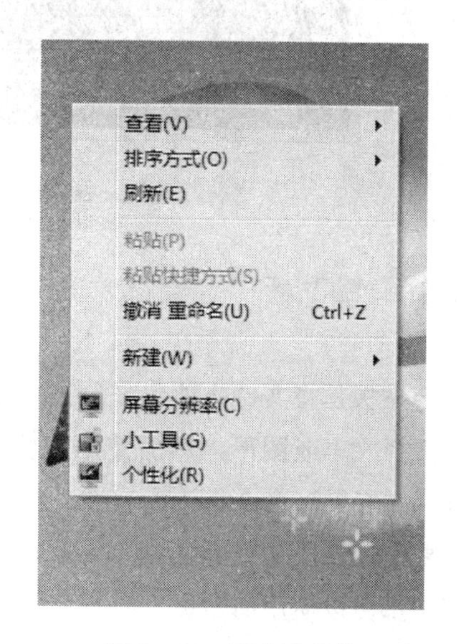

图 2—23　弹出式菜单

如果菜单选项旁有“…”，则表示选择该选项将弹出一个对话框，需要用户进行进一步选择。

如果菜单项右边有一个顶点向右的黑色三角形，则表示该菜单还有下一级菜单项。

用鼠标单击菜单外的任何区域即可退出菜单的使用。

2.1.9　命令行方式

Win7 中提供了 MS-DOS 模式，在该模式下可执行 MS-DOS 命令。

[操作—MS-DOS 模式]

单击“开始”，选择“所有程序—附件—命令提示符”，即可切换到 MS-DOS 窗口下，如图 2—24 所示。

图 2—24　MS-DOS 模式

2.1.10　剪贴板

剪贴板是将文件或项目复制或移动，并打算在其他地方使用的临时存储区域。可以选择文本或图形，然后使用“剪切”或“复制”命令将所选内容移至剪贴板，在使用“粘贴”命令将该内容插入到其他地方之前，它会一直存储在剪贴板中。例如，要复制一段文字到文档中，这段文字会临时保存在剪贴板中。在大多数 Win7 程序中都可以使用剪贴板。

[操作—剪贴板]

（1）剪切（Ctrl+X）：将所选内容移动到剪贴板中。

（2）复制（Ctrl+C）：将所选内容复制到剪贴板中。

（3）粘贴（Ctrl+V）：将剪贴板的内容插入到指定的位置。

（4）屏幕复制：在任何时候按下键盘上的 PrtSc 键，就可以将当前整个屏幕的内容以图片的形式复制到剪贴板中；若同时按下 Alt 和 PrtSc 键，就可以将当前活动窗口的内容以图片的形式复制到剪贴板中。

2.2　Windows 资源管理器

学习目标

※ 了解 Win7 资源管理器窗口的组成；

※ 熟练使用 Win7 资源管理器对文件进行管理；

※ 了解库与文件夹的区别。

2.2.1 资源管理器的启动

资源管理器是 Win7 系统对计算机中文件、文件夹等资源进行管理的工具。资源管理器的启动有三种方式：

(1) 单击任务栏上的资源管理器快捷图标；

(2) 选择“开始—所有程序—附件—Windows 资源管理器”；

(3) 右键单击“开始”按钮，单击“打开 Windows 资源管理器”。

2.2.2 资源管理器窗口

如图 2—25 所示为默认情况下打开的资源管理器窗口。

图 2—25 资源管理器窗口

(1) 地址栏：地址栏显示当前打开的文件夹路径。每一个路径都由不同的按钮连接而成，单击按钮可以在相应的文件夹间切换。

(2) 搜索框：输入要搜索的信息，可以在计算机中搜索对应的文件或程序。

(3) 窗口工作区：显示当前窗口的内容或执行某项操作后显示的内容，内容较多时会出现滚动条。

(4) 菜单栏：显示资源管理器的主要菜单命令。

(5) 工具栏：该工具栏显示了与当前窗口内容相关的常用工具按钮，打开不同的程序，工具栏中显示的工具按钮会有不同。

（6）窗格：单击工具栏的“组织”按钮，选择“布局”命令，可以选择要显示的窗格类型，通常资源管理器有导航窗格、细节窗格和预览窗格。

2.2.3　资源管理器的基本操作

资源管理器最重要的功能是对文件和文件夹进行管理，它可以进行文件及文件夹的选择、新建、移动、复制、删除等操作。

1. 选择文件或文件夹

在对文件或文件夹进行操作前要先将其选定，选择的方法如下：

（1）选择单个文件：用鼠标单击所选的文件或文件夹。

（2）选择多个文件：选择一组连续的文件，先单击第一个文件，然后按住 Shift 键，再移动鼠标到最后一个文件上单击左键，再松开 Shift 键，该组连续的文件即被选中。如果要同时选中多个不连续的文件，则按住 Ctrl 键，逐个单击要选中的文件即可。

（3）选中全部文件：在资源管理器菜单栏的“编辑”菜单下或“组织”按钮下有“全选”命令，选择即可。或按 Ctrl＋A 快捷键即可选中当前窗口工作区内的所有文件。

（4）取消已选中文件：如要取消已选中的文件，则按住 Ctrl 键单击要取消的文件。如要全部取消，用鼠标单击窗口空白处即可。

（5）反向选择：在选择某些文件后，要选择未被选中的文件，则在菜单栏的“编辑”菜单下选择“反向选择”命令。

2. 移动、复制文件或文件夹

（1）文件或文件夹的复制：选中要复制的文件或文件夹，再按住 Ctrl 键，用鼠标拖动到指定位置；或选中后单击鼠标右键，选择“复制”命令，然后进入指定文件夹，单击鼠标右键选择“粘贴”命令，即可完成复制操作。

（2）文件或文件夹的移动：选中要移动的文件或文件夹，再按住 Shift 键，用鼠标拖动到指定位置。如果在同一个磁盘的文件夹之间移动，则在拖动时不用按 Shift 键。

3. 删除文件或文件夹

在系统中删除的文件或文件夹，系统会默认将它们放入回收站，即“逻辑删除”，如果需要恢复已删除的文件或文件夹，可以从回收站中还原。如果对回收站进行清空，则文件和文件夹会从计算机中彻底删除。具体的逻辑删除方法有：

（1）使用资源管理器菜单栏上“文件”菜单中的“删除”命令，可删除选择的文件或文件夹。

（2）用鼠标右键单击选择的文件或文件夹，选择“删除”命令，即可删除。

（3）选中要删除的文件或文件夹后，按住键盘上的 Delete 键，即可删除。

如果在进行逻辑删除的同时按住 Shift 键，则文件和文件夹将会被彻底删除，即“物理删除”，此时删除的内容将无法恢复。

4. 文件或文件夹的重命名

在选中的文件或文件夹上单击鼠标右键，选择“重命名”命令，即可在原文件或文件夹名称上修改或重新输入文件名，按 Enter 键即可确认。

5. 调整显示环境

用户可以调整 Win7 资源管理器的工作区的显示环境，以便于查看文件的相关属性信息。

（1）点击资源管理器菜单栏的“查看”菜单项，可出现图 2—26 所示的内容，其中显示了超大图标、大图标、中等图标、小图标、列表、详细信息、平铺、内容八种显示方式，用户可以根据自己的需要选择相应的显示方式。

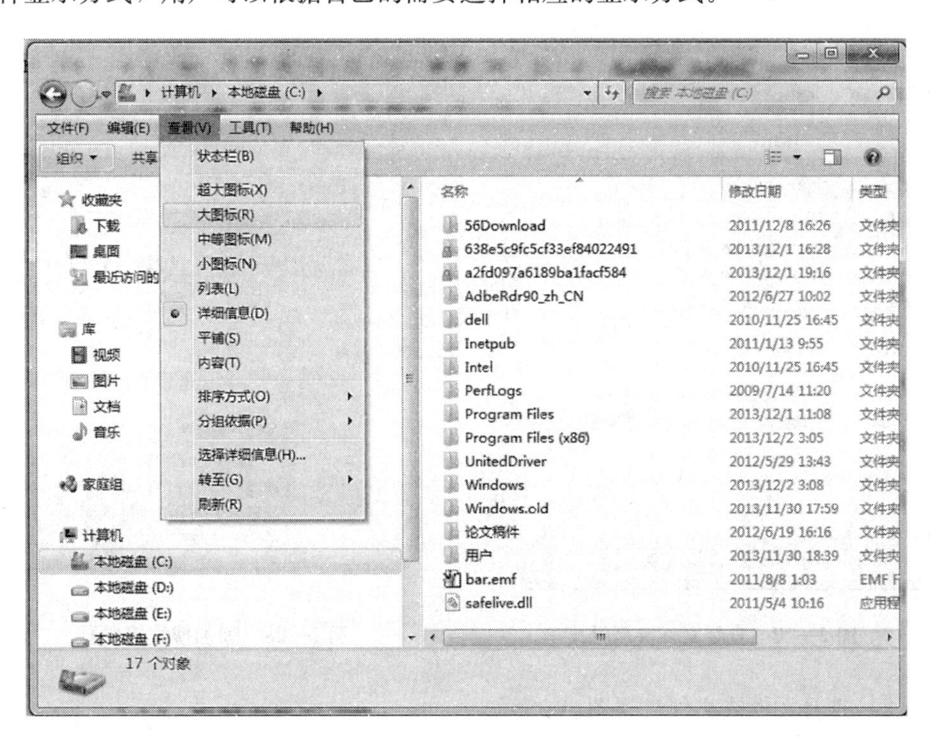

图 2—26　资源管理器显示方式设置

（2）选中“状态栏”命令，则在该命令项前出现√标识，且在窗口底部显示状态栏。再次单击，√消失，状态栏被隐藏。

（3）选中“刷新”命令，则当前工作区的内容将更新为调整变动后的状态。

（4）单击“排序方式”命令，则出现一个级联菜单，分别可以按“名称”、“修改日期”、“类型”、“大小”，以及“递增”、“递减”方式进行文件或文件夹的排序。也可以用鼠标右键单击空白处选择“排序方式”命令进行排序。

6. 查看文件或文件夹属性

鼠标右键单击被选中的文件或文件夹，即可显示该文件的属性。不同类型文件属性窗口显示的信息会有所不同，图 2—27 所示为一个文件夹的属性窗口。

7. 查找和查看

（1）查找文件或文件夹。

通过资源管理器窗口的搜索框可以快速查找文件或文件夹。在搜索框中输入要查找的文件名，就会在资源管理器右边窗口工作区中显示包含此关键字的所有文件或文件夹。如果要快速搜索所需要的对象，也可以用如图 2—28 所示的搜索筛选器，按照种类、修改日期、类型、名称等进行搜索。

当不确定要查找的文件或文件名时，可以用通配符代替，常用的通配符有 * 和?。 * 代表任意多个字符，? 代表任意单个字符。

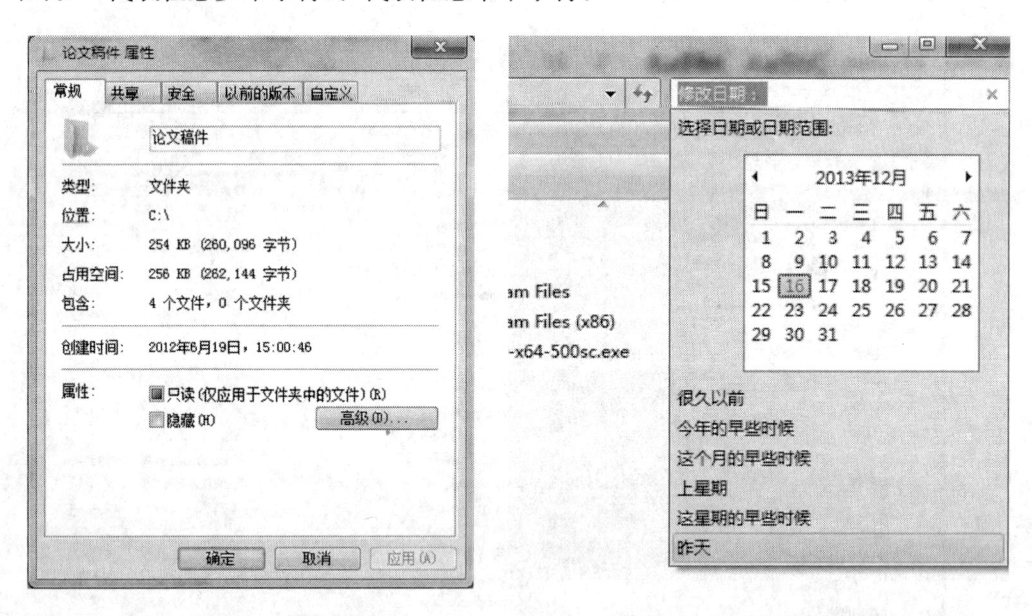

图 2—27　查看文件夹属性　　　　**图 2—28　添加搜索筛选器**

（2）查看文件或文件夹视图。

在 Win7 系统中有些系统文件是不能删除的，为了避免误操作，可以将这些系统文件隐藏。Win7 系统默认文件名的扩展名是隐藏的，但为了便于查看文件类型，可以将文件的扩展名直接显示出来。其方法是：选择资源管理器菜单栏中的“工具”，选中“文件夹选项”，在弹出的对话框中选择“查看”选项卡，如图 2—29 所示，就可以根据用户的需要选中要查看的信息或属性。若在设置后点击“应用到文件夹”按钮，则在查看所有文件夹时均使用设置后的视图方式。

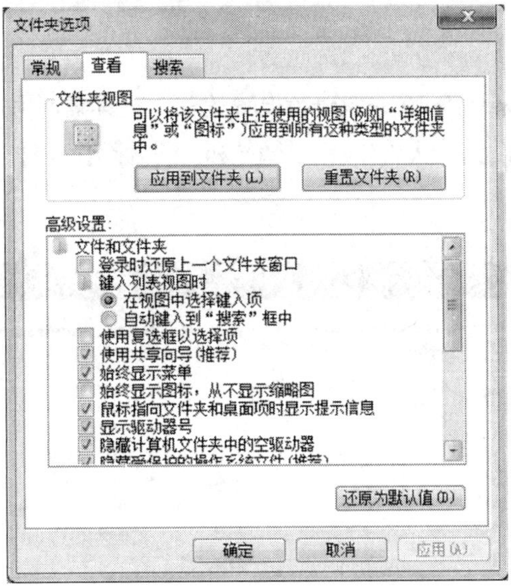

图 2—29　文件夹选项

8. 库的操作和管理

打开资源管理器时，默认显示的是库，打开库可以看到一个或多个文件夹。库与文件夹不同的是，库可以收集存储在多个位置的文件夹，并将其显示为一个库，而不用移动这些文件夹。库实际上不是存储路径或项目，仅仅是一个快捷链接，用户可以通过库快速访问同类文件。

系统默认的库有视频、图片、文档、音乐，用户也可以在库文件夹下单击鼠标右键，选择“新建—库”，然后将文件夹添加到库下。也可以在资源管理器窗口中选择文件夹，然后在工具栏单击“包含到库中”按钮，完成库的添加操作。添加到库的文件夹也可以移除，但文件夹本身并没有被删除。

2.3　Windows 系统环境设置

学习目标

※ 了解控制面板的主要功能；

※ 学会使用控制面板进行系统环境的设置。

2.3.1 控制面板的启动

"控制面板"是用来对 Win7 系统进行设置的一个工具集，用户可以通过这些工具查看或改变 Win7 系统的设置。从"开始"菜单或桌面图标均可以打开控制面板窗口，如图 2—30 所示。

图 2—30 控制面板窗口

2.3.2 时钟、语言和区域设置

在控制面板中打开"时钟、语言和区域"窗口，可以进行这些选项的设置，如图 2—31 所示。

1. 设置日期和时间

选择"日期和时间"选项，打开设置对话框如图 2—32 所示。在此可以调节系统的日期和时间。单击"更改时区"便可以设置某一地区的时区。

2. 设置区域和语言

在"时钟、语言和区域"窗口中选择"区域和语言设置"选项，打开对话框，选择"键盘和语言"选项卡，单击"更改键盘"，在如图 2—33 所示的"文本服务和输入语言"对话框中，可以添加或删除输入语言，设置默认输入语言等。

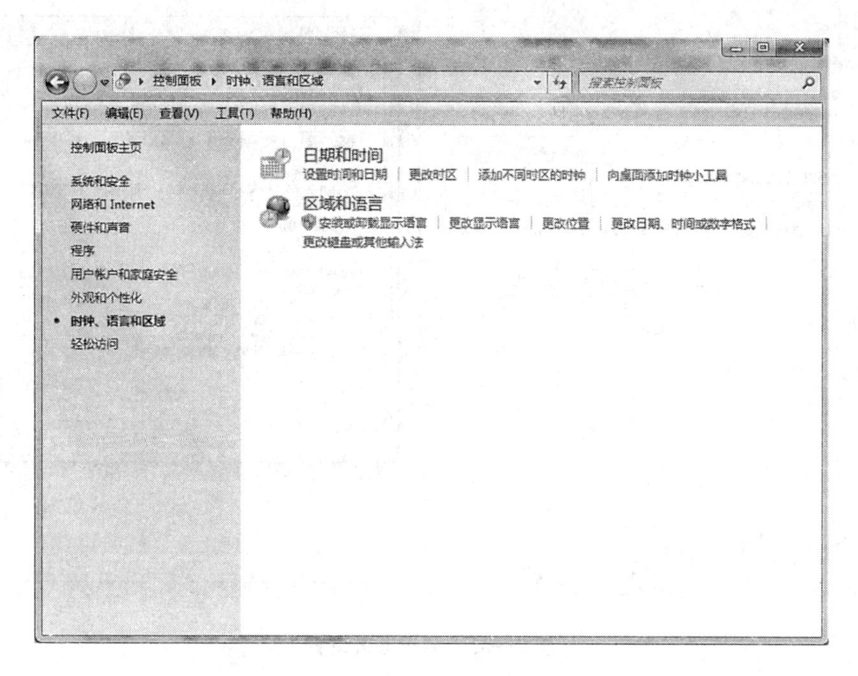

图 2—31　时钟、语言和区域设置窗口

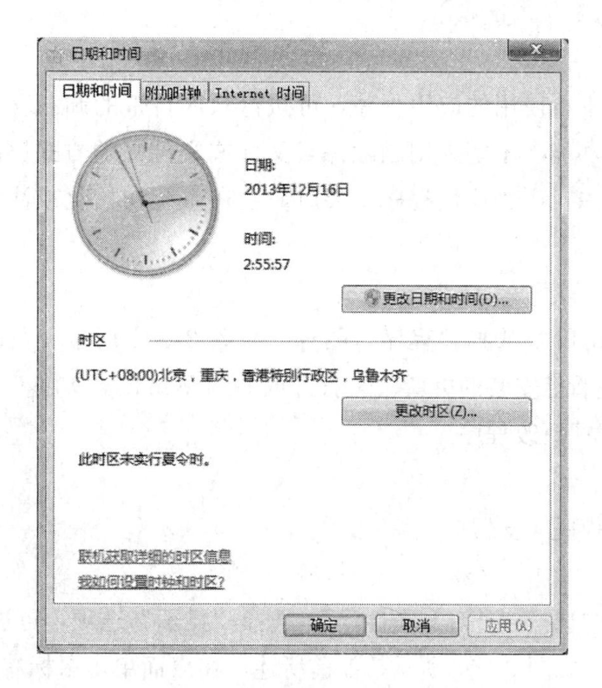

图 2—32　日期和时间设置

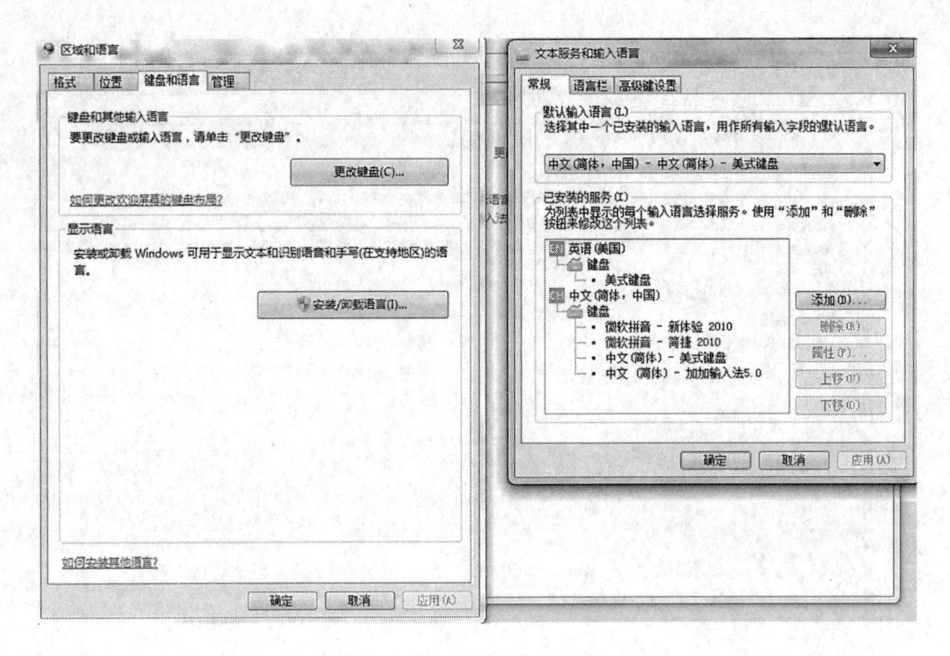

图 2—33　属于语言设置

2.3.3　程序的添加和删除

如果想删除不再使用的应用程序，可执行软件自带的卸载程序或使用控制面板中的卸载程序功能。不能采用删除一般文件或文件夹的方式删除应用程序，否则会留下很多隐患。因为应用程序安装时，会在系统初始化或注册表中留下相关信息。

[操作—卸载程序]

在控制面板窗口中选择“程序”图标，如图 2—34 所示。在此窗口中可选择“卸载程序”、“查看已安装的更新”、“打开或关闭 Windows 功能”等。单击“程序和功能”，可卸载或更改程序。

2.4.4　显示属性的设置

在控制面板中选择“外观和个性化”，选择“显示”选项，可进行屏幕分辨率、桌面背景等设置，如图 2—35 所示。如前所述，在桌面单击鼠标右键也可以进行显示属性的设置。

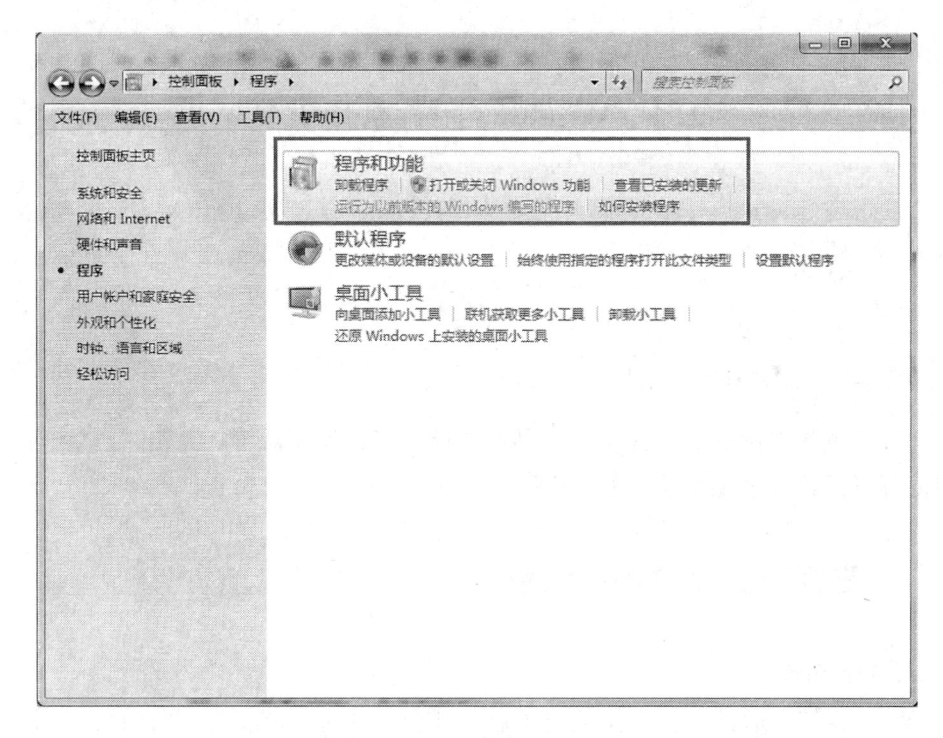

图 2—34　控制面板—程序窗口

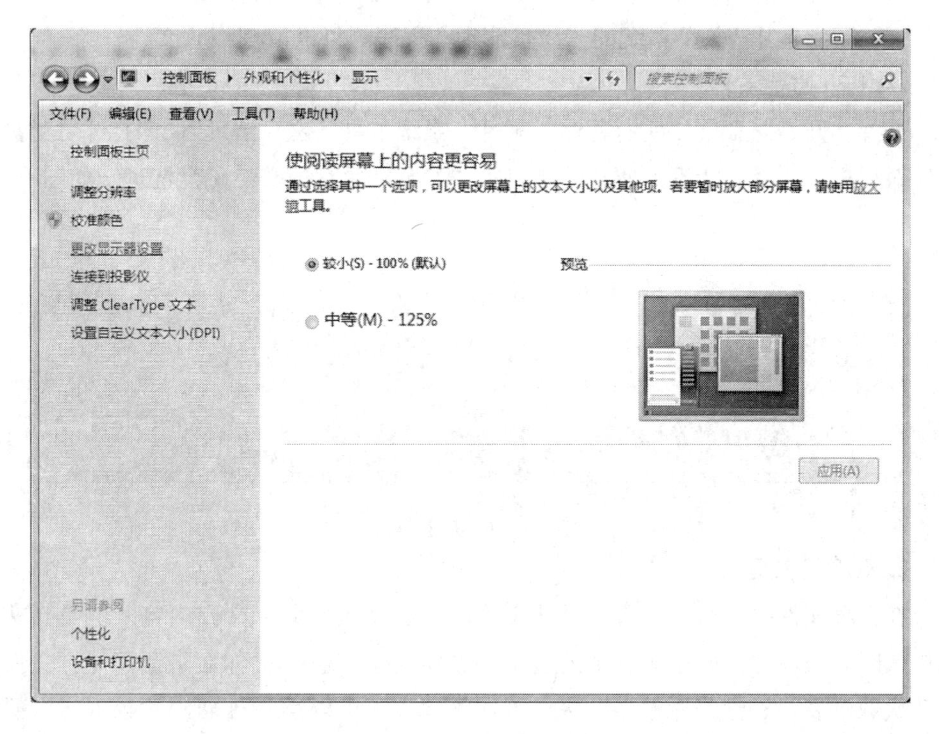

图 2—35　显示属性设置窗口

2.4　Windows 附件常用工具

学习目标

※ 了解 Win7 附件常用工具；

※ 学会使用几种常用工具。

Win7 系统中自带了一些常用工具，如记事本、计算器等，点击“开始—所有程序—附件”，可以选择运行这些工具。

2.4.1　磁盘清理、磁盘碎片整理程序

1. 磁盘清理

Win7 系统在运行时会产生大量的临时文件，主要包括系统生成的临时文件、回收站内的文件、访问互联网时下载的文件等。这些临时文件会占据磁盘空间，造成空间浪费。运用 Win7 系统的“磁盘清理”程序，可以清理临时文件。

[操作—磁盘清理]

选择“开始”菜单“所有程序—附件—系统工具—磁盘清理”，即打开“磁盘清理”对话框，选择要清理的驱动器，点击“确定”后，即开始磁盘清理，如图2—36所示。

图 2—36　磁盘清理

2. 磁盘碎片整理

在保存文件时，计算机系统会使用连续的磁盘区域保存文件内容。但是当文件被修改时，文件的存放位置就不连续了，这样的磁盘空间就称为磁盘碎片。文件修改的次数越多，磁盘碎片越多。磁盘碎片整理程序可以重新排列碎片数据，以便磁盘和驱动器能够更有效地工作。

［操作—磁盘碎片整理］

选择“开始—所有程序—附件—系统工具—磁盘碎片整理程序”，即打开磁盘碎片整理程序窗口，用户可以直接进行磁盘整理，还可以选择“配置计划”，定期进行磁盘碎片整理，如图 2—37 所示。

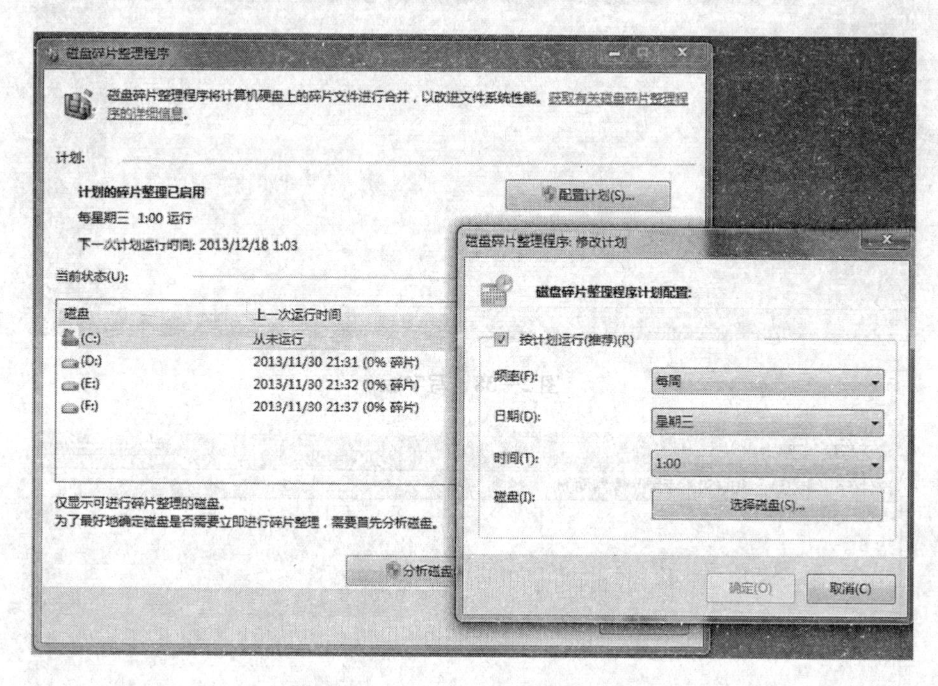

图 2—37　磁盘碎片整理

2.4.2　常用工具的使用

1. 写字板

写字板是 Win7 自带的文字处理软件，适合比较短小、版式简单的文本的处理。写字板程序中可进行段落、字体等格式的设置，也可以插入图片等对象。写字板文件的扩展名为 . rtf。写字板界面如图 2—38 所示。

2. 记事本

记事本是 Win7 自带的基本文本编辑器，用记事本编辑的文本不带任何格式，因此常用来编辑网页文件，记事本创建的文件扩展名为 . txt。如果要删除一段文本的格式，可以将该文本复制到记事本中再重新保存，这样文本的特殊格式就全部删除了。记事本界面如图 2—39 所示。

3. 计算器

Win7 计算器有多种模式：标准型（按输入顺序单步计算）、科学型（按运算顺序复合计算）、程序员（可进行不同进制数据的计算）和统计信息，通过“查看”菜

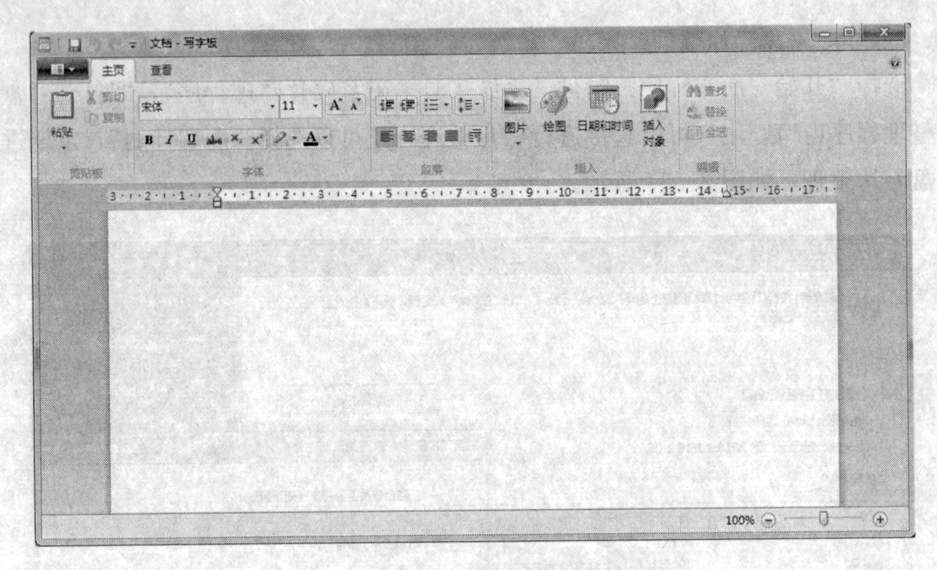

图 2—38　写字板

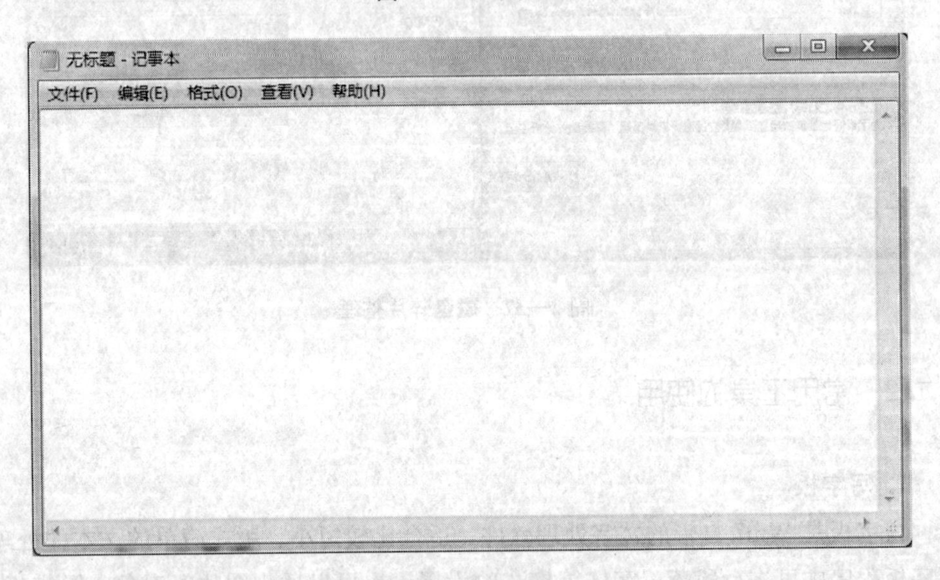

图 2—39　记事本

单可以进行不同模式的切换，如图 2—40 所示。

4. 画图

画图软件可以建立、简单编辑、打印图片文件。画图窗口包括标题栏、菜单栏、绘图栏、绘图区、工具栏、调色板和状态栏等，如图 2—41 所示。在画图软件中，可对图片进行裁剪、拼贴、移动、复制、保存和打印等操作。用画图软件保存图片时，默认的扩展名是 . bmp。

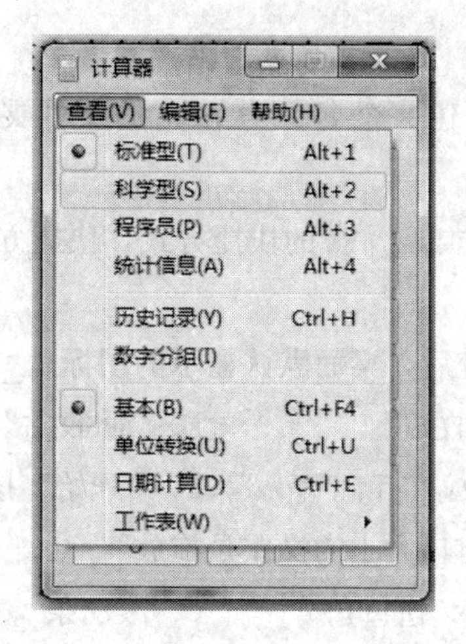

图 2—40　计算器

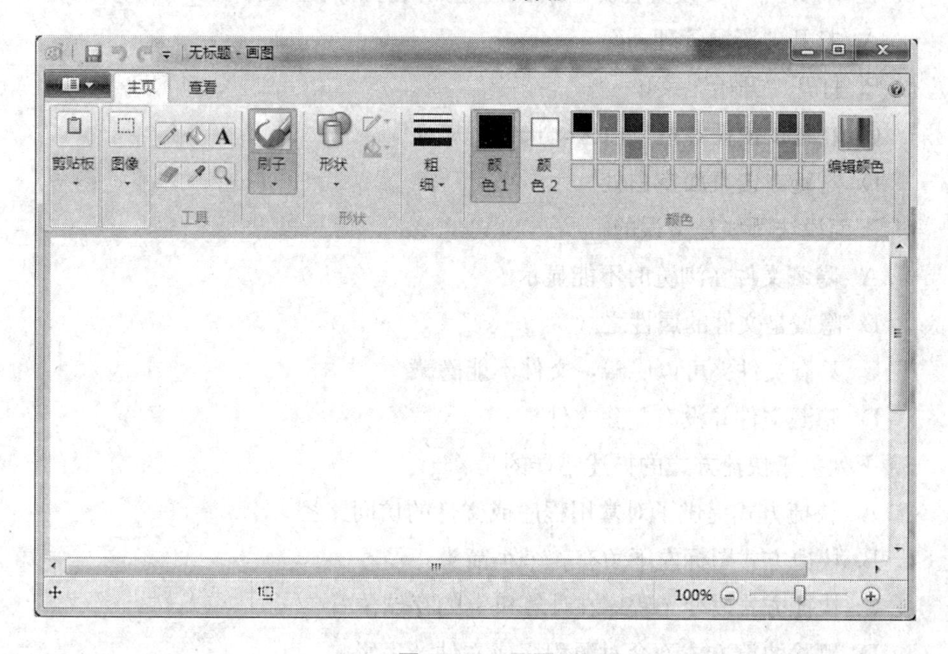

图 2—41　画图

习　题

一、简答题

1. Win7 操作系统有什么样的硬件要求？
2. 开始菜单由哪几部分组成？
3. 什么是剪贴板？常用的剪贴板快捷键有哪些？
4. 简述回收站的作用。

二、操作题

1. 在计算机 D 盘上创建一个名称为 new 的文件夹，在该文件夹下新建文件 list. txt。

2. 在桌面建立一个指向 list. txt 的快捷方式，快捷方式名为“list”。

三、单选题

1. 启动 Win7 操作系统后，桌面默认显示的图标是____。
   A. “计算机”、“回收站”　　B. “回收站”和“开始”按钮
   C. “计算机”、“回收站”和“Word”　　D. “开始”按钮和“计算机”
2. 在 Win7 中，调整窗口大小的操作是拖放____。
   A. 标题栏　　B. 窗口角　　C. 滚动条　　D. 窗口边框
3. 在 Win7 中，要设置任务栏属性，应如何打开属性菜单？____。
   A. 打开“资源管理器”
   B. 打开“开始”菜单
   C. 右键单击任务栏空白区，选择“属性”
   D. 右键单击桌面空白处
4. 下面说法哪些是错误的____。
   A. 隐藏文件在浏览时不能显示
   B. 隐藏是文件的属性之一
   C. 只有文件夹可以隐藏，文件不能隐藏
   D. 隐藏文件并没有删除文件
5. 下列关于快捷方式的描述错误的是____。
   A. 快捷方式提供了对常用程序或文件的访问路径
   B. 快捷方式图标左下角有一个小箭头
   C. 快捷方式改变了程序在计算机上的存储位置
   D. 删除快捷方式不会对源程序或文件产生影响
6. Win7 中可以设置、控制计算机硬件配置的应用程序是____。
   A. 回收站　　B. 记事本　　C. 资源管理器　　D. 控制面板
7. 在 Win7 资源管理器中选择了文件或文件夹后，若要将它们复制到该驱动器的其他文件夹下，在拖动鼠标时使用的按键是____。
   A. Ctrl　　B. Shift　　C. Alt　　D. Del
8. 在 Win7 的中文输入方式下，中英文输入方式之间切换应按的键是____。
   A. Ctrl＋空格　　B. Ctrl＋Shift　　C. Ctrl＋C　　D. Ctrl＋V
9. 当一个程序窗口最小化时，该程序将____。
   A. 被删除　　B. 缩小为任务栏图标

C. 被关闭　　　　　　　　　　D. 被移走

10. 在 Win7 操作系统下，将整个屏幕画面全部复制到剪贴板上使用的键是____。

A. PrtSc　　B. Home　　C. F5　　D. Esc

11. 关于 Win7 窗口的描述正确的是____。

A. 屏幕上只能出现一个窗口

B. 屏幕上可以出现多个窗口，但只有一个是活动窗口

C. 屏幕上可以出现多个活动窗口

D. 屏幕上只能出现三个窗口

12. 在 Win7 中，剪贴板是用来在程序和文件间传递信息的临时存储区，这个存储区是____。

A. 回收站的一部分　　　　　　B. 硬盘的一部分

C. 内存的一部分　　　　　　　D. 桌面的一部分

13. 在资源管理器中，选定多个非连续文件时，单击鼠标左键的同时要按住的键为____。

A. Ctrl　　B. Shift　　C. Alt　　D. Space

14. 资源管理器中的库是____。

A. 一个特殊的文件

B. 一个特殊的文件夹

C. 一个磁盘

D. 用户快速访问一组文件或文件夹的路径

15. 在 Win7 中，通过“记事本”保存的文件，默认的扩展名是____。

A. DOC　　B. TXT　　C. EXE　　D. BMP

第3章 Word 文字编辑

本章主要介绍 Microsoft Office 办公套件中的文字处理软件 Word 2010，通过详细操作步骤的讲解由基础到提高、分层次地展示 Word 的文本编辑、排版、表格处理、图文处理等功能。

知识导论

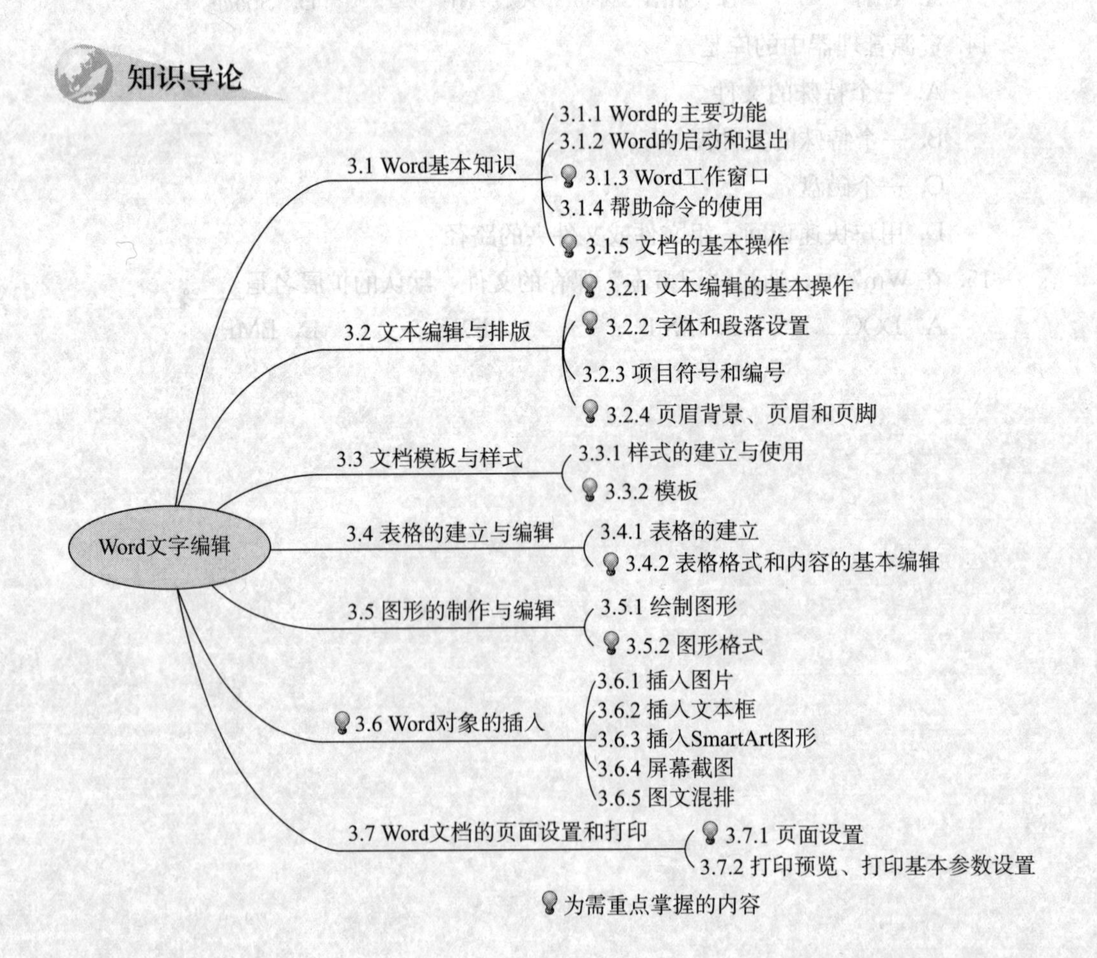

Microsoft Office 是微软公司开发的、目前使用最为广泛的一套办公软件包。当前最新版本为 Office 2010，本书就以该版本为例进行介绍。Office 2010 办公软件包主要包括：文字处理软件 Word 2010、电子表格处理软件 Excel 2010、电子幻灯演示软件 PowerPoint 2010、笔记记录和管理软件 OneNote 2010、日程及邮件管理软件 Outlook 2010、桌面出版管理软件 Publisher 2010、数据库管理软件 Access 2010、即时通信客户端软件 Communicator 2010、信息收集和表单制作软件 InfoPath 2010、协同工作客户端软件 SharePoint Workspace 2010、Office 2010 工具等。

3.1 Word 基本知识

学习目标

※ 了解 Word 的主要功能；

※ 熟悉 Word 工作窗口的组成元素；

※ 掌握文档新建、打开、保存、关闭等基本操作，学会使用常用视图。

3.1.1 Word 的主要功能

Word 2010 是 Office 2010 的核心软件之一，Word 主要用于文档的编辑排版，它的主要功能有：

(1) 文字编辑：可进行各种字符的输入、修改、删除、移动、复制、查找、替换等操作。

(2) 文字校对：可以进行文档拼写检查、自动更正、英文语法检查等操作。

(3) 文档排版：可以进行文档格式、页面格式的编排。

(4) 图文处理：可以制作图形、图片、SmartArt 图形等，可以进行图文混排等操作。

(5) 制作表格：可以创建和修改表格，进行文本与表格间的转换。

(6) 帮助：Word 中提供了 Office 帮助功能。

3.1.2 Word 的启动和退出

1. 启动

可在“开始”菜单中查找 Word 图标并启动程序。

[操作—启动 Word]

(1) 单击“开始”按钮，以显示“开始”菜单。

(2) 选择“所有程序—Microsoft Office—Microsoft Word 2010”。

此时 Word 将启动。首次启动 Word 时，可能会显示“Microsoft 软件许可协议”。

(3) 用户可以在桌面或任务栏中创建快捷启动图标，以便快速启动 Word 程序。

2. 退出

若要退出 Word，可选择 Word 菜单栏“文件”选项中的“退出”命令。

[操作—退出 Word]

(1) 单击“文件”选项，选择“退出”命令。

(2) 或直接单击窗口右上角的×关闭按钮。

(3) Word 退出前如果未保存正在编辑的文档，程序会弹出对话框提示用户保存文件。

3.1.3 Word 工作窗口

启动 Word 后即打开工作界面，图 3—1 所示为 Word 窗口的组成。

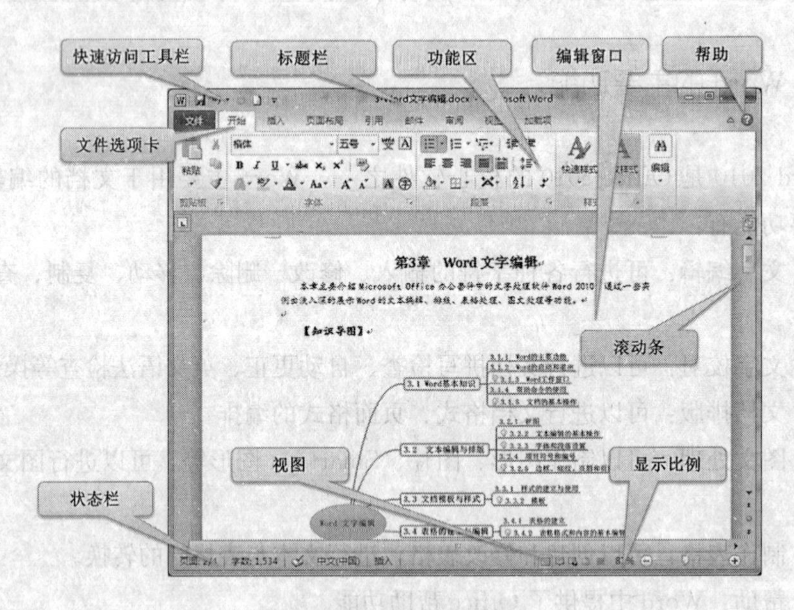

图 3—1 Word 窗口的组成

(1) 标题栏：显示正在编辑的文档的文件名以及所使用的软件名。其中还包括标准的“最小化”、“还原”和“关闭”按钮。

(2) 快速访问工具栏：常用命令位于此处，例如，“保存”、“撤销”和“恢复”。在快速访问工具栏的末尾是一个下拉菜单，在其中可以添加其他常用命令或经常需要用到的命令。如图 3—2 所示，被选中的命令前有√标志，这些命令会被添加到快速访问工具栏中。

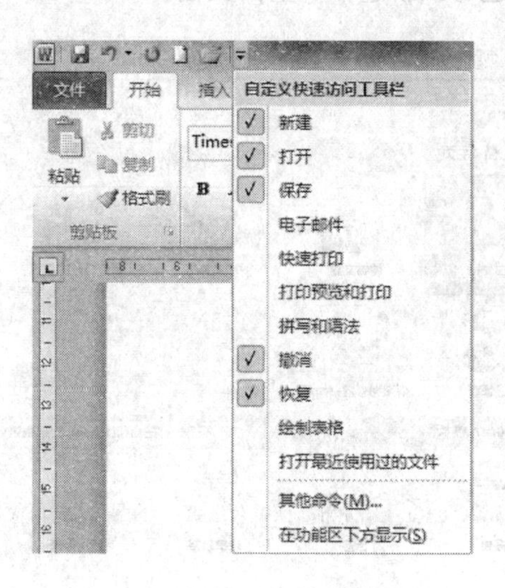

图 3—2 自定义快速访问工具栏

（3）文件选项卡：单击此按钮可以查找对文档本身而非对文档内容进行操作的命令，例如，“新建”、“打开”、“另存为”、“打印”和“关闭”。

（4）功能区：工作时需要用到的命令位于此处。功能区的外观会根据监视器的大小改变。Word 通过更改控件的排列来压缩功能区，以便适应较小的监视器。

（5）编辑窗口：显示正在编辑的文档的内容。

（6）滚动条：可用于更改正在编辑的文档的显示位置。

（7）状态栏：显示正在编辑的文档的相关信息。

（8）“视图”按钮：可用于更改正在编辑的文档的显示模式以符合要求。

（9）显示比例：可用于更改正在编辑的文档的显示比例。

3.1.4 帮助命令的使用

单击 Word 窗口右上角的?按钮或按 F1 键，可以打开 Word 帮助页面，这是一个非常实用的使用手册。在帮助页面中可以查看 Word 的使用指南，用户可以通过目录或查找功能查看自己所需了解的内容。

3.1.5 文档的基本操作

1. 新建文档

选择“文件—新建”命令，将会显示可用模板页面，用户可以选择所需的模板，根据模板建立一个新文档，也可以新建一个空白文档，如图 3—3 所示。单击快速访问工具栏上的按钮，也可以新建一个空白文档。

图 3—3　新建文档

2. 保存文档

用户对新文档进行了编辑，选择“文件—另存为”后，即弹出图 3—4 所示的“另存为”对话框，在保存的位置输入文件名、选择保存类型，然后单击“保存”即可。如果是对磁盘上已经存在的文档进行编辑，可直接选择“文件—保存”，或单击快速访问工具栏上的按钮保存文件。Word 2010 文档的默认扩展名为 . docx，如果想保存为 Word 97-2003 兼容格式，可选择保存为扩展名为 . doc 的文件。

3. 打开文档

选择“文件—打开”命令或单击快速访问工具栏中的按钮，在弹出的“打开”对话框中选中要打开的文件，然后点击 打开(O) 按钮，即可在 Word 工作窗口中打开该文档，如图 3—5 所示。

4. 关闭文档

选择“文件—关闭”命令或单击窗口右上角的×关闭按钮，即可关闭正在编辑的文档。如果在关闭前没有对文档进行保存，则会弹出保存对话框，请用户做出选择，如图 3—6 所示。

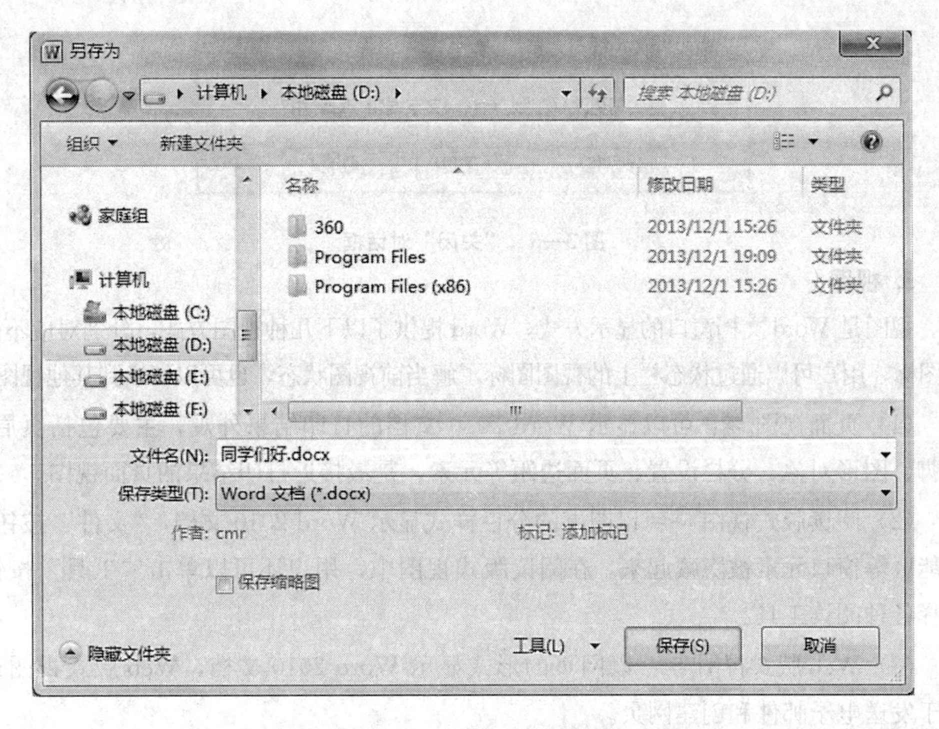

图 3—4　“另存为”对话框

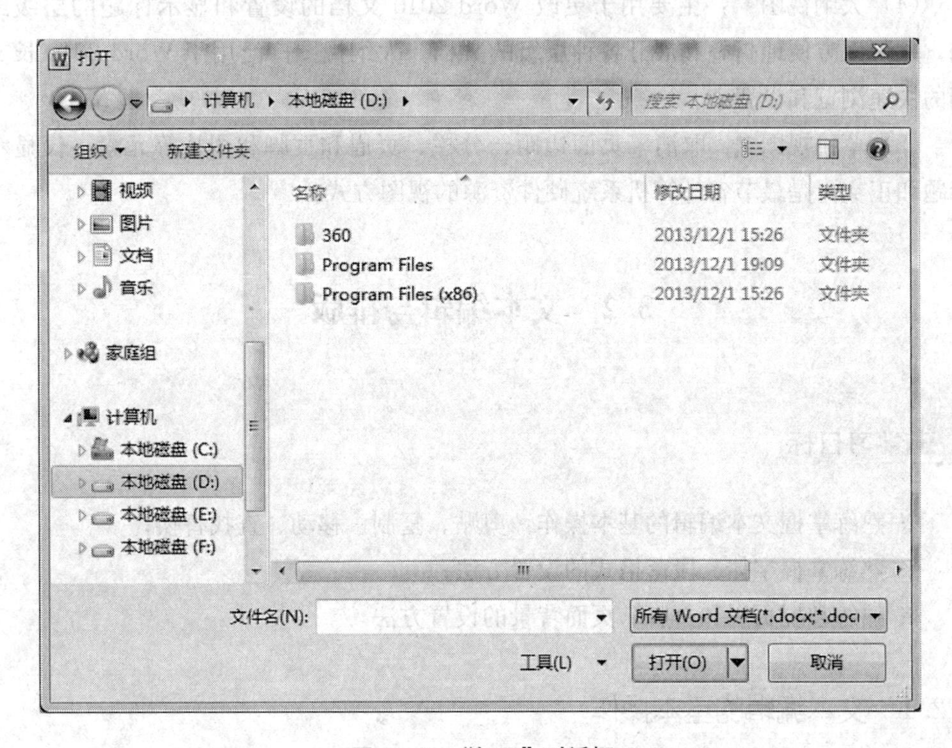

图 3—5　“打开”对话框

图 3—6 “关闭”对话框

5. 视图

视图是 Word 文档窗口的显示方式，Word 提供了以下几种视图方式，分别对应不同的图标，用户可以通过状态栏上的视图图标了解当前视图状态，也可以切换到其他视图。

(1) 页面视图：可以显示 Word 2010 文档的打印结果外观，主要包括页眉、页脚、图形对象、分栏设置、页面边距等元素，是最接近打印结果的页面视图。

(2) 阅读版式视图：以图书的分栏样式显示 Word 2010 文档，“文件”按钮、功能区等窗口元素被隐藏起来。在阅读版式视图中，用户还可以单击“工具”按钮选择各种阅读工具。

(3) Web 版式视图：以网页的形式显示 Word 2010 文档，Web 版式视图适用于发送电子邮件和创建网页。

(4) 大纲视图：主要用于更改 Word 2010 文档的设置和显示标题的层级结构，并可以方便地折叠和展开各种层级的文档。大纲视图广泛用于 Word 2010 长文档的快速浏览和设置中。

(5) 草稿视图：取消了页面边距、分栏、页眉和页脚和图片等元素，仅显示标题和正文，是最节省计算机系统硬件资源的视图方式。

3.2 文本编辑与排版

学习目标

※ 熟练掌握文本编辑的基本操作：剪贴、复制、移动、查找替换；
※ 熟练掌握字体、段落格式的设置方法；
※ 熟练掌握页眉和页脚、页面背景的设置方法。

3.2.1 文本编辑的基本操作

1. 插入

插入点是指在文档中要输入字符的位置。当鼠标在文档编辑区中移动时鼠标指针就变成 I 的形状，将鼠标移动到需插入字符的位置，单击鼠标后，即可确定插入位置。也可以使用表 3—1 中的键盘操作键进行快速定位。

表 3—1　　键盘操作键的定位功能

操作键	功 能
↑或↓	向上或向下移动一行
←或→	向左或向右移动一个字符
Home	移到行首
End	移到行尾
PageUp	向上移动一屏
PageDown	向下移动一屏
Ctrl＋PageUp	移到上一页顶端
Ctrl＋PageDown	移到下一页顶端
Ctrl＋Home	移到文档开头
Ctrl＋End	移到文档结尾

2. 选择内容

用鼠标拖动可以选择文本，将光标移到要选择的文本区域第一个字符的左侧，然后拖动鼠标到最后一个字符，被选中的文本区域反白显示，释放鼠标就可以选中所需的内容。还可以用鼠标快捷方式选择不同区域的文本。

（1）选择一行文本：将鼠标指针移到文本选定区的左侧空白处，并指向欲选中的文本行，当鼠标指针变成一个向右倾斜的箭头时，单击鼠标左键，即可选中一行文本。

（2）选择一段文本：将鼠标指针移到文本选定区的左侧空白处，并指向欲选中的文本段落，当鼠标指针变成一个向右倾斜的箭头时，双击鼠标左键，即可选中一段文本。

（3）选择矩形区域：将鼠标指针移到要选择区域的左上角，按住 Alt 键不放，同时拖动鼠标到要选择区域的右下角。

（4）选择整篇文档：将鼠标指针移到文本选定区的左侧空白处，当鼠标指针变成一个向右倾斜的箭头时，连续三次单击鼠标左键，即选中整篇文档。使用组合键 Ctrl＋A 也可选中整篇文档。

也可以通过一些键盘组合键进行内容的选择，如表 3—2 所示。

表 3—2　　　　　　　　　　　键盘组合键的选择功能

组合键	功　能	组合键	功　能
Shift＋→	向右选取一个字符	Shift＋←	向左选取一个字符
Shift＋↑	向上选取一行	Shift＋↓	选择下一行
Shift＋Home	选取到当前行开头	Shift＋End	选择到当前行尾
Shift＋PageUp	选择上一屏	Shift＋PageDown	选取下一屏
Shift＋Ctrl＋—	向右选取一个字或单词	Shift＋Ctrl＋—	向左选取一个字或单词
Shift＋Ctrl＋Home	选取到文档开头	Shift＋Ctrl＋End	选取到文档末尾

3. 删除内容

选择文本内容后，可按 Delete 键删除文本。在未对文档进行保存前，可使用键盘组合键 Ctrl＋Z 恢复刚刚删除的文本或其他编辑操作，也可以单击快速访问工具栏的按钮，撤销刚才的操作，单击右侧的下箭头按钮，可显示最近的操作，可以用单击鼠标恢复到其中的某一步操作前的状态，如图 3—7 所示。

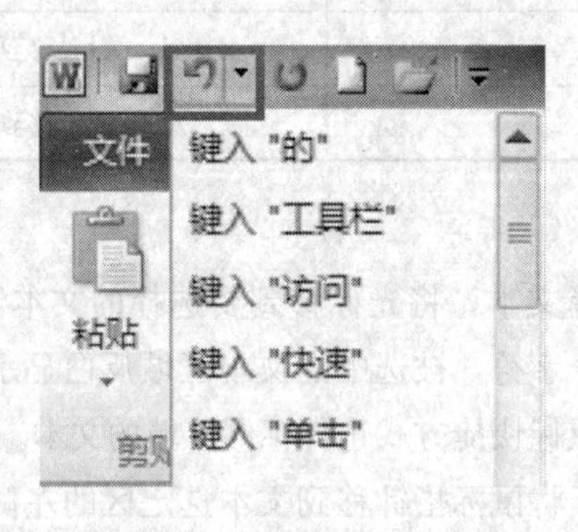

图 3—7　撤销键入按钮

4. 剪贴、移动和复制

使用剪贴板功能，可以对选择的文本内容进行移动、复制。

(1) 移动：选中内容后单击鼠标右键，选择“剪切”命令，然后将鼠标光标定位到要移动的位置，单击鼠标右键选择“粘贴”命令，即可完成移动操作；也可以使用 Ctrl＋X、Ctrl＋V 完成移动；还可以用鼠标直接拖动选中的文本来移动。

(2) 复制：选中内容后单击鼠标右键，选择“复制”命令，然后将鼠标光标定位到要移动的位置，单击鼠标右键选择“粘贴”命令，即可完成移动操作。也可以使用 Ctrl＋C、Ctrl＋V 完成移动。

Word 2010 的粘贴命令，有三种粘贴格式：保留原格式、合并格式、只保留文本。

5. 查找、替换和定位

(1) 查找。

选择“开始”选项卡中的 查找 命令，弹出图 3—8 所示的界面，在文档编辑区左侧显示导航窗口，输入要搜索的内容，可以在文档中进行查找。导航窗口中还提供了三种浏览方式：浏览标题、浏览页面、浏览搜索的内容。

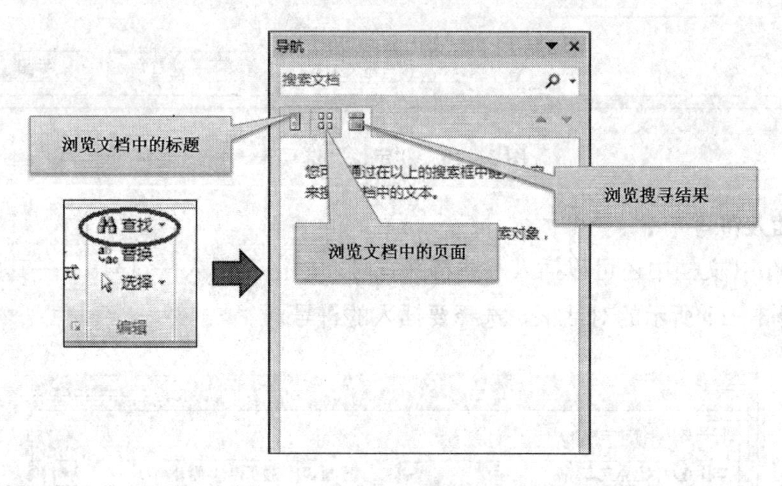

图 3—8　查找

(2) 替换。

选择“开始”选项卡中的 替换 命令，弹出图 3—9 所示的“查找和替换”对话框，输入要查找替换的内容，单击“查找下一处”，符合条件的字符就在文档中反相显示，单击“替换”或“全部替换”，就可以完成新内容的替换。

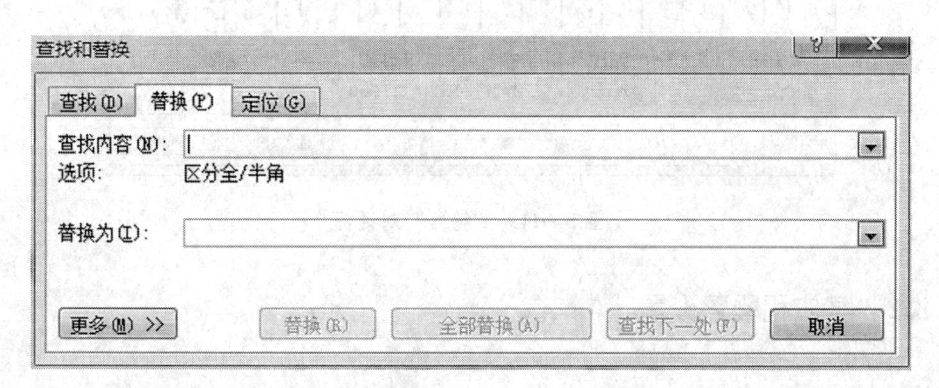

图 3—9　“查找和替换”对话框

(3) 定位。

在图 3—9 所示对话框中选择“定位”选项卡，就可以选择定位目标进行定位操作，如图 3—10 所示。

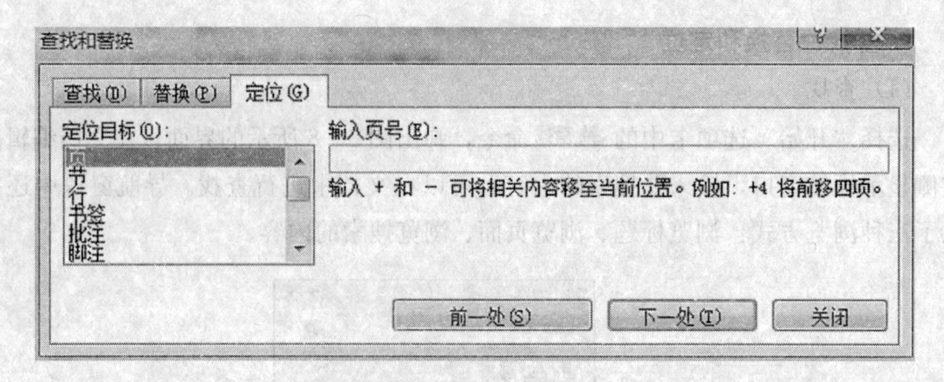

图 3—10 “定位”选项卡

6. 插入符号

在 Word 文档中还可以插入一些特殊符号，单击“插入—符号 Ω 符号—其他符号”，弹出如图 3—11 所示的对话框，选择要插入的符号。

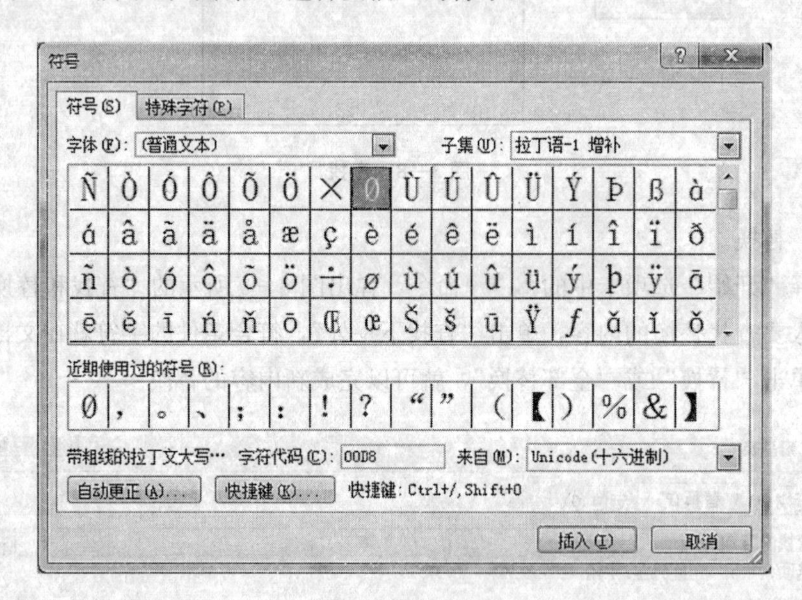

图 3—11 “符号”对话框

3.2.2 字体和段落设置

Word 中可以对英文字母、汉字、数字、符号等进行字体格式设置，对段落的对齐方式、行距、缩进、间距、分栏等进行设置，对文档的显示方式、打印效果进行设置，以实现用户的排版需求。页面设置将在 3.7 节详细介绍。

1. 字体格式设置

在对字体格式进行设置前，要先选中需设置的文本区域，然后通过以下几种方式完成字体的设置。

（1）在“开始”选项卡中选择“字体”功能区命令进行设置，如图 3—12 所示。

（2）单击“开始”选项卡“字体”功能区右下角的按钮，在弹出的对话框中进行设置，如图 3—13 所示。

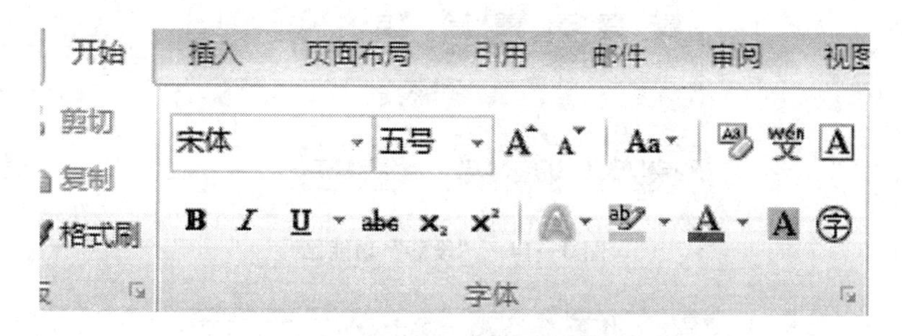

图 3—12　“字体”功能区

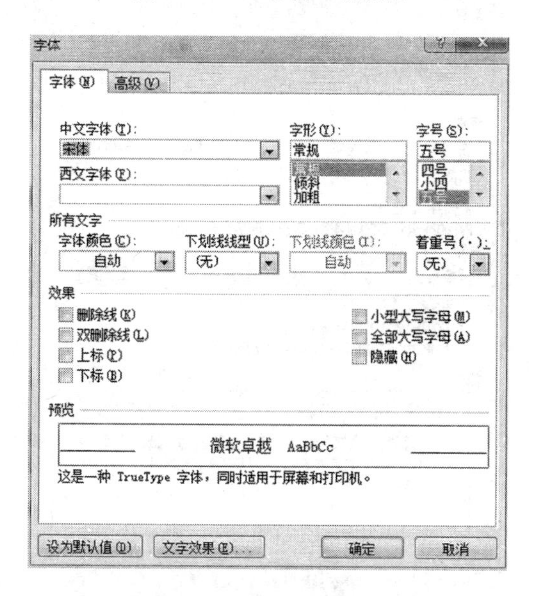

图 3—13　字体设置对话框

2. 段落格式设置

在进行段落设置前，要先选中需设置的段落。

（1）在“开始”选项卡中选择“段落”功能区命令进行设置，如图 3—14 所示。

（2）单击“开始”选项卡“段落”功能区右下角的按钮，在弹出的对话框中进行设置，如图 3—15 所示。

段落的设置方法如下：

（1）对齐方式：段落的对齐方式有左对齐、居中对齐、右对齐、两端对齐、分散对齐。选择不同的对齐方式时，在“预览”区中将显示相应的效果，用户可以根据预览效果选择。

（2）缩进：用户可以通过标尺上的滑块来进行段落格式的设置，左侧倒三角

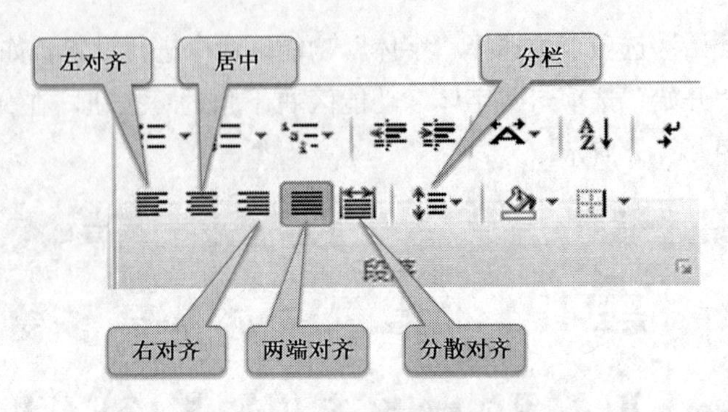

图 3—14　“段落”功能区

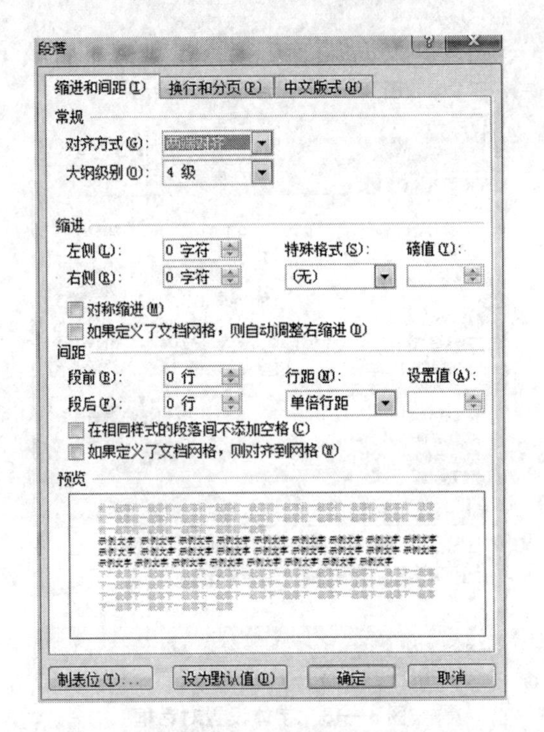

图 3—15　“段落”对话框

为首行缩进、为悬挂缩进、为左缩进，右侧为右缩进。

(3) 行间距：在图 3—15 所示对话框中可设置段前、段后、行距。

(4) 如果要在多个文本区域使用同一格式，可使用格式刷命令。选中被复制的格式文本，单击 格式刷 ，鼠标就变成一把刷子形状，然后用这个带刷子的光标选中要设置的文本区域即可。

3.2.3　项目符号和编号

Word 提供了可自动编排的项目符号和编号，这样可以使文档标题和列表显得更加清晰。

（1）选中要进行编号的段落，然后单击“段落”功能区中的 ☰▾，可设置项目符号，单击右侧的倒三角，显示如图 3—16 所示的项目符号，用户可根据需要选择。

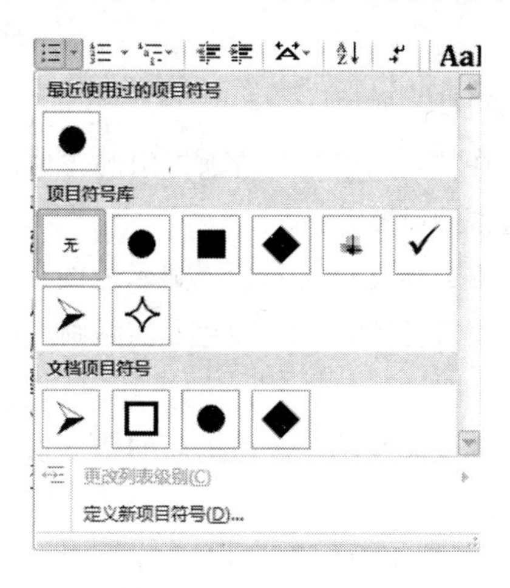

图 3—16　项目符号

（2）单击“段落”功能区中的 ☰▾，可设置项目编号，单击右侧的倒三角，显示项目编号库如图 3—17 所示，用户可从编号库中选择所需的编号格式。

（3）☰▾ 选项提供了多级列表格式，如图 3—18 所示，可用于大篇幅文档的列表编排。

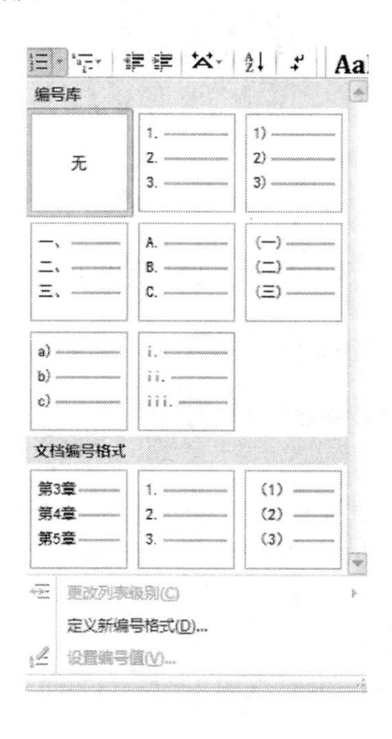

图 3—17　项目编号

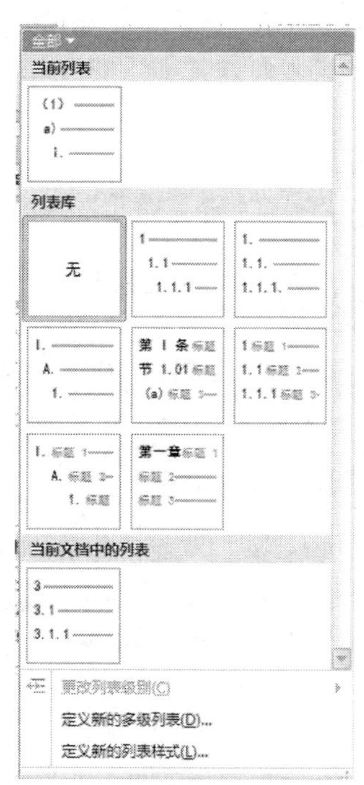

图 3—18　多级列表

3.2.4 页眉背景、页眉和页脚

1. 页眉背景设置

对选中的段落可添加边框和底纹。

选中要编辑的段落，在“页面布局”选项卡中的“页面背景”功能区中可进行水印、页面颜色、页面边框的设置。

（1）水印：水印是文本或在文档文本后面显示的图片，Word 2010 自带了一些水印图案，用户也可以根据自己的需要将图片、剪贴画、照片等自定义为水印，如图 3—19 所示。

（2）页面颜色：单击“页面颜色”按钮下面的倒三角，可以设置页面背景颜色或背景图案。如图 3—20 所示。

（3）页面边框：单击“页面边框”可以进行边框、底纹的设置，如图 3—21 所示。

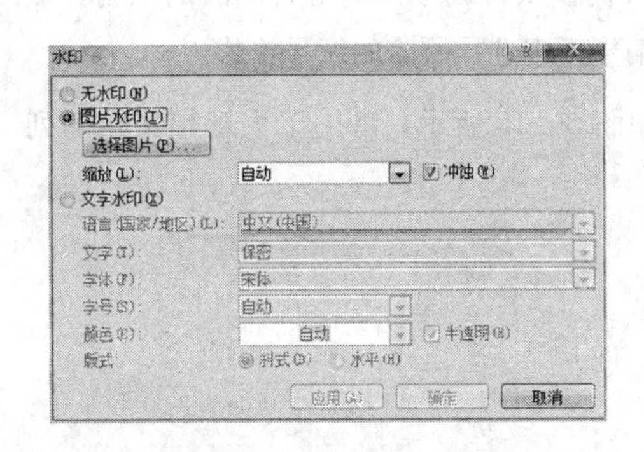

图 3—19　自定义水印

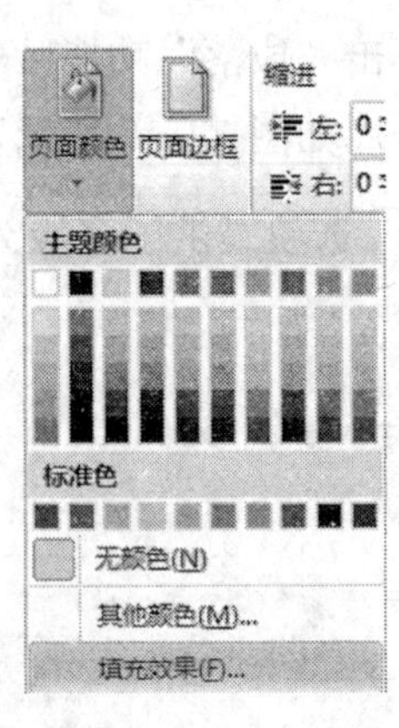

图 3—20　页面颜色设置

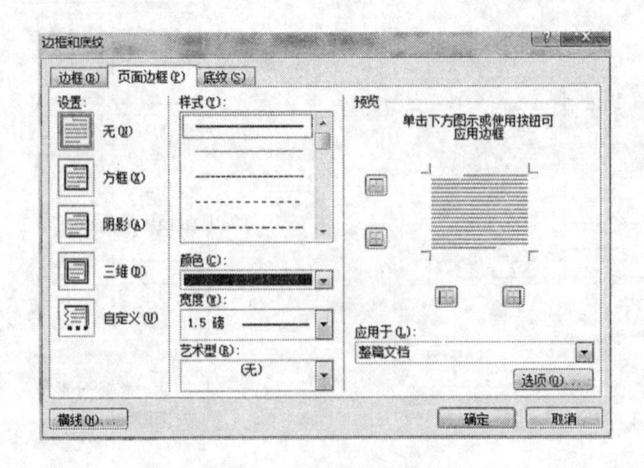

图 3—21　边框底纹设置

2. 页眉、页脚

页眉和页脚是页面顶部和底部显示的注释性文字、编号、图形等，在“插入”选项卡的“页眉和页脚”功能区中进行设置。

［操作—创建页眉］

点击“页眉和页脚”功能区的“页眉”按钮，弹出下拉列表，用户可以在 Word 提供的样式中选中所需的页眉样式，也可以选中“编辑页眉”自行编辑。选中命令后，文档编辑区的内容变灰显示，光标移动到页眉区域内，用户可以输入所需的文本或图片内容，如图 3—22 所示。

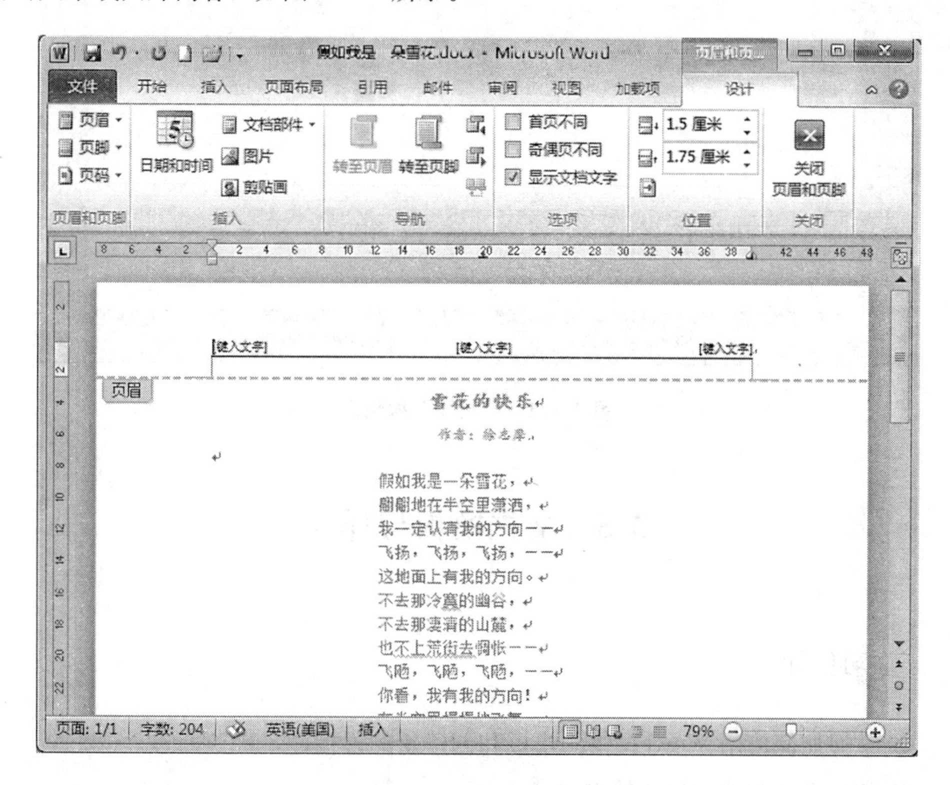

图 3—22　“页眉”编辑区

［操作—创建页脚］

点击“页眉和页脚”功能区的“页脚”按钮，弹出下拉列表，用户可以在 Word 提供的样式中选中所需的页脚样式，也可以选中“编辑页脚”自行编辑。选中命令后，文档编辑区的内容变灰显示，光标移动到页面底部页脚区域内，用户可以输入所需的文本或图片内容，如图 3—23 所示。

［操作—插入页码］

点击“页眉和页脚”功能区的“页码”按钮，弹出下拉列表，用户可以选择页码插入的位置、设置页码格式。

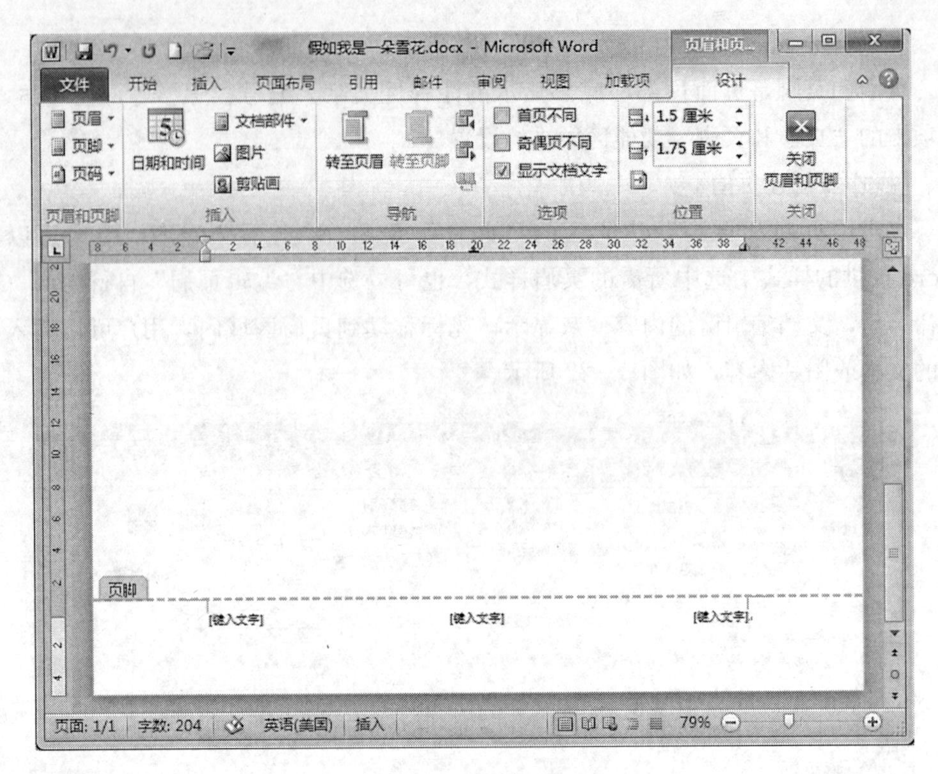

图 3—23 "页脚"编辑区

3.3 文档模板与样式

学习目标

※ 掌握如何使用 Word 提供的模板和创建新的模板；

※ 掌握创建和使用样式的方法。

3.3.1 样式的建立与使用

样式是指用名称保存的字符格式和段落格式的集合，这样在编排重复格式时，先创建一个该格式的样式，然后在需要的地方套用这种样式，就无须一次次地对它们进行重复的格式设置了。

[操作—创建样式]

(1) 单击"开始"选项卡"样式"功能区右下角的对话框启动器，弹出"样式"对话框。

（2）单击左下角的新建样式按钮，弹出如图 3—24 所示的窗格。在名称处输入样式名称，选中样式类型进行设置，选中某一选项后，在下方的预览区可查看相应的显示效果。设置完成单击“确定”后，新建的样式名称就出现在样式列表中了。

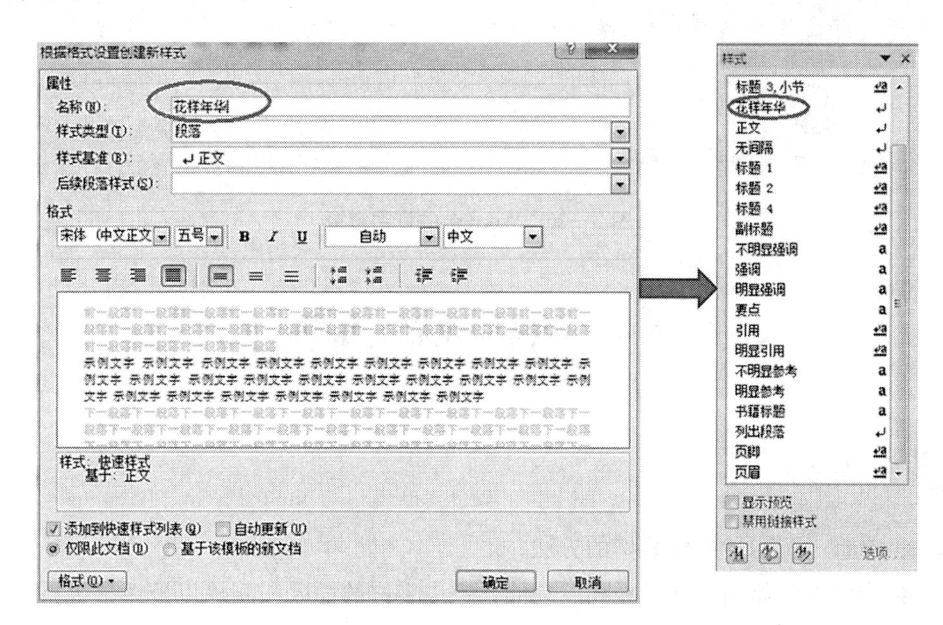

图 3—24　新建样式

［操作—使用样式］

将鼠标光标定位在需要应用样式的段落中，单击“样式”功能区右下角的对话框启动器，弹出“样式”对话框。在列表框中选中所需的样式名称，所选段落即会应用该样式的格式。

3.3.2　模板

模板在 Word 中是以 . dot 为扩展名的文档，它通常由一个或多个样式组成，主要为了方便用户使用预先设计好的文档格式。单击“文件—新建”，可选择 Word 中提供的模板新建文档，如图 3—25 所示，也可以登录 office. com 下载模板。用户也可以“根据现有内容新建”模板，新建模板以 . dot 格式保存后，就可以在以后的操作中重复使用了。

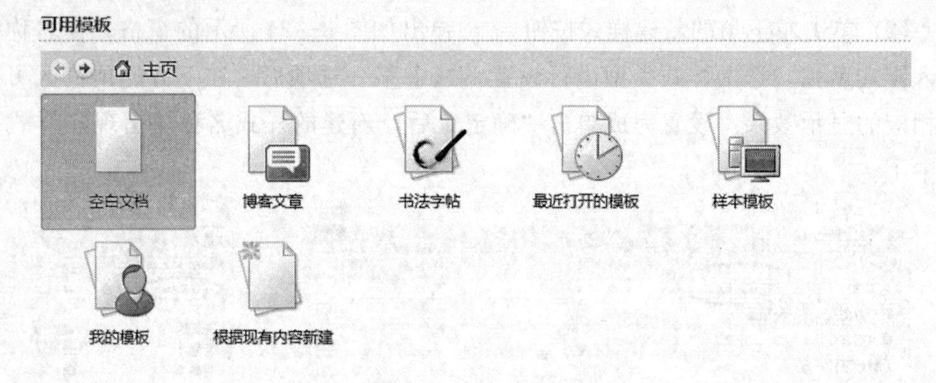

图 3—25 Word 中的可用模板

3.4 表格的建立与编辑

学习目标

※ 掌握一到两种创建表格的方法；

※ 能够熟练使用表格“布局”功能，完成表格的插入、删除以及调整表格内容格式的操作。

3.4.1 表格的建立

选择“插入”，用鼠标单击“表格”功能区，即显示插入表格命令列表，如图 3—26 所示。

1. 使用网格快捷方式

用户可选择插入表格功能列表最上方的网格快速插入表格。在网格框中，使用鼠标指针从左上角第一个网格开始向右下移动到所需的行数和列数，单击后即可完成插入表格操作。

2. 使用插入表格对话框

单击“插入表格”，弹出“插入表格”对话框，在如图 3—27 所示的对话框中输入所需插入表格的列数和行数，设置列宽，单击“确定”后，即可插入表格。

3. 绘制表格

单击“绘制表格”命令，鼠标指针变成画笔形状，用户可以通过鼠标拖动画笔，在文档所需位置绘制表格，如图 3—28 所示。在绘制表格的同时，功能区自动显示为“表格工具”功能区，用户可以在绘制的过程中对表格进行编辑。

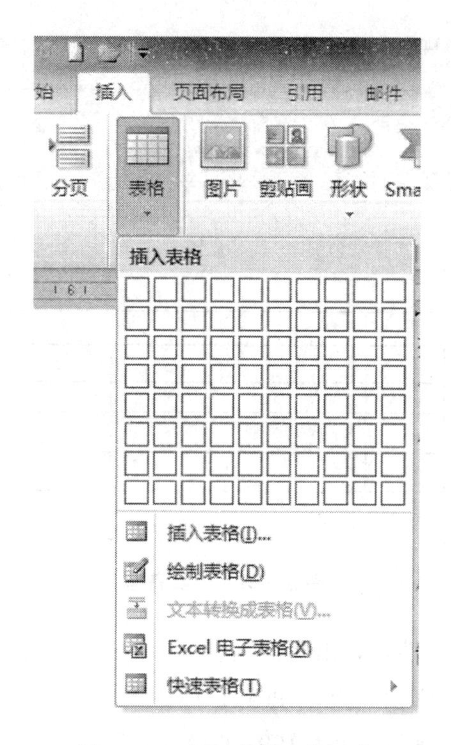

图 3—26　插入表格功能列表

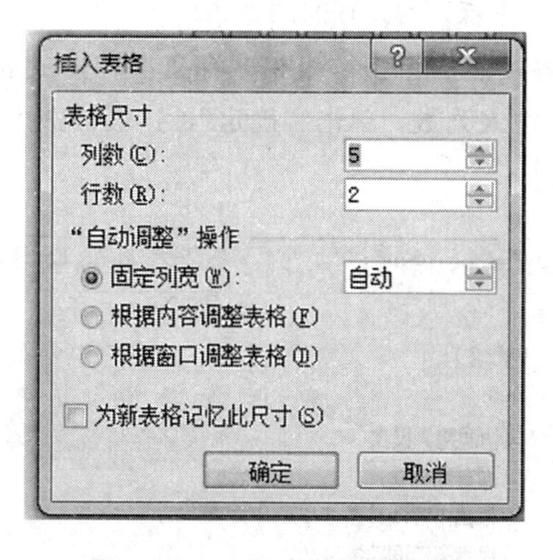

图 3—27　“插入表格”对话框

4. 文本转换成表格

可以在文档中先输入表格内容，然后选择“文本转换成表格”命令，可自动转换成表格形式，并将文本填入表格。但在操作前，需先将文本内容的行列标注清楚，插入段落标记表示分行，插入半角逗号表示分列。

[操作—文本转换成表格]

将下面一段文本转换成表格：

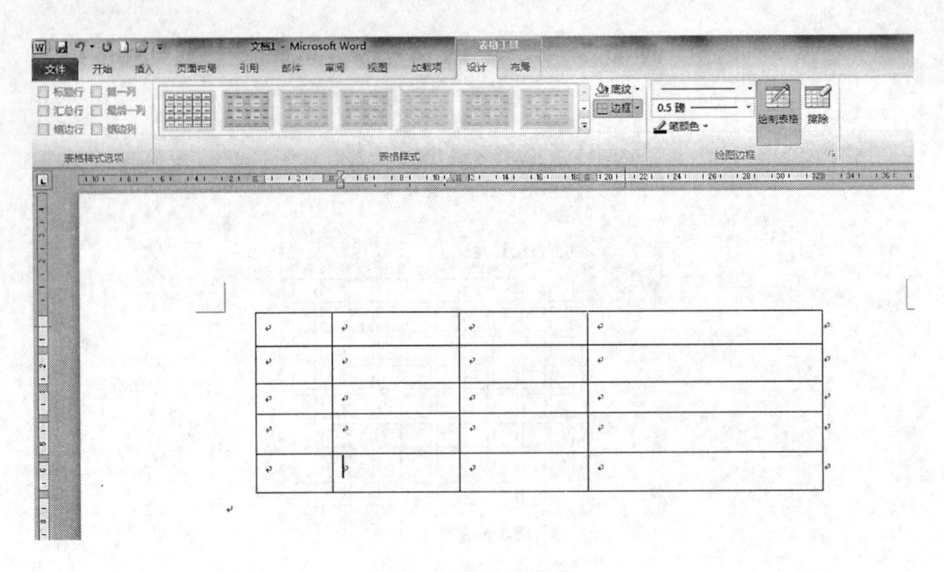

图 3—28 绘制表格

班级，学号，姓名，性别，出生日期

计算机 94 班，01，张明，男，1994.1

计算机 94 班，02，李然，女，1994.6

计算机 94 班，03，王淼，女，1994.3

选中上面文本内容，然后单击“表格—将文本转换成表格”，在弹出的如图 3—29所示的对话框中输入列数，单击“确定”，这段被选中的文本就转换成了图 3—30 所示的表格。

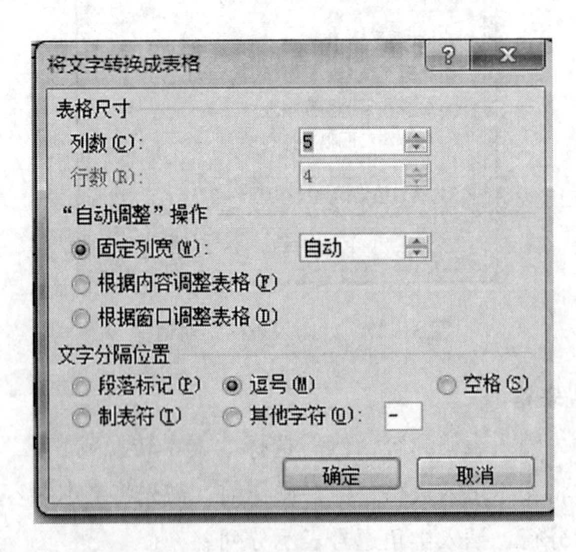

图 3—29 “将文本转换成表格”对话框

班级	学号	姓名	性别	出生日期
计算机 94 班	01	张明	男	1994.1
计算机 94 班	02	李然	女	1994.6
计算机 94 班	03	王淼	女	1994.3

图 3—30　文本转换表格样例

3.4.2　表格格式和内容的基本编辑

在插入表格后，可以对表格的格式、表格中的内容进行编辑。当鼠标指针定位在表格上的任意位置时，即自动显示“表格工具”，在该功能下有“设计”、“布局”两个选项卡如图 3—31 所示，用户可以使用这两个选项卡中的功能进行表格的编辑。

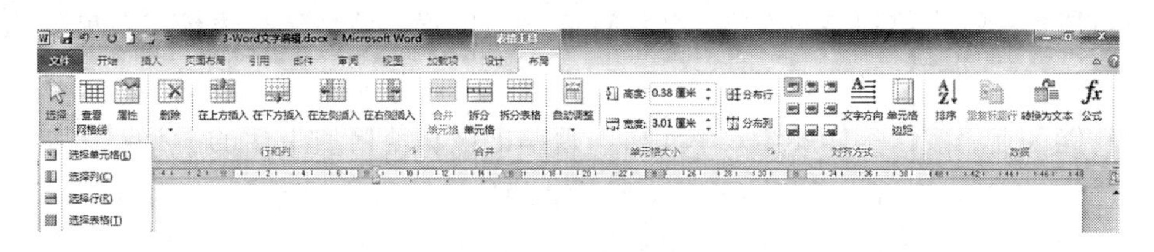

图 3—31　表格“布局”选项卡

1. 选择表格

（1）选择单元格。

将鼠标指针移动到要选定的单元格左侧，鼠标指针变成右向黑箭头，单击鼠标，即选中该单元格。也可使用表格“布局”选项卡上的“选择—选择单元格”完成。

（2）选择一行。

将鼠标指针移动到要选定的行的左侧，鼠标指针变成右向箭头，单击鼠标，即选中该行。也可使用表格“布局”选项卡上的“选择—选择行”完成。

（3）选择一列。

将鼠标指针移动到要选定的列的最上方，鼠标指针变成向下黑箭头，单击鼠标，即选中该列。也可使用表格“布局”选项卡上的“选择—选择列”完成。

（4）选择整个表格。

将鼠标指向要选定的表格的左上角，当表格的左上角出现⊞时，单击即可选中整个表格。也可使用表格“布局”选项卡上的“选择—选择表格”完成。

2. 删除表格

在选中要删除的表格单元格、行、列之后，单击鼠标右键，在弹出的快捷菜单中选择“删除”即可删除选择项。也可以使用表格“布局”选项卡中的“删除”命令。如图 3—32 所示在列表中选择对应的命令即可完成删除操作。

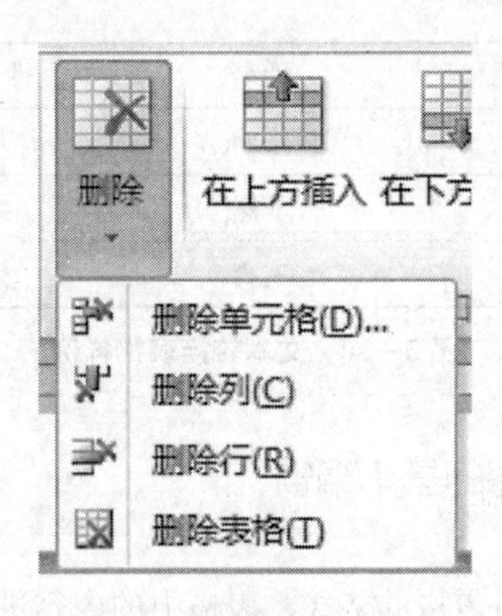

图 3—32　删除表格

3. 插入表格

将鼠标指针定位到要插入单元格、行或列的位置，然后选择表格“布局”选项卡中的“行和列”功能区相应的插入命令即可完成。如果要插入行或列，可直接选择该功能区上的按钮；如要插入单元格，则单击该功能区右下角的箭头，在弹出的“插入单元格”对话框中选择原单元格要移动的位置即可，如图 3—33 所示。

也可以在定位鼠标后，点击鼠标右键，在弹出的快捷菜单中选择“插入”命令，进行插入表格的操作。

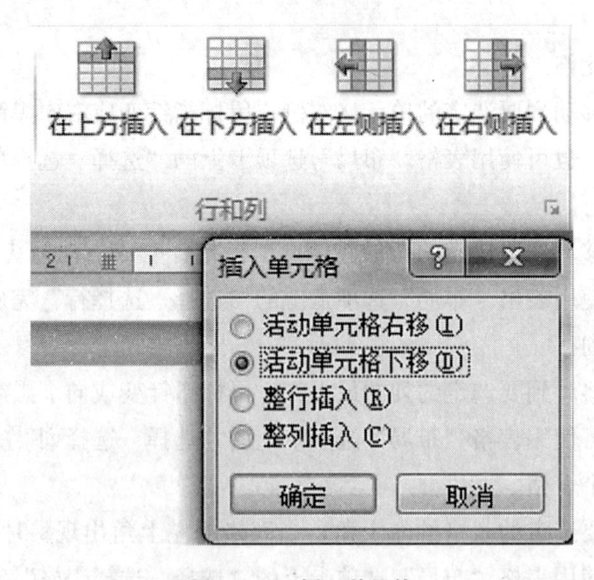

图 3—33　插入单元格

4. 合并、拆分单元格

（1）合并：选择要合并的两个或多个单元格，单击鼠标右键选择“合并单元格”，即可完成合并操作；也可以选择“布局”选项卡中“合并”功能区中的“合并单元格”命令完成。

（2）拆分：选择要拆分的单元格，单击鼠标右键选择“拆分单元格”，在弹出的对话框中输入要拆分成的列数和行数，单击“确定”即可完成，如图 3—34 所示；也可以选择“布局”选项卡中“合并”功能区中的“拆分单元格”命令完成。单击“合并”功能区中的“拆分表格”还可以将一个表格拆分成两个。

图 3—34　拆分单元格

5. 表格属性设置

（1）单击表格“布局”选项卡中“单元格大小”功能区右下角的箭头可弹出“表格属性”对话框（或在表格中单击鼠标右键选择“表格属性”命令），在这个对话框中可设定表格的尺寸、表格在文档中的对齐方式、表格周围文字环绕方式、行高、列宽、单元格内容的对齐方式等，如图 3—35 所示。

（2）在“布局”选项卡中还提供了“自动调整”、“对齐方式”功能，方便用户进行表格格式的调整，如图 3--36 所示。

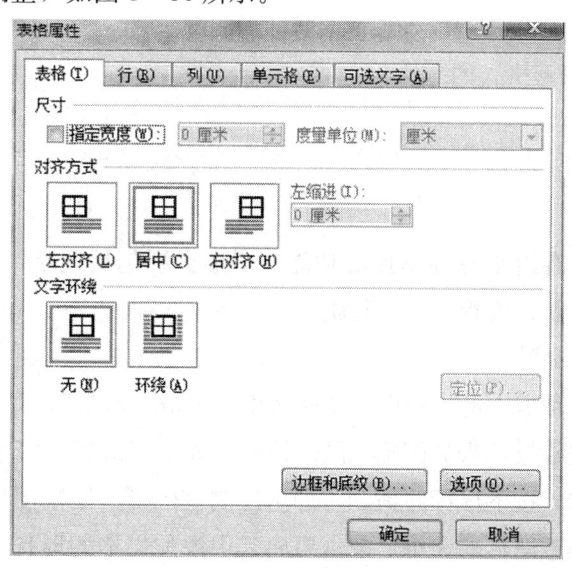

图 3—35　“表格属性”对话框

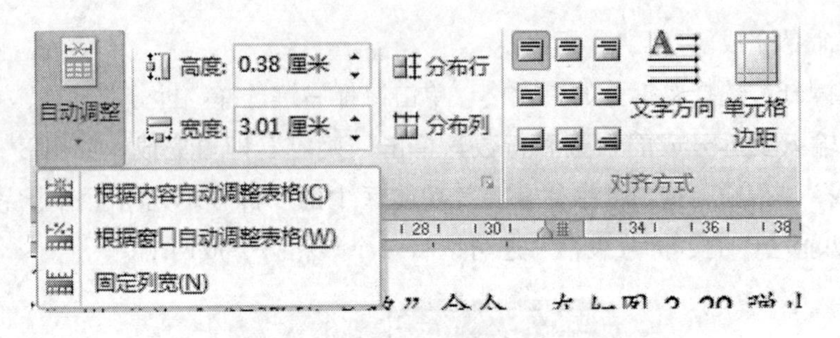

图 3—36 “布局”选项卡中的格式调整功能

6. 表格设计

Word 2010 还在表格工具的“设计”选项卡中提供了表格样式、边框、底纹等设置功能，用户可以设计出各种风格的表格样式，如图 3—37 所示。

图 3—37 表格“设计”选项卡

3.5 图形的制作与编辑

学习目标

※ 掌握在 Word 文档中插入各种形状图形的方法；

※ 掌握设置图形格式的方法。

3.5.1 绘制图形

Word 2010 具有绘制各种图形的功能，图形类型包括线条、矩形、基本形状、箭头总汇、公式形状、流程图、星与旗帜、标注共八种。

[操作—插入形状]

在“插入”选项卡上的“插图”功能区中，单击“形状”，在弹出的如图 3—38 所示的列表中，选择要插入的图形。鼠标指针变成十字形后，将十字指针定位在需要绘制图形的位置，按下鼠标并拖动，即可绘制该图形。绘制图形后，可使用鼠标拖动图形边框来调整图形的大小。单击要向其中添加文本的形状，然后键入文本就可以在形状中添加文本内容。

图 3—38　插入形状

[操作—插入流程图]

(1) 在创建流程图之前，要先绘制画布。

(2) 单击“插入”选项卡，单击“插图”中的“形状”，然后单击“新建绘图画布”，来添加绘图画布。

(3) 在“格式”选项卡上的“插入形状”中，单击一种流程图形状。在“线条”下，选择一种连接符线条，进行流程图形状的连接。

3.5.2　图形格式

在文档上插入所需图形后，单击图形，就在菜单栏出现如图 3—39 所示的绘图工具“格式”选项卡，利用“格式”选项卡中的命令可以设置图形格式、美化图形。

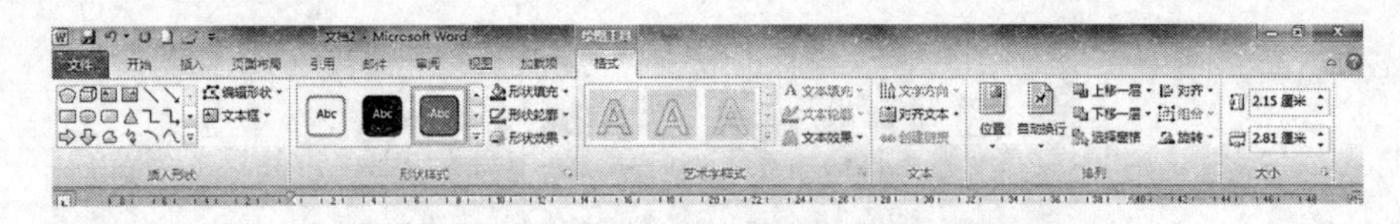

图 3—39　图形“格式”选项卡

1. 更改形状

单击要更改的形状，在“格式”选项卡上的“插入形状”功能区中，单击“编辑形状”，指向“更改形状”，然后选择其他形状，即可将原形状更改为新的形状。

2. 使用形状样式

在“形状样式”功能区中，将鼠标指针停留在某一样式上以查看应用该样式时形状的外观，单击样式即可应用；单击“形状填充”、“形状轮廓”选择所需的选项，改变形状外观；单击该功能区右下角箭头，将弹出如图 3—40 所示的“设置形状格式”对话框，在该对话框内也可进行图形格式的设置。

3. 组合所选形状

在按住键盘上的 Ctrl 键的同时单击要组合的每个形状。在“格式”选项卡上选择“排列—组合”，或单击鼠标右键选中“组合”命令，如图 3—41 所示，就可以将所有形状作为单个图形来处理。图形组合后，可通过右键菜单中的“取消组合”命令来恢复。

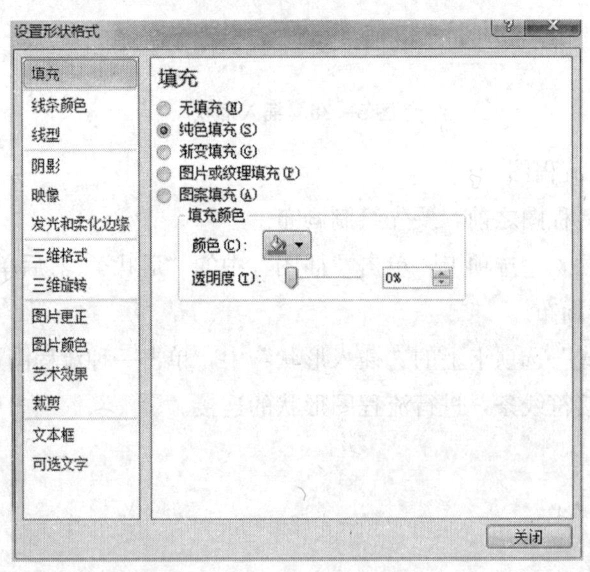

图 3—40　“设置形状格式”对话框

4. 使用阴影和三维效果

在“格式”选项卡上的“形状样式”中，单击“形状效果”，然后选择一种效果，就可以增强形状的吸引力，如图 3—42 所示。

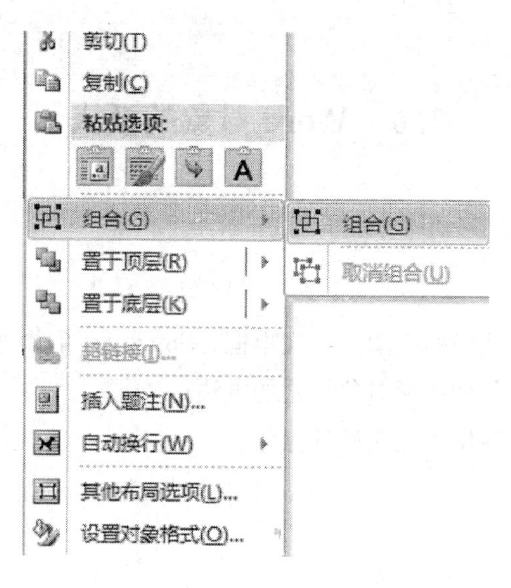

图 3—41　“组合”命令

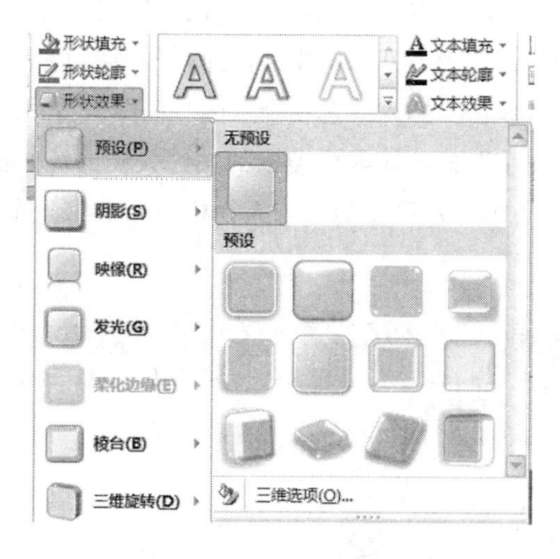

图 3—42　形状效果

5. 叠放图形

插入的图形可能会叠放在一起，选中图形后，单击鼠标右键，可通过“置于顶层”、“置于底层”的操作调整图形的叠放次序，如图 3—43 所示。

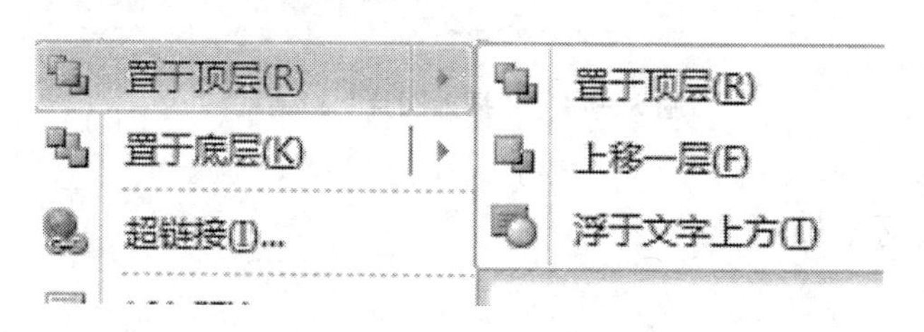

图 3—43　调整图形叠放次序

3.6 Word 对象的插入

学习目标

※ 熟练掌握在文档中插入图片、文本框、SmartArt 的操作；

※ 熟练掌握调整各种图形对象格式的方法；

※ 掌握通过图文混排美化文档的操作。

3.6.1 插入图片

（1）插入图片文件：单击“插入”选项卡上的“插图—图片”，即弹出如图 3—44 所示的“插入图片”对话框，用户可以选中计算机中已存储的图片插入到文档中。

（2）插入剪贴画：单击“插入”选项卡上的“插图—剪贴画”，即“剪贴画”界面，用户可在“搜索文字”框内输入要搜索的文件关键词，如输入“人物”并单击“搜索”按钮，即在下方的显示区中显示与人物相关的图片，选中所需图片单击后即插入文档。

图 3—44 “插入图片”对话框

3.6.2 插入文本框

文本框被视为一种特殊的图形，经常用来在文档中建立特殊的文本。

单击“插入”选项卡中的“文本—文本框”，即显示如图 3—45 所示的下拉列表，Word 内置了一些样式的文本框供用户选择，也可以选择自己“绘制文本框”。如选择“绘制文本框”，则可拖动鼠标在文档上绘制一个文本框图形，然后在文本框内添加文字，默认的文本框是矩形的。对图形使用的格式操作也可以应用于文本框。

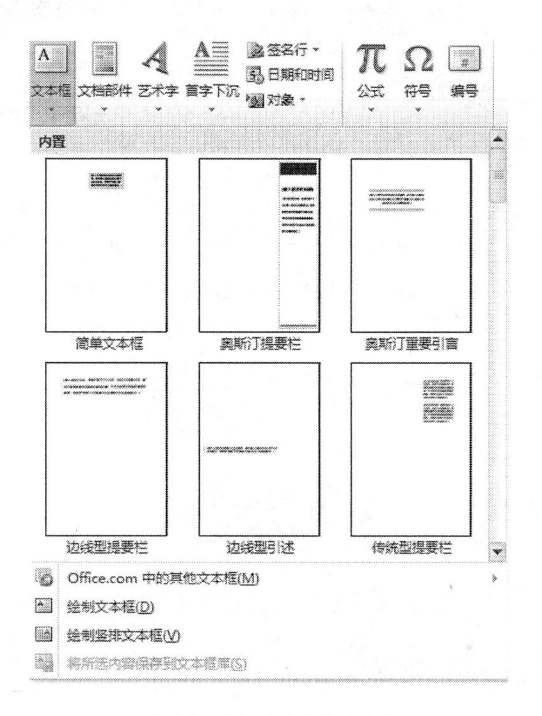

图 3—45 插入文本框

3.6.3 插入 SmartArt 图形

SmartArt 图形是信息和观点的视觉表示形式。可以通过从多种不同布局中进行选择来创建 SmartArt 图形，从而快速、轻松、有效地传达信息。如要创建一个组织结构图，就可以通过下面插入 SmartArt 图形的操作来完成：

点击“插入”选项卡中的“插图—SmartArt”，即弹出如图 3—46 所示的“选择 SmartArt 图形”对话框。

根据要创建的组织结构图的形状，可以在“层次结构”中选择一种图形。如选择第一种组织结构图，在文档中就会出现图 3—47 所示的编辑区，在编辑区的文本框内输入内容。然后通过设置图形格式即可轻松完成组织结构图的绘制。

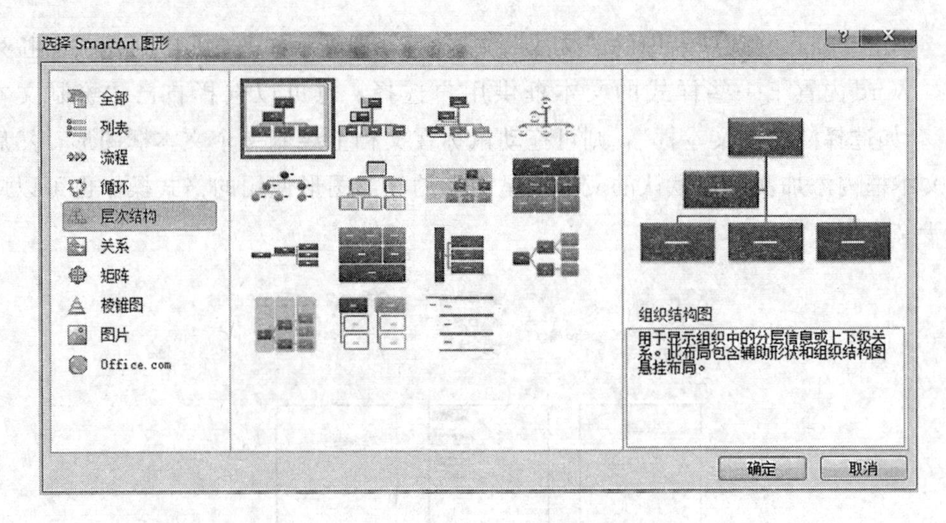

图 3—46 “选择 SmartArt 图形”对话框

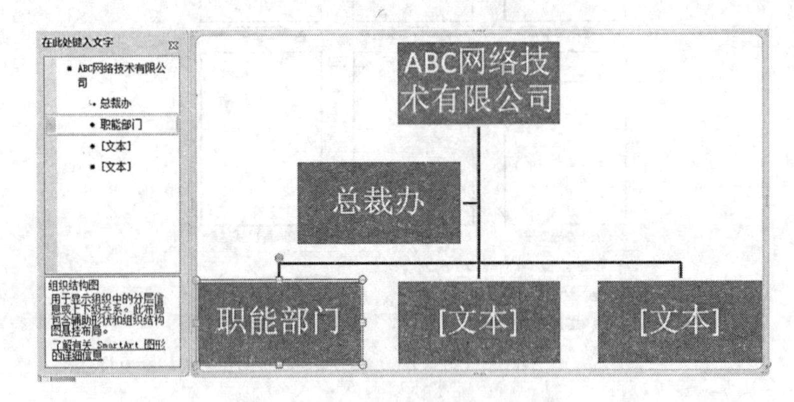

图 3—47 SmartArt 图形编辑区

3.6.4 屏幕截图

单击“插入”选项卡中的“插图—屏幕截图”，在弹出的图 3—48 所示的列表框中，选择要截图的视窗，该视窗的图像就直接显示在文档要插入的位置。

如要自行截取部分图像，则选择“屏幕剪辑”，通过拖动鼠标选择要截图的区域。

3.6.5 图文混排

如果在文档中同时出现文字和图片时，可以对这两种对象的位置进行设置，使得图文排版更加美观。

在图片或图形“格式”选项卡中单击“排列—位置”按钮，则显示图片布局功

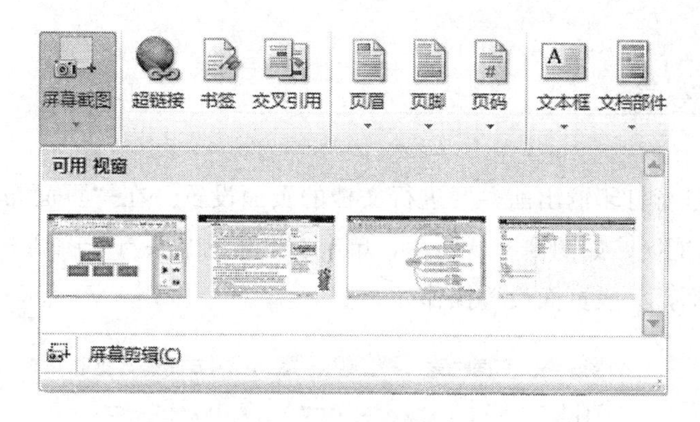

图 3—48 屏幕截图

能列表，在该列表中可以根据图示效果选择文字和图片的混排样式，如图 3—49 所示。

图 3—49 图文混排样式

3.7 Word 文档的页面设置和打印

学习目标

※ 能够根据文档设计的需要熟练进行页面设置；

※ 熟练使用打印预览和打印功能。

3.7.1 页面设置

在对文档进行打印输出前，要进行文档的页面设置。在“页面布局”选项卡的“页面设置”功能区，如图 3—50 所示，单击右下角的箭头打开图 3—51 所示的“页面设置”对话框，完成页面设置操作。

图 3—50 “页面设置”功能区

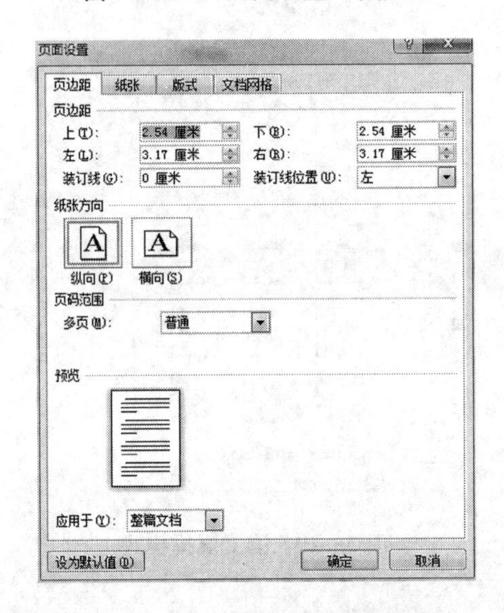

图 3—51 “页面设置”对话框

1. 页边距

可对页面的上、下、左、右边距，装订线、装订线位置进行设置；设置文本在纸张上排版时纸张的横竖方向、页码范围。在预览窗口中可查看设置效果。

2. 纸张

可设置打印输出的纸张大小、纸张来源等。

3. 版式

可设置页眉/页脚与边界的距离、页面的对齐方式、奇偶页设置、边框底纹等。

4. 文档网格

可设置每页的行数、每行的字数、字体格式、文字排版方向及栏数等。

3.7.2 打印预览、打印基本参数设置

在 Word 页面视图中看到的文档与最终输出的文档具有相同的样式，所见即所得。在打印文档前可以通过“打印预览”功能，在屏幕上显示打印效果。

[操作]

选择“文件—打印”命令，就可以在屏幕右侧窗口查看到打印效果。在左侧窗口中，可以进行打印设置，设置打印机、打印份数、打印页数、纸张大小等，如图 3—52 所示。

为方便操作，可以将打印预览和打印功能添加到快速访问工具栏中，添加后将会在快速访问工具栏中显示图标。

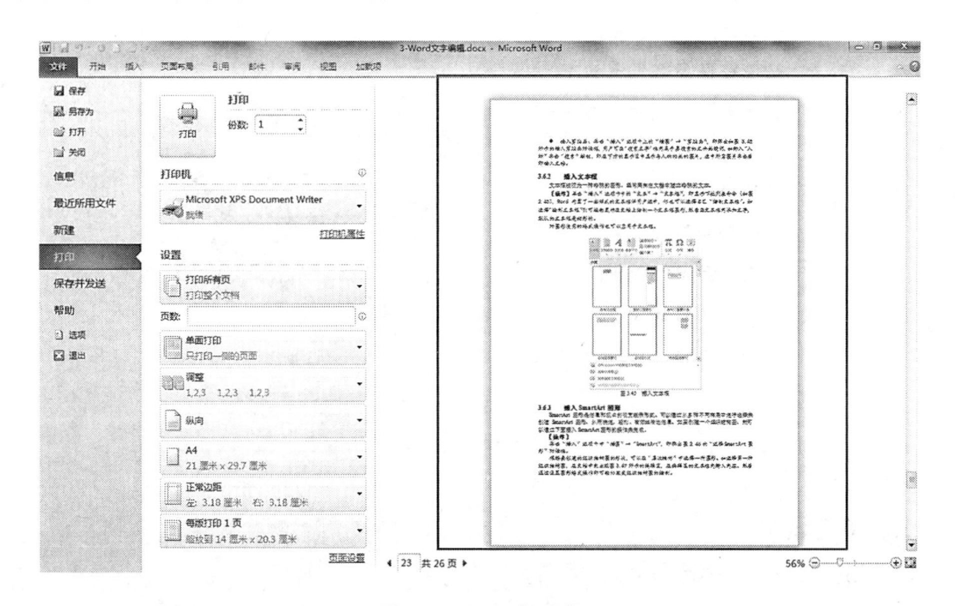

图 3—52 打印功能

习 题

一、简答题

1. Word 2010 有几种视图方式？每种视图方式在什么情况下使用？

2. 选择整篇文档有哪几种方法？

3. 模板和样式有什么用途?

4. 首行缩进与悬挂缩进有什么区别?

5. 文本框是否可以更改形状?

二、操作题

按要求完成图 3—53 所示的文档:

1. 输入文字内容;
2. 标题为四号黑体加粗居中;
3. 作者为小五号楷体;
4. 正文为五号楷体，左缩进到标尺 12 的位置;
5. 插入剪贴画，在剪贴画中选择雪花图片，设置为四周型环绕。

雪花的快乐

作者：徐志摩

假如我是一朵雪花，

翩翩地在半空里潇洒，

我一定认清我的方向——

飞扬，飞扬，飞扬——

这地面上有我的方向。

不去那冷寞的幽谷，

不去那凄清的山麓，

也不上荒街去惆怅——

飞扬，飞扬，飞扬——

图 3—53 操作题

三、单选题

1. Word 2010 文档默认的扩展名是____。

   A. ppt　　B. docx　　C. exe　　D. bmp

2. 要插入页眉和页脚，要切换到____视图方式。

   A. 大纲视图　　B. 页面视图　　C. 草稿视图　　D. 阅读视图

3. 在 Word 编辑状态下，绘制文本框命令所在的选项卡是____。

   A. 开始　　B. 插入　　C. 引用　　D. 视图

4. 在 Word 编辑状态下，若要设置字体三维效果，首先应打开____。

   A. “剪贴板”窗格　　B. “段落”对话框

   C. “样式”对话框　　D. “字体”对话框

5. 在 Word 中，创建表格不应该使用的方法是____。

A. 使用绘图工具画一个　　B. 使用表格拖曳方式

C. 使用“快速表格”命令　　D. 使用“插入表格”命令

6. 在 Word 编辑状态，调整段落的缩进方式、左右边界，最快速的方法是使用____。

A. 标尺　　B. 选项卡　　C. 菜单栏　　D. 状态栏

7. 创建页眉和页脚时使用的选项卡是____。

A. 开始　　B. 文件　　C. 插入　　D. 页面布局

8. 在 Word 默认状态下，能够直接打开最近使用过的文档的方法是____。

A. 单击快速访问工具栏中的“打开”按钮

B. 选择“文件”选项卡中的“打开”

C. 单击“文件”选项卡，在列表中选择

D. 使用快捷键 Ctrl+O

9. 在 Word 编辑状态下，执行编辑命令“粘贴”后____。

A. 将文档中被选择的内容复制到当前插入点处

B. 将文档中被选择的内容移到剪贴板

C. 将剪贴板中的内容移到当前插入点处

D. 将剪贴板中的内容复制到当前插入点处

10. 下列哪种视图方式最接近打印效果____。

A. 普通视图　　B. 页面视图　　C. 阅读视图　　D. 大纲视图

11. 设定打印纸大小时，应使用的命令是____。

A. “文件”选项卡中的“保存”

B. “文件”选项卡中的“打印”

C. “视图”选项卡中的“显示比例”

D. “开始”选项卡中的“样式”

12. 要向文档中添加符号▲，应先打开____。

A. “文件”选项卡　　B. “开始”选项卡

C. “格式”选项卡　　D. “插入”选项卡

13. 在 Word 中打开了一个已保存好的文档，对文档进行修改后，执行“保存”操作，该文档____。

A. 被保存在原文件夹下　　B. 可以保存在其他文件夹下

C. 可以保存在新建文件夹下　　D. 可以重新命名

14. 在 Word 文档中，使插入点快速移动到文档末尾的操作是____。

A. PageDown　B. PageUp　C. Ctrl+End　D. Alt+End

15. 在 Word 文档中，如要输入特殊符号♏，则该命令所在的功能区是____。

A. 样式　B. 字体　C. 段落　D. 符号

第4章 Excel 电子表格

本章主要介绍 Microsoft Office 办公套件中的电子表格软件 Excel 2010，在对 Excel 基本功能进行讲解的基础上，结合实例演示表格编辑及数据图表的制作技巧。

知识导论

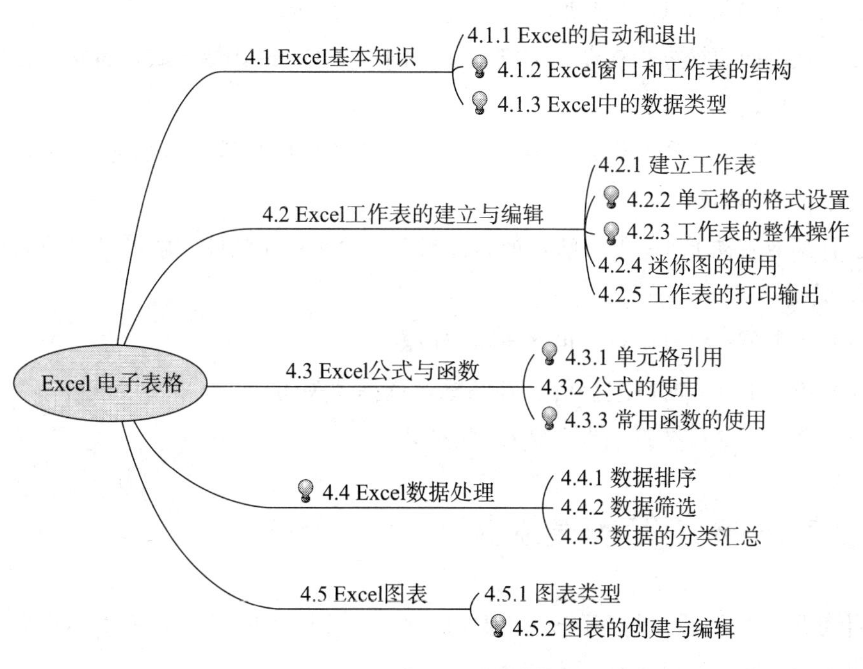

为需重点掌握的内容

4.1 Excel 基本知识

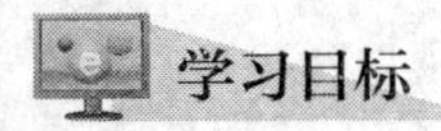

学习目标

※ 学会启动和退出 Excel；

※ 了解 Excel 窗口和工作表的组成；

※ 了解 Excel 的四种数据类型，并能够熟练进行数据类型的设置。

4.1.1 Excel 的启动和退出

Excel 是微软办公套装软件的一个重要组成部分，它可以进行各种数据的处理、统计分析和辅助决策操作，广泛地应用于管理、统计财经、金融等众多领域。

1. 启动

Excel 常用的启动方法有以下几种：

(1) 从“开始”菜单启动。点击“开始—所有程序—Microsoft Office—Microsoft Excel 2010”，即可启动 Excel，如图 4—1 所示。

(2) 从桌面快捷方式启动。如已在桌面创建了 Excel 快捷方式，直接双击 Excel 图标，即可启动。

(3) “开始”菜单快捷方式启动。如已在任务栏的快速启动区创建了 Excel 图标，则单击该图标即可启动。

还有其他启动 Excel 的方法，如直接打开一个 Excel 文件，就可以启动该程序。

2. 退出

(1) 单击 Excel 窗口右上角的关闭按钮 ；

(2) 单击 Excel 窗口左上角的 图标，选择“关闭”；

(3) 单击“文件”选项卡，选择“退出”。

4.1.2 Excel 窗口和工作表的结构

启动 Excel 后就可以打开 Excel 窗口，图 4—2 所示的 Excel 窗口与 Word 窗口的组成大致相同，下面列出了不同之处：

1. 工作表

用 Excel 2010 建立的文件默认扩展名是 . xlsx，该文件被称为工作簿。97-2003

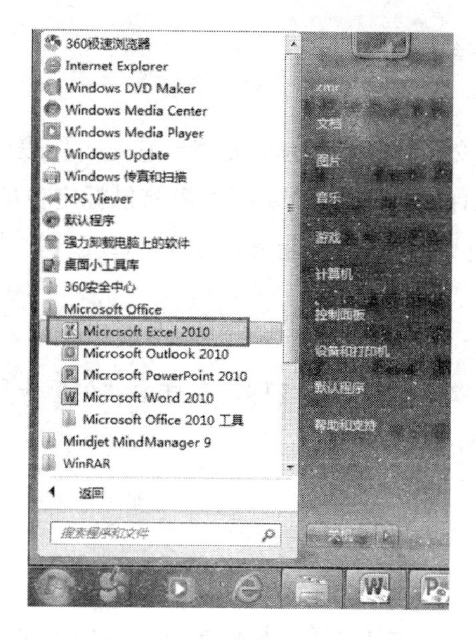

图 4—1　从开始菜单启动 Excel

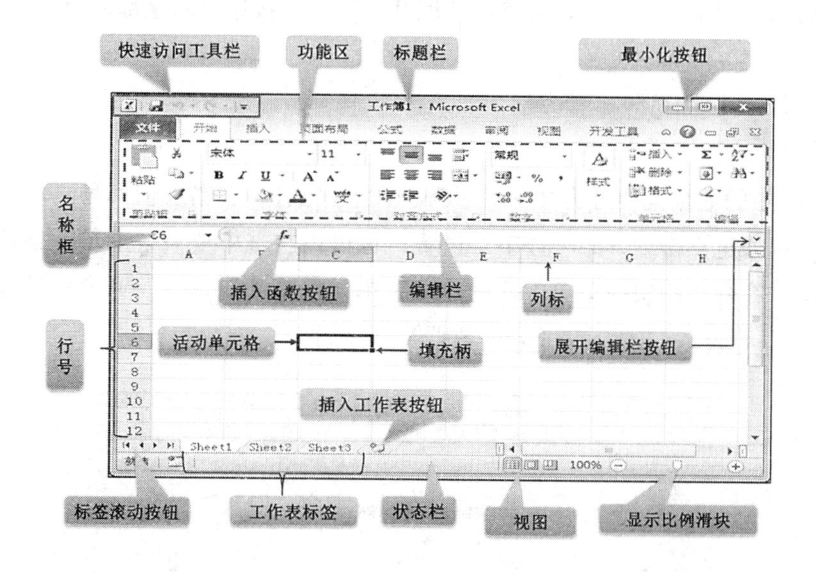

图 4—2　Excel 窗口及其组成

版 Excel 工作簿文档的扩展名是 . xls。工作簿由工作表组成，一个工作簿最多可包含 255 个工作表。一个工作表是一张最多达 16 000 列和 100 万行构成的二维表，列编号称为“列标”，由左向右依次用 A、B、C、…X、Y、Z、AA、AB、AC、…表示；行编号称为“行号”，由上到下依次用 1、2、3、…表示。在启动 Excel 后，软件会自动建立一个空白的工作簿文件，默认包含三个工作表，在工作表标签上显示工作表名称，默认的名称为 Sheet1、Sheet2、Sheet3，被选中的工作表为当前活动工作表。右键单击工作表选项卡名称可选择“删除”命令删除工作表。单击插入工作表按钮，可插入新的工作表。

2. 活动单元格

在工作表中行和列交叉的区域称为单元格，它是工作表中最基本的数据存储单元，每个单元格最多能保存 32 000 个字符。当前鼠标定位的单元格称为活动单元格，活动单元格会加粗凸显。当鼠标指针位于 Excel 工作区内时，指针就变成了十字形状。

3. 名称框

名称框内显示活动单元格的地址名称，名称由“列标＋行号”组成。例如，第 2 列第 4 行的单元格地址为 B4。

4. 插入函数按钮

单击 f_x 可以向活动单元格中插入函数。

5. 编辑栏

编辑栏中显示输入或修改活动单元格的内容，该内容也同时显示在活动单元格中。如活动单元格内容较多，可单击“展开编辑栏”按钮显示全部内容。

4.1.3 Excel 中的数据类型

Excel 中的数据类型分为文本、逻辑、数字（数值）、错误值四种。单元格的数据类型可以通过点击“开始—数字”设置；也可以在选中要设置的单元格后，单击鼠标右键，在弹出的快捷菜单中选择“设置单元格格式”命令，开启对话框，如图 4—3 所示。如表 4—1 所示为 Excel 数据类型介绍。

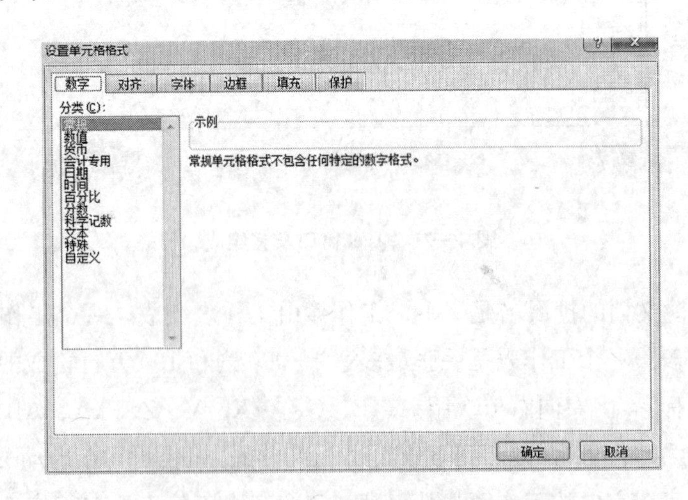

图 4—3 “设置单元格格式”对话框

1. 数字数据

根据定义的显示格式的不同，数字类型可以显示为数值、货币、会计专用、日期、时间、百分比、分数、科学记数、特殊、自定义等子类型。

2. 文本数据

文本数据由英文字母、汉字、数字、标点、符号等计算机所有能使用的字符排列而成。文本数据统一采用 Unicode 字符编码进行存储，每个字符对应一个唯一的二进制 16 位编码，占用 2 个字节的存储空间。

3. 逻辑数据

该数据为两个特定的标识符：TRUE 和 FLASE，字母大小写均可。TRUE 表示逻辑值“真”，对应的数值为 1；FLASE 表示逻辑值“假”，对应的数值为 0。要输入逻辑数据时，可在单元格中直接输入 TRUE 或 FLASE。如果要将 TRUE 或 FLASE 作为文本数据输入时，需在前面使用半角单引号字符作为前缀。

表 4—1　　Excel 数据类型

类型	说明
常规	根据单元格的内容自动识别和设置。
文本	按输入的字面进行显示和处理。文本格式的数字不作为数值进行计算和处理。
逻辑	TRUE（真）或 FALSE（假）值之一。
数值（数字）	用于一般数字的表示。对于非计算性数字（如手机号、身份证号等），一般建议使用文本格式。
货币	用于表示一般货币数值。
会计	可按货币符号和小数点对齐数值。
日期	显示为日期值（本质上，日期也是数值，可以和数值格式转换显示）。
时间	显示为时间值（本质上，时间也是数值，可以和数值格式转换显示）。
百分比	以百分数形式显示数值。
分数	以分数形式显示数值。
科学计数	以科学计数法形式显示数值。
特殊	特殊类型的内容。
自定义	以指定格式显示数值。

4. 错误值数据

该数据是因为单元格输入或编辑数据错误，而由系统自动显示的结果，提示用户改正。表 4—2 列出了常见的错误提示。

表 4—2　　常见错误提示

错误提示	说明
#VALUE!	公式中所含单元格数据类型不匹配。例如，数值与文本相加。
#NAME?	公式中出现没有命名的文本。
#REF!	单元格引用无效。
#N/A	数据不可用。
#DIV/0!	数值除以 0 或除以非数值单元。
#NULL!	指定了两个不相交区域的交集。
#NUM!	公式或函数中含有无效的数值。
#####	列宽不足以显示所有内容，或在单元格中使用了负日期或时间。

4.2　Excel 工作表的建立与编辑

学习目标

※ 了解工作表的结构，掌握如何创建一个 Excel 工作表；

※ 掌握如何设置工作表格式；

※ 学会对工作表的选择、删除、移动、复制、修改标签、重命名操作；

※ 掌握插入迷你图的操作；

※ 学会使用页面设置和打印功能。

4.2.1　建立工作表

1. 建立工作表

在建立工作表之前，应先对要制作的工作表有一个整体的设计，确立表头、行标题或列标题、表格内容的格式等。然后使用 Excel“文件—新建”建立一个空白的工作簿，在工作表中输入行标题、列标题、表格数据等信息，即建立了工作表。

如建立如图 4—4 所示的学生成绩表，在第 1 行输入表头内容“学生成绩表”(此处使用了合并单元格命令)，第 2 行为表格的标题行，在输入标题行后依次输入表格内容。

学生成绩表						
学号	姓名	性别	出生日期	《计算机应用基础》成绩	《西方经济学》成绩	《基础会计学》成绩
1	张杰	男	1994/2/9	90	82	84
2	丁晓冬	男	1994/8/10	78	71	80
3	李然	女	1993/7/28	83	79	75
4	王淼	女	1993/10/4	69	75	79
5	马明	男	1993/9/21	73	81	69
6	陈爽	女	1994/5/8	87	91	77

图 4—4　学生成绩表

2. 数据输入

(1) 键盘输入。

用鼠标单击要输入数据的单元格，使之成为活动单元格，直接从键盘输入字符，此时字符的光标在单元格内是闪烁的，内容也同时被显示在编辑栏内。输入完一个单元格内容后，单击→键或 Tab 键，右边相邻的单元格变为活动单元格，可接着输入下一个单元格内容；如按 Enter 键或↓键，则下边相邻的单元格变为活动单元格。

● 输入数据时，如果要把数值、日期、时间、逻辑值作为文本数据输入时，应在输入字符前先输入半角单引号’为前缀。对于不用于计算的数字串建议设定为文本类型，如身份证号码。在输入前也可以先将单元格设置为文本类型，然后再输入数据。

● 在文本数据中，输入的英文字母大、小写不等效，将分别按相应的大写或小写的形式保存和显示。

● 与 Word 功能相似，如需插入特殊符号，则单击“插入—符号”中的Ω按钮，选择特殊符号插入。

(2) 下拉列表选择。

如某一列数据仅包含几个选项，则可以在输入完全部不重复选项后，使用下拉列表选择输入数据。例如，图 4—5 所示学生成绩表中的“性别”，只有“男”、“女”这两个选项。在输入 C4 单元格数据时，可单击鼠标右键，选择“从下拉列表中选择”，则将在该活动单元格下方出现不重复的列表项数据，直接选择需要输入的数据项即可。

(3) 根据系统记忆输入。

在输入单元格数据时，如果输入的开头部分与已输入同列中某一单元格开头部分相同，则会自动将那个单元格后续内容显示到该活动单元格中，若用户确认相同则按下 Tab 或 Enter 键完成输入，如不同则直接输入其他字符即可。

(4) 使用填充功能输入。

如果单元格行或列的数据呈规律变化，则可以使用数据填充功能进行输入。

[操作]

如图 4—4 所示学生成绩表中的“学号”是从数字 1 开始按顺序递增的，则在输

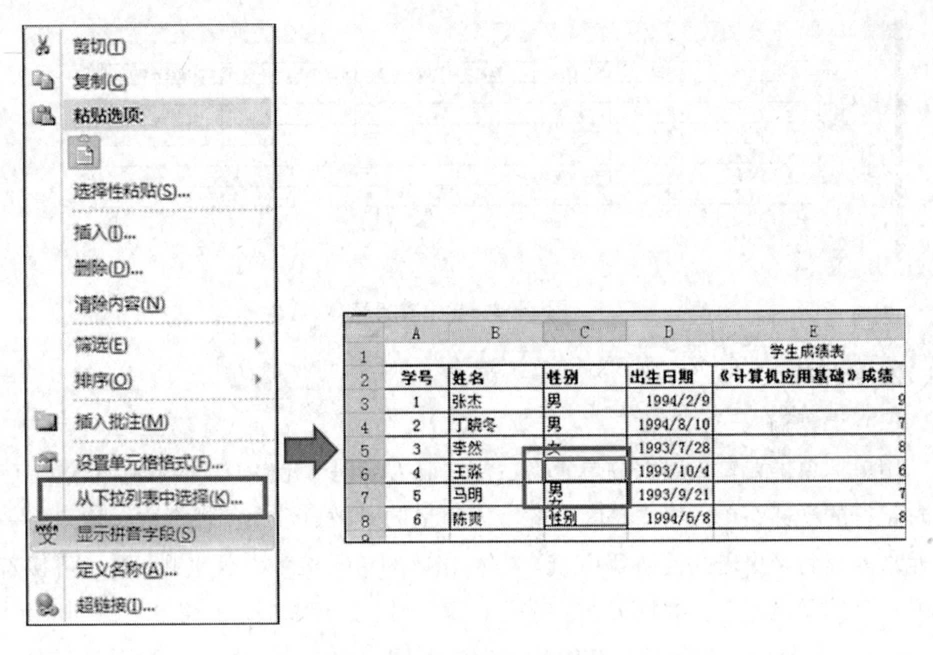

图 4—5　从下拉列表中选择

入前两个学号 1、2 后，用鼠标单击 A3 单元格，然后拖动鼠标到 A4 单元格，即同时选中这两个单元格，将鼠标移到 A4 单元格右下角后，鼠标指针变成如图 4—6 所示的＋形状，沿该列向下拖动鼠标，直到要填充的最后一个单元格，则单元格内数据将自动按顺序排列好。又如要在一行或一列内输入“星期一”～“星期日”，可先输入“星期一”，然后使用填充功能快速填充其他单元格内数据即可。

单击“开始—编辑—填充”，可查看更多的填充功能，也可以打开“系列”，在如图 4—7 所示的“序列”对话框中选择类型。

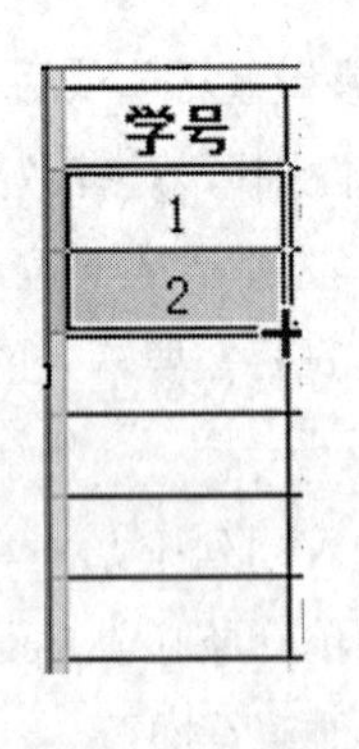

图 4—6　数据填充

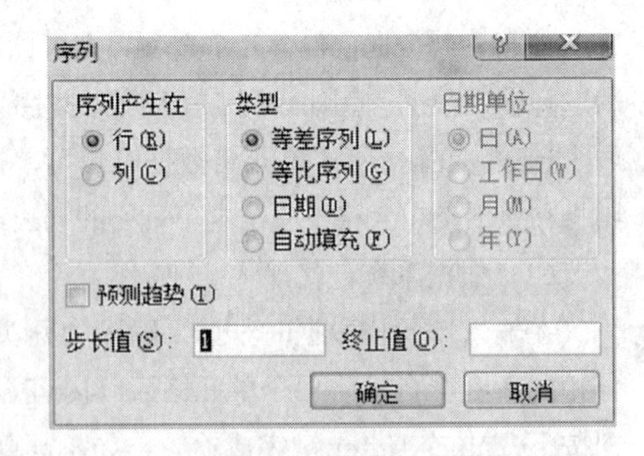

图 4—7　“序列”对话框

3. 工作区选择

在对 Excel 单元格进行设置前，要先选择单元格、行、列或区域，如表 4—3 所示列出了 Excel 选择工作区的常用操作。

表 4—3　　选择工作表区域的常用操作

选定区域	操　作
单元格	鼠标单击单元格
连续区域	选定第一个单元格，拖动鼠标到最后一个单元格
不连续区域	选定第一个单元格，按住 Ctrl 键再选择其他单元格
整个工作表	单击工作表第一行左侧全选按钮
一行	单击行号
一列	单击列标
连续的行或列	沿行号或列标拖动鼠标
不连续的行或列	选定第一行或第一列，按住 Ctrl 键再用鼠标选择其他行或列

选中工作区后，单击鼠标右键，将弹出如图 4—8 所示的右键快捷菜单，选择相应的命令，可对所选的工作区进行删除、复制、剪切、粘贴、插入等操作。

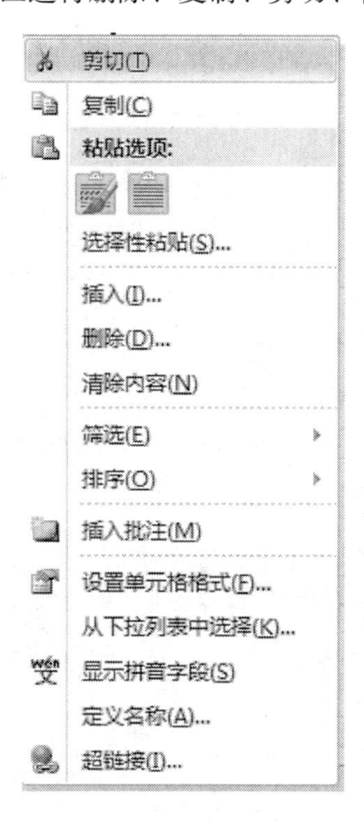

图 4—8　单元格右键快捷菜单

4.2.2　单元格的格式设置

1. 设置单元格格式

选中单元格区域后，可使用“开始”选项卡中的格式功能进行单元格格式的设置，也可以单击鼠标右键选择打开“设置单元格格式”对话框进行设置，下面就介绍一下单元格格式设置的几个选项卡功能。

(1)“数字”选项卡。该选项卡用来设置单元格数据类型，如图4—9所示，可参见表4—1中的类型和说明进行设置。在选中某一类型后，右侧窗格会显示示例数据。

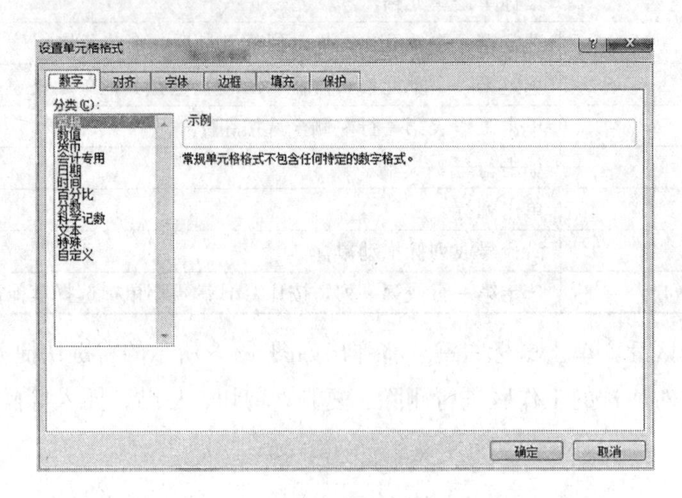

图4—9 “设置单元格格式—数字”选项卡

(2)“对齐”选项卡。如图4—10所示，该选项卡用来设置单元格内容的对齐方式；也可以使用“开始—对齐方式”中的功能按钮完成。文本对齐方式分为水平对齐和垂直对齐两种。水平对齐有常规、靠左、居中、靠右等，默认的常规方式为文本靠左、数字靠右、逻辑居中。垂直对齐有靠上、居中、靠下等方式，默认为居中。文本控制有三个选项：自动换行（若单元格中文本较长则自动换行显示）、缩小字体填充（若单元格文本较长则缩小字体适应单元格宽度）、合并单元格（将被选中的几个单元格区域合并为一个大单元格）。

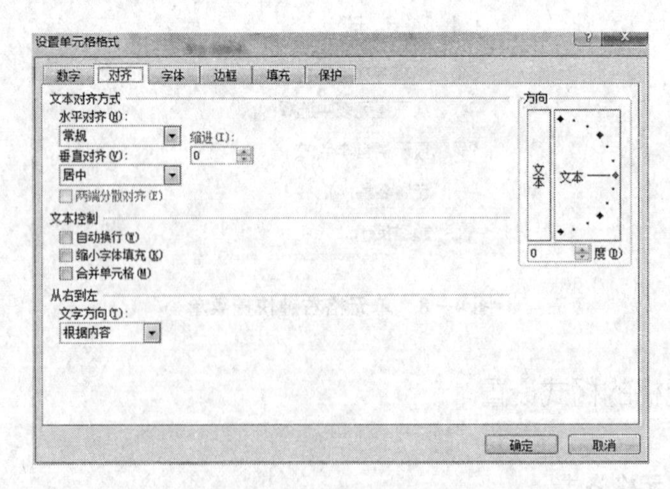

图4—10 “设置单元格格式—对齐”选项卡

（3）“字体”选项卡。通过该选项卡可以进行单元格内字体、字形、字号等格式的设置，如图 4—11 所示。

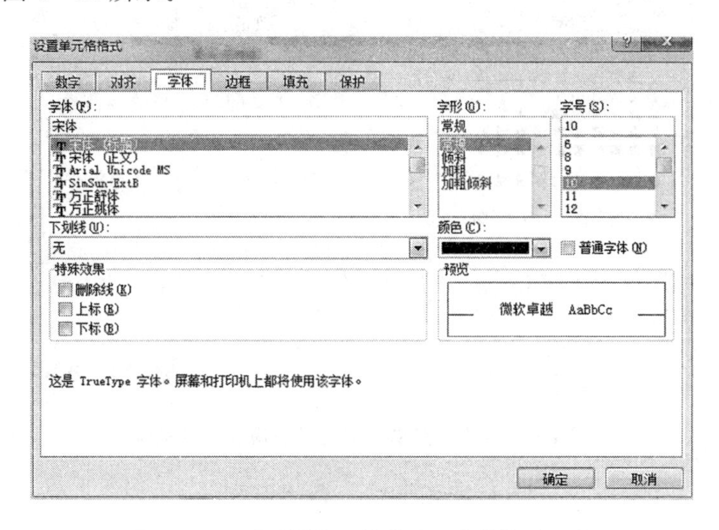

图 4—11　“设置单元格格式—字体”选项卡

（4）“边框”选项卡。使用该选项卡可以对表格是否添加边框，确定边框线条的样式、颜色等进行设置，如图 4—12 所示。

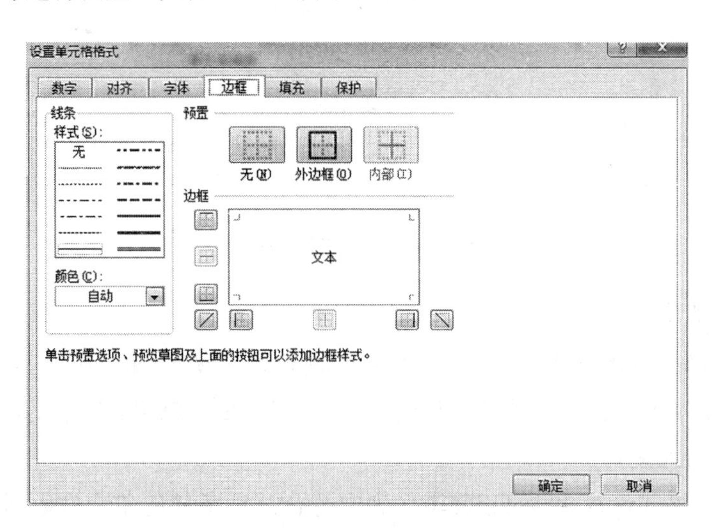

图 4—12　“设置单元格格式—边框”选项卡

（5）“填充”选项卡。通过该选项卡可以进行单元格背景色、填充效果的设置，如图 4—13 所示。

单击“开始—编辑—清除”，出现如图 4—14 所示的清除列表，可从中选择要清除的单元格内容或格式。

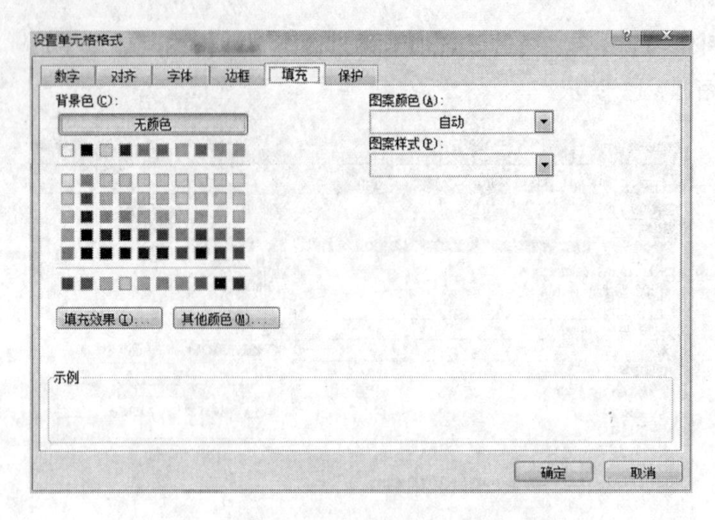

图 4—13 “设置单元格格式—填充”选项卡

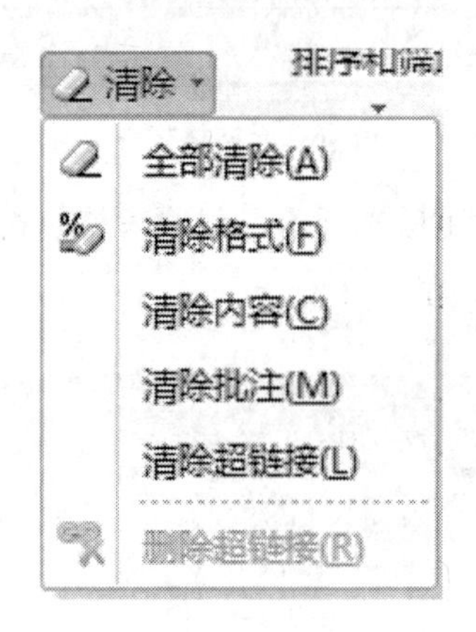

图 4—14 清除列表

2. 行列宽度调整

将鼠标移到两列标之间的分界线上时，鼠标状态变为+，拖动鼠标即可调整列宽。将鼠标移动到两行号之间的分界线上时，鼠标状态变为+，拖动鼠标即可调整行的高度。

3. 条件格式设置

使用条件格式设置功能可以将工作表中符合某种条件的单元格数据设置为特殊格式。以图 4—4 所示的学生成绩表为例进行介绍。

[操作—将学生成绩大于 80 分的突出显示]

(1) 选中要设置的格式区域，先选中 F3～H8 之间的单元格区域。

(2) 单击“开始—样式—条件格式”，在下拉列表中选择“突出显示单元格规则—大于”。

(3) 在弹出的对话框中输入“80”(即大于 80 分)，设置为“浅红色填充、深红色文本”，单击“确定”。

（4）则在如图 4—15 所示的表格中，大于 80 分的成绩就以浅红色填充、深红色文本显示出来。

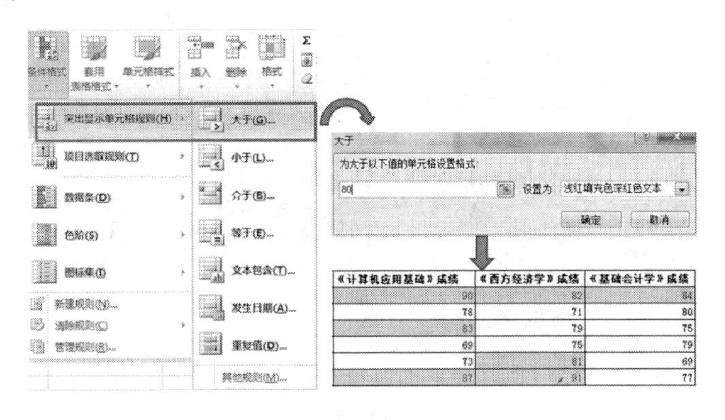

图 4—15　条件格式设置样例

4.2.3　工作表的整体操作

1. 插入工作表

（1）在当前工作表之前插入一个新的工作表：用鼠标右键单击当前工作表标签，打开右键快捷菜单，选择“插入”命令，在弹出的对话框中选择“常规—工作表”，单击“确定”，即可在当前工作表之前插入一个新的工作表。

（2）在最后一个工作表之后插入一个新的工作表：用鼠标单击工作表标签后的按钮即可。

2. 重命名工作表

鼠标右键单击要重命名的工作表标签，在快捷菜单中选择“重命名”命令，当工作表标签名称反白显示后，用户可以直接输入新的名称。

3. 改变工作表标签颜色

将工作表标签设置成不同的颜色，可便于区分工作表。

右键单击当前工作表标签，在弹出的如图 4—16 所示的快捷菜单中选择“工作表标签颜色”，在调色板中选择颜色即可；也可单击“开始—单元格—格式”，选择“工作表标签颜色”进行设置。

4. 删除工作表

鼠标右键单击当前工作表，在弹出的快捷菜单中选择“删除”，即可删除当前工作；也可选择“开始—单元格—删除”下的“删除工作表”命令完成。

5. 移动和复制工作表

将工作表从当前工作簿移动到另外一个工作簿，需先打开这两个工作簿，然后执行下面操作。

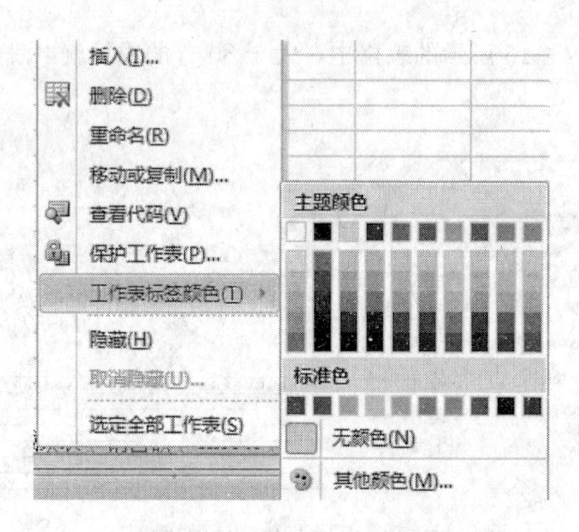

图 4—16 设置工作表标签颜色

鼠标右键单击要移动的工作表标签，弹出如图 4—17 所示的对话框，在“将选定工作表移至 工作簿”下拉列表中选择移至的工作簿名称，在“下列选定工作表之前”选择移动后的工作表位置，单击“确定”即可完成移动。

若要复制工作表，在如图 4—17 所示的对话框中选择要复制的工作表名称后，选择“建立副本”前面的复选框，单击“确定”即可。

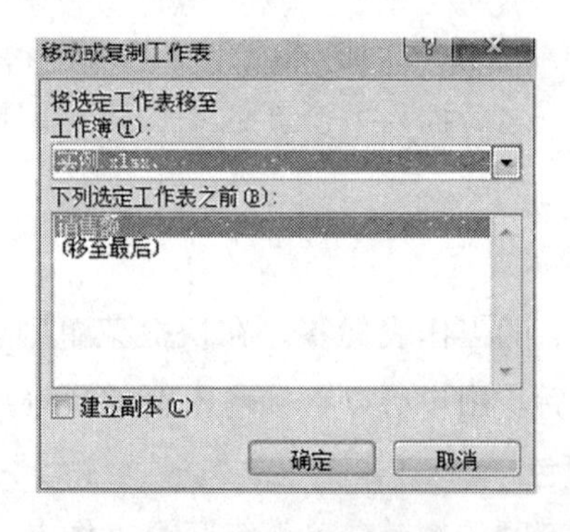

图 4—17 “移动或复制工作表”对话框

4.2.4 迷你图的使用

为了反映数据的变化趋势，可以使用迷你图功能，在单元格中插入微型曲线图或柱形图。在如图 4—18 所示的销售报表的 H3～H6 单元格中插入该地区销售量变化趋势的折线图、在 I3～I6 的单元格中插入对比柱形图。

（1）插入折线图：将 H3 单元格选为活动单元格，单击“插入—迷你图—折线图”，显示“创建迷你图”对话框，因为要显示华北地区一月～六月的销售量变化，所以在选中数据范围时，用鼠标单击并拖动选择 B3：G3 单元格区域，这时数据范围显示为“B3：G3”，单击“确定”，在 H3 处就显示了一个微型折线图。

(2) 插入柱形图：将 I3 单元格选为活动单元格，单击“插入—迷你图—柱形图”，显示“创建迷你图”对话框，如图 4—19 所示，选择数据范围同操作（1）后，单击“确定”，在 I3 处就显示了一个微型柱形图。

以此类推，完成各迷你图的插入；也可以选中已插入完成的单元格，使用自动填充功能，完成其余迷你图的插入操作。所有操作完成后的效果如图 4—20 所示。

	A	B	C	D	E	F	G
1	上半年中央空调销售数量报表						
2	地区	一月	二月	三月	四月	五月	六月
3	华北地区	15	20	28	30	42	50
4	华中地区	18	17	23	36	32	48
5	华南地区	24	28	32	48	51	58
6	华东地区	32	35	40	45	52	62

图 4—18　中央空调销售报表

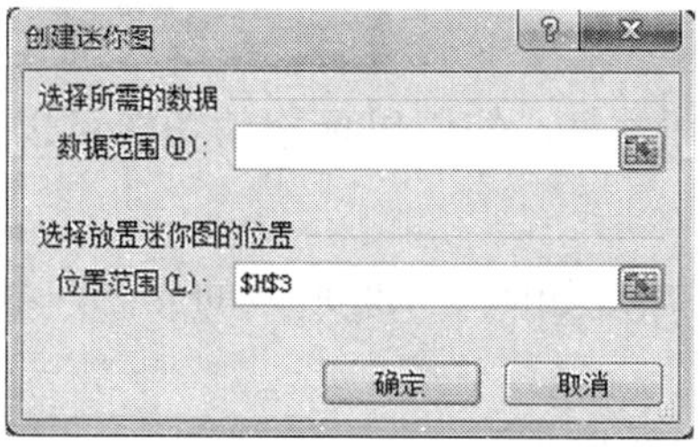

创建迷你图

选择所需的数据

数据范围(D)：

选择放置迷你图的位置

位置范围(L)：H3

确定　取消

图 4—19　“创建迷你图”对话框

	A	B	C	D	E	F	G	H	I
1	上半年中央空调销售数量报表								
2	地区	一月	二月	三月	四月	五月	六月	趋势	对比
3	华北地区	15	20	28	30	42	50		
4	华中地区	18	17	23	36	32	48		
5	华南地区	24	28	32	48	51	58		
6	华东地区	32	35	40	45	52	62		

图 4—20　插入迷你图后的工作表

4.2.5　工作表的打印输出

1. 页面设置

在对工作表进行打印前，要先进行页面设置。选择“页面布局—页面设置”，单击右下角对话框启动器，打开“页面设置”对话框，Excel 中的页边距、纸张方向、纸张大小等设置与 Word 相似，在此就不赘述了，如图 4—21 所示。

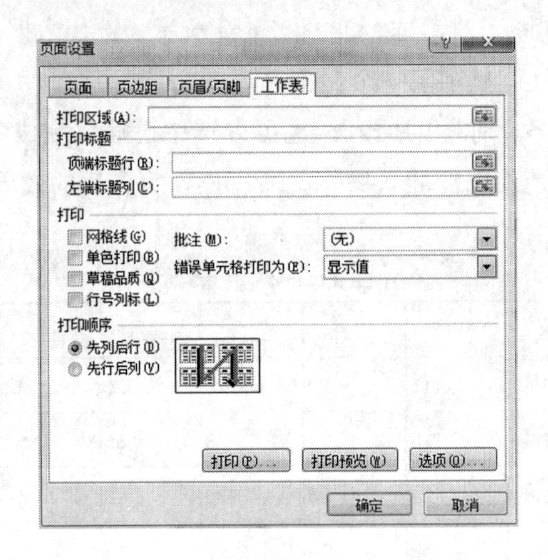

图 4—21 “页面设置—工作表”对话框

2. 打印

下面重点介绍“工作表”选项卡的功能。在该选项卡中可设置需打印区域、打印标题、打印选项、打印顺序等，使用鼠标拖动功能可以进行打印区域、行或列标题的选择。

选择“文件—打印”，出现如图 4—22 所示的界面，可打印预览并输出工作表。

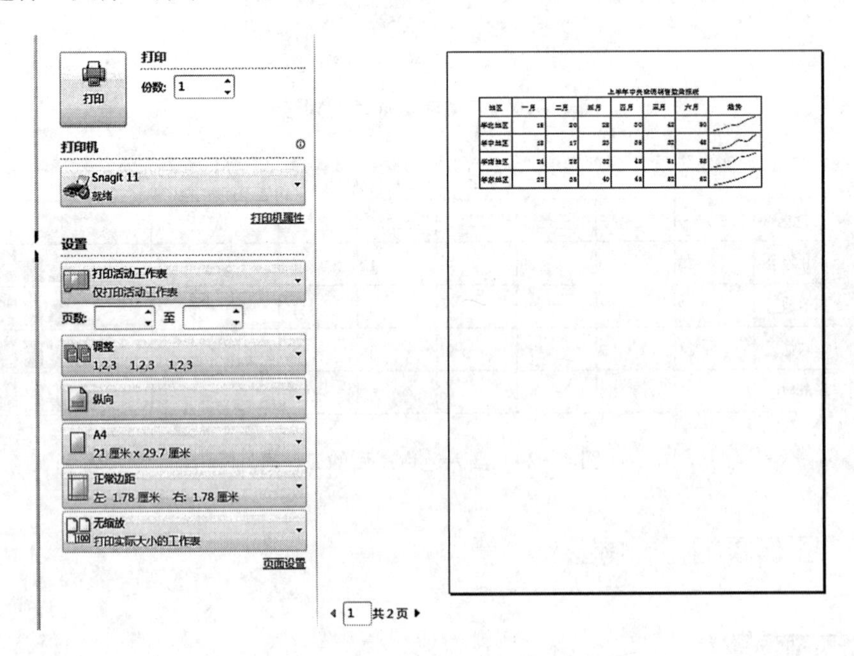

图 4—22 打印工作表

4.3　Excel 公式与函数

学习目标

※ 了解单元格引用的概念，并能够识别几种不同的引用方法；

※ 学会使用 Excel 公式运算符；

※ 了解并学会使用常用的 Excel 函数。

4.3.1　单元格引用

单元格引用就是单元格的地址表示，细分为相对引用（相对地址）、绝对引用（绝对地址）、混合引用（地址）三种。

（1）相对引用：直接用列表＋行号表示的单元格地址，如 A3、B1。

（2）绝对引用：分别在列标和行号前面加＄字符表示的单元格地址。如＄B＄4 就是第 B 列和第 4 行交叉点位置单元格的绝对引用，该单元格的相对引用为 B4。

（3）混合引用：列标或行号之一采用绝对地址的引用。如＄B4 就是一个混合引用，B＄4 也是这个单元格的混合引用。

（4）三维地址：上面的单元格引用限于在同一个工作表中使用，若要引用不同工作表的单元格，则需在单元格地址引用前加上工作表名和！字符，如 Sheet2！F5 就是 Sheet2 工作表上第 F 列和第 5 行交叉的单元格。

（5）单元格区域：对于工作表上的一个连续区域，可以使用该区域“左上角单元格地址：右下角单元格地址”的方式表示，如 C2：F5，就表示 C2 单元格到 F5 单元格之间的矩形区域。

4.3.2　公式的使用

1. 常见公式

在一个单元格中不仅可以输入数值，还可以输入和使用公式，由系统依据公式计算出相应的值并显示在单元格中。在 Excel 中公式是一个运算表达式，由运算对象和运算符按照一定规则和需要连接而成。运算对象可以是常量、单元格引用、公式或函数。运算符包括算术、比较、文本连接和引用四种类型。表 4—4 列出了四类运算符的功能及结果类型。

表 4—4 运算符类型

类型	运算符	功能	结果类型	示例	结果
算术运算符	＋	加	数值	1＋1	2
	－	减	数值	4－3	1
	*	乘	数值	5*2	10
	/	除	数值	9/3	3
	％	百分号	数值	30％	0.3
	^	乘方	数值	7^2	49
比较运算符	＝	等于	逻辑	8＝8	TRUE
	＞	大于	逻辑	5＞3	TRUE
	＜	小于	逻辑	8＜6	FLASE
	＞＝	大于等于	逻辑	5＞＝4	TRUE
	＜＝	小于等于	逻辑	5＜＝4	FLASE
	＜＞	不等于	逻辑	4＜＞5	TRUE
文本连接运算符	&	连接文本	文本	“春”&“天”	春天
引用运算符	：	区域运算符	引用	SUM（E3：E8）	求和结果
	，	联合运算符	引用	SUM（E3：E9，I3：I9）	求和结果
	空格	交集运算符	引用	A4：D4 B2：B5	C4 的值

2. 公式的输入

在单元格中输入公式时，始终以等号“＝”开头。在向单元格输入一个公式后，在单元格和工具栏中就可以显示该公式，输入完成后按 Enter 键或编辑栏中的√确认后，在单元格中就会显示公式的计算结果。而在编辑栏中仍显示该公式。如图 4—23 所示，在单元格 B7 处显示的是计算结果，而在编辑栏内显示的是该公式内容。如要在 C7：G7 中均输入相同计算方法的公式，并且公式引用的单元格也有相同的规律，则可以使用自动填充方法，单击 B7 单元格，并拖动右下角的＋，一直拖动到 G7 单元格，释放后在这些单元格就都填充了相同计算方法的公式。

4.3.3 常用函数的使用

1. 常用函数

函数是预定义的公式，通过使用一些称为参数的特定数值来按特定的顺序或结构执行计算。函数可用于执行简单或复杂的计算。函数可以作为公式中的一个运算

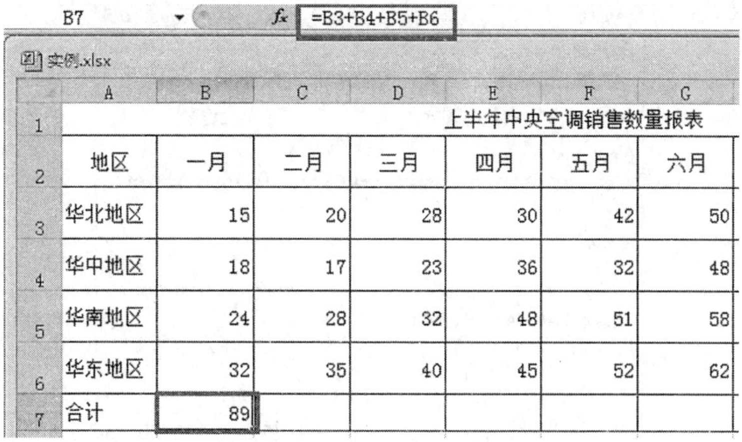

B7 fx =B3+B4+B5+B6

实例.xlsx

	A	B	C	D	E	F	G
1					上半年中央空调销售数量报表		
2	地区	一月	二月	三月	四月	五月	六月
3	华北地区	15	20	28	30	42	50
4	华中地区	18	17	23	36	32	48
5	华南地区	24	28	32	48	51	58
6	华东地区	32	35	40	45	52	62
7	合计	89					

图 4—23 公式输入后的显示结果

对象，或作为整个公式来使用。函数由函数名和参数两部分构成。函数名由英文字母构成，参数由圆括号括住。根据函数的不同，参数的个数可能不同。如果参数个数为 0，则仍需要保留括住函数的括号。

函数有数学与三角函数、统计函数、逻辑函数、日期与时间函数、财务函数、文本函数、查找与引用函数等类别。Excel 基础应用应掌握以下函数：

（1）统计函数：AVERAGE，COUNT，COUNTA，COUNTIF，COUNTIFS，COUNTBLANK，MAX，MIN。

（2）数学与三角函数：SUM，SUMIF，RAND，ROUND，TRUNC。

（3）逻辑函数：IF，AND，OR。

（4）文本函数：LEN，LEFT，RIGHT，MID。

（5）查找与引用函数：LOOKUP，VLOOKUP。

（6）日期与时间函数：TODAY，YEAR，MONTH，DAY，NOW。

2. 函数的使用

单击编辑栏上的 fx 按钮，就可以在弹出的“插入函数”对话框中选择要插入的函数。或使用“公式”选项卡，在如图 4—24 所示的功能区中选择插入函数或从常用函数库中选择，如图 4—25 所示。

在“插入函数”对话框中，用鼠标选择要插入的函数，在选中函数名称后，在下面的预览区内可查看到该函数的格式和函数的功能说明。如图 4—24 所示选中了 SUM 函数，其功能是计算单元格区域中所有数值的和。

图 4—23 中 B7 的计算，也可以使用函数 SUM 完成，具体操作如下：

（1）选中单元格 B7，单击编辑栏中的 fx 按钮，打开“插入函数”对话框，选中 SUM 函数，单击“确定”。

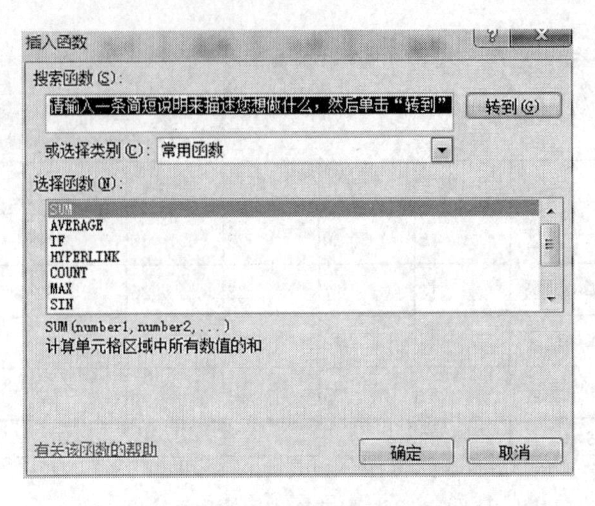

图 4—24 “插入函数”对话框

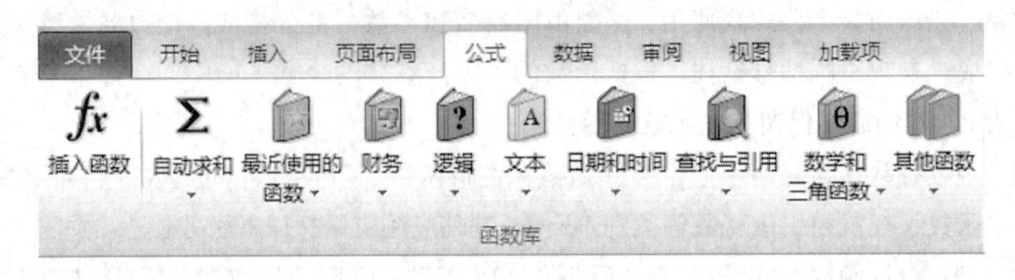

图 4—25 常用函数库

（2）在如图 4—26 所示的“函数参数”对话框中，用鼠标选择要计算的单元格区域，如果是连续的区域可直接用鼠标拖动选择，如果是非连续区域，可在不同的 Number 位置输入或选择该单元格，单击“确定”即完成该函数的插入。

（3）在如图 4—27 所示的表中，B7 处显示的是函数计算后的结果，编辑栏中显示的是该函数。

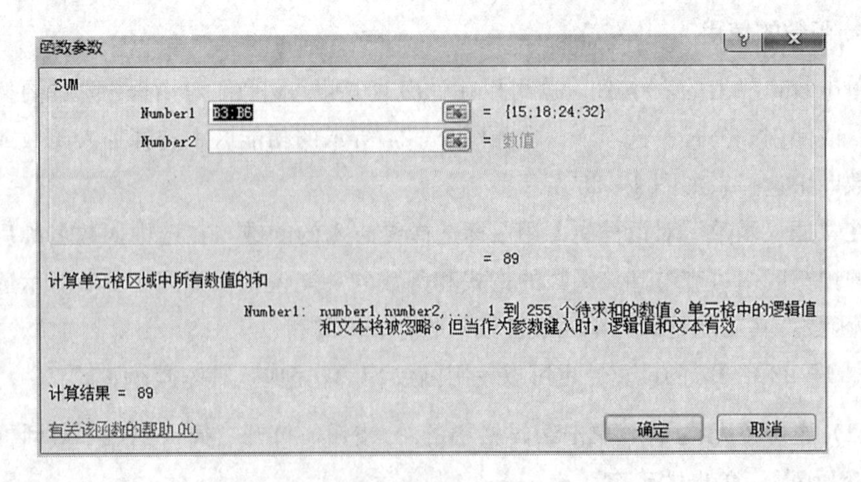

图 4—26 “函数参数”对话框

B7　　fx　=SUM(B3:B6)

实例.xlsx

	A	B	C	D	E	F	G
1					上半年中央空调销售数量报表		
2	地区	一月	二月	三月	四月	五月	六月
3	华北地区	15	20	28	30	42	50
4	华中地区	18	17	23	36	32	48
5	华南地区	24	28	32	48	51	58
6	华东地区	32	35	40	45	52	62
7	合计	89					

图 4—27　插入函数后的显示结果

4.4　Excel 数据处理

学习目标

※ 学会 Excel 按主要关键词和次要关键词排序的方法；

※ 学会对数据表进行自动筛选和按条件进行高级筛选两种操作；

※ 学会对数据表进行分类汇总的方法。

使用 Excel 可以对已经建立好的表格进行数据的处理，如查找替换、排序、筛选、分类汇总等。Excel 的查找替换功能与 Word 相似，在此就不再介绍。下面来看几种常用的数据处理功能。

4.4.1　数据排序

若要对一个工作表的某列进行排序，则选择待排序的列中的任意一个单元格，单击“数据—排列和筛选”中的AZ↓或ZA↓按钮，即可实现升序或降序排列。若要对整个工作表中的多个列进行排序，则单击“排序”按钮，打开如图 4—28 所示的对话框，在对话框中可选择“主要关键字”进行排序。也可以单击“添加条件”，添加“次要关键字”。选择关键字后选择排序依据、次序。

[操作—将如图 2—29 所示的职工表按入职时间升序排序]

选中 G1 单元格，单击“数据—排列和筛选”中的AZ↓按钮，即可完成升序排序操作。

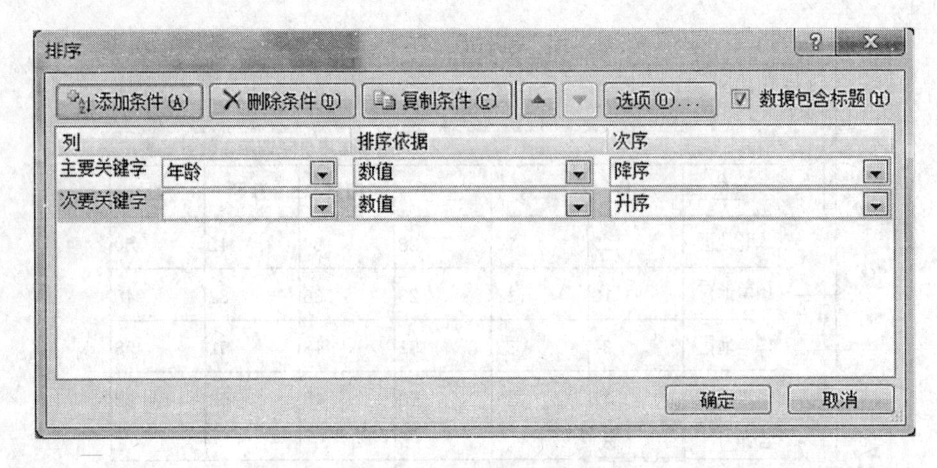

图 4—28 “排序”对话框

	A	B	C	D	E	F	G
1	姓名	性别	年龄	学历	职称	工资	入职时间
2	冯锐	男	33	硕士	工程师	4500	2009/9/4
3	宋远	男	39	硕士	高级工程师	5000	2009/3/6
4	张明	男	32	本科	工程师	4500	2010/3/3
5	李敏	女	25	本科	技术员	3000	2012/5/8
6	王强	男	28	本科	助理工程师	4000	2012/3/9
7	赵云	男	29	本科	助理工程师	4000	2011/10/10
8	李红	女	26	本科	助理工程师	3500	2012/6/3

图 4—29 职工表按入职时间排序

4.4.2 数据筛选

数据筛选是从数据表中筛选出符合条件的记录，有两种筛选方法：自动筛选、高级筛选。

1. 自动筛选

对如图 4—29 所示的职工表进行筛选，单击“数据—排序和筛选—筛选”，则该表呈现图 4—30 所示的样式，在表格每列标题后均出现了一个三角按钮，单击此按钮则打开一个下列列表。每个标题的下拉列表结构相同，分隔虚线以上是按关键字进行升序、降序，按颜色排序的选项，分割线下方是该列出现的类别选项，当类别名称前的复选框被选中时，则在该列显示对应类别所在的行，如果复选框未被选中，则该类别对应的行会被隐藏。单击“数字（对应的类型）筛选”，也可选择筛选条件。

2. 高级筛选

自动筛选只能筛选出比较简单的记录，若条件比较复杂就要使用高级筛选。如筛选图 4—29 所示职工表中年龄大于 30 的职工信息，可执行下列操作：

(1) 先在数据表以外空白区域建立好进行高级筛选的条件区域，如图 4—31 所示，在 I1：I2 区域建立年龄＞＝30 的筛选条件。

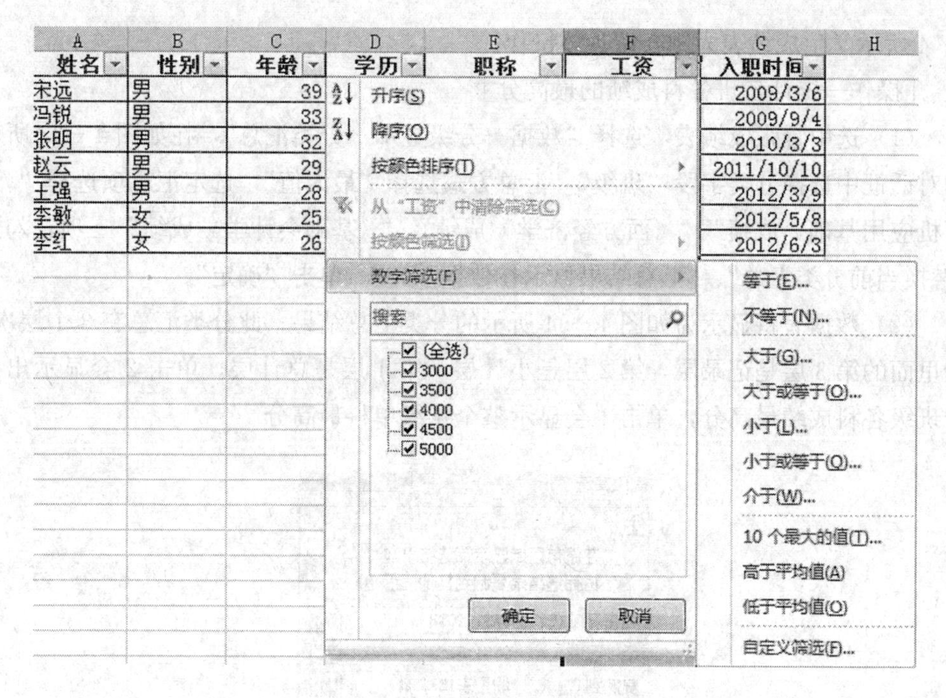

图 4—30　自动筛选后的职工表

（2）然后选中整个数据表，选择“数据—排序和筛选—高级”，打开如图 4—32 所示的对话框，在对话框中输入列表区域，可选中整个表格；条件区域选择 I1：I2；

（3）筛选方式可以选择在原有区域中显示筛选结果，也可以选择复制到其他位置。此处选择复制到其他位置，并在“复制到”处选择要复制到的区域，单击“确定”，在新的区域就显示了筛选后的结果，如图 4—31 中的 A12：G15 区域所示。

	A	B	C	D	E	F	G	H	I
1	姓名	性别	年龄	学历	职称	工资	入职时间		年龄
2	宋远	男	39	硕士	高级工程师	5000	2009/3/6		>=30
3	冯锐	男	33	硕士	工程师	4500	2009/9/4		
4	张明	男	32	本科	工程师	4500	2010/3/3		
5	赵云	男	29	本科	助理工程师	4000	2011/10/10		
6	王强	男	28	本科	助理工程师	4000	2012/3/9		
7	李敏	女	25	本科	技术员	3000	2012/5/8		
8	李红	女	26	本科	助理工程师	3500	2012/6/3		
9									
10									
11									
12	姓名	性别	年龄	学历	职称	工资	入职时间		
13	宋远	男	39	硕士	高级工程师	5000	2009/3/6	←筛选结果	
14	冯锐	男	33	硕士	工程师	4500	2009/9/4		
15	张明	男	32	本科	工程师	4500	2010/3/3		

图 4—31　筛选职工表

4.4.3　数据的分类汇总

分类汇总功能主要用于对数据表中某一类别的某些数据项进行分类计算，以图

4—4 所示学生成绩表为例介绍具体操作。

［操作一统计各班各科成绩的最高分］

（1）选中整张成绩表，选择“数据—分级显示—分类汇总”，在如图 4—33 所示的对话框中选择分类字段“班级”，汇总方式选择“最大值”，选定汇总项选择“《计算机应用基础》成绩”、“《西方经济学》成绩”、“《基础会计学》成绩”三项，勾选“替换当前分类汇总”、“汇总结果显示在数据下方”，单击“确定”。

（2）数据表将显示为如图 4—34 所示的分类汇总结果。此分类汇总有 3 个层次，最里面的第 3 层是记录层，第 2 层是小计层，第 1 层是总计层。单击 2 会显示出每个班级各科成绩最高分，单击 1 会显示整个年级单科最高分。

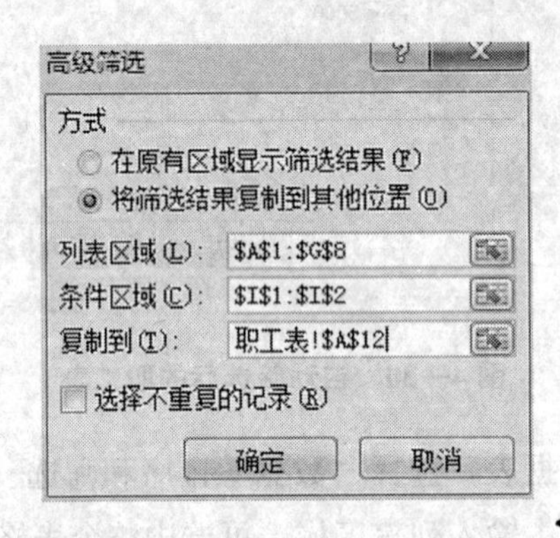

图 4—32　“高级筛选”对话框

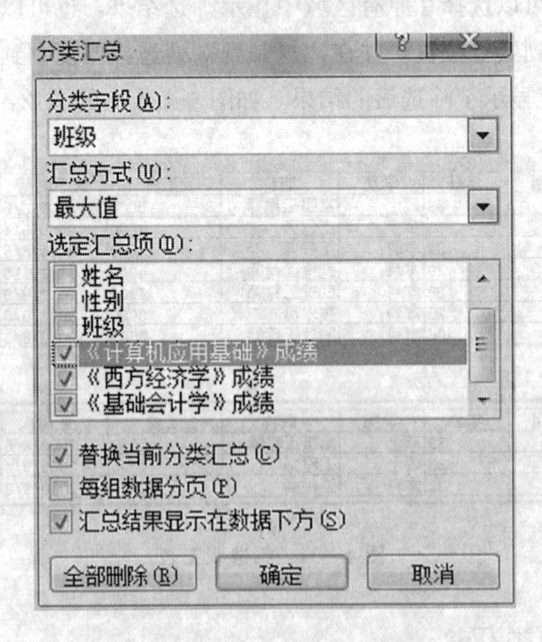

图 4—33　“分类汇总”对话框

	A	B	C	D	E	F	G
1					学生成绩表		
2	学号	姓名	性别	班级	《计算机应用基础》成绩	《西方经济学》成绩	《基础会计学》成绩
3	1	张杰	男	201203	90	82	84
4				201203 最大值	90	82	84
5	2	丁晓冬	男	201209	78	71	80
6				201209 最大值	78	71	80
7	3	李然	女	201203	83	79	75
8	4	王淼	女	201203	69	75	79
9				201203 最大值	83	79	79
10	5	马明	男	201209	73	81	69
11	6	陈爽	女	201209	87	91	77
12				201209 最大值	87	91	77
13				总计最大值	90	91	84
14							

	A	B	C	D	E	F	G
1					学生成绩表		
2	学号	姓名	性别	班级	《计算机应用基础》成绩	《西方经济学》成绩	《基础会计学》成绩
4				201203 最大值	90	82	84
6				201209 最大值	78	71	80
9				201203 最大值	83	79	79
12				201209 最大值	87	91	77
13				总计最大值	90	91	84
14							

	A	B	C	D	E	F	G
1					学生成绩表		
2	学号	姓名	性别	班级	《计算机应用基础》成绩	《西方经济学》成绩	《基础会计学》成绩
13				总计最大值	90	91	84
14							

图 4—34　学生成绩表分类汇总结果

4.5　Excel 图表

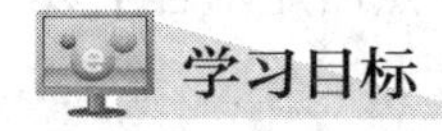

学习目标

※ 了解几种常用图表的用途；

※ 学会根据需求选择图表，并掌握创建和编辑图表的基本操作。

Excel 中的图表用于将工作表中的数据用图形表示出来。例如，可以将各地区每周的销售用柱形图显示出来。图表可以使数据更加有趣、吸引人、易于阅读和评价，也可以帮助我们分析和比较数据。

4.5.1　图表类型

条形图、柱状图、折线图和饼图是四种最常用的图表类型。按照 Microsoft Excel 对图表类型的分类，图表类型还包括散点图、曲面图、面积图、圆环图、雷达图、气泡图、股价图等。此外，可以通过图表间的相互叠加来形成复合图表类型。

1. 柱状图

排列在工作表的列或行中的数据可以绘制到柱形图中。柱形图用于显示一段时间内的数据变化或显示各项之间的比较情况。在柱形图中，通常沿水平轴组织类别，而沿垂直轴组织数值。

2. 折线图

排列在工作表的列或行中的数据可以绘制到折线图中。折线图可以显示随时间而变化的连续数据，因此非常适用于显示在相等时间间隔下数据的趋势。在折线图中，类别数据沿水平轴均匀分布，所有值数据沿垂直轴均匀分布。

3. 饼图

仅排列在工作表的一列或一行中的数据可以绘制到饼图中。饼图显示一个数据系列中各项的大小与各项总和的比例。饼图中的数据点显示为整个饼图的百分比。

4. 条形图

排列在工作表的列或行中的数据可以绘制到条形图中。条形图显示各个项目之间的比较情况。

5. 面积图

排列在工作表的列或行中的数据可以绘制到面积图中。面积图强调数量随时间而变化的程度，也可用于引起人们对总值趋势的注意。例如，表示随时间而变化的利润的数据可以绘制在面积图中以强调总利润。

6. 散点图

排列在工作表的列或行中的数据可以绘制到 XY 散点图中。散点图显示若干数据系列中各数值之间的关系。

7. 股价图

以特定顺序排列在工作表的列或行中的数据可以绘制到股价图中。顾名思义，股价图经常用来显示股价的波动。然而，这种图表也可用于科学研究。例如，可以使用股价图来显示每天或每年温度的波动。必须按正确的顺序组织数据才能创建股价图。

8. 曲面图

排列在工作表的列或行中的数据可以绘制到曲面图中。如果要找到两组数据之间的最佳组合，可以使用曲面图。就像在柱形图中一样，颜色和图案表示具有相同数值范围的区域。当类别和数据系列都是数值时，可以使用曲面图。

9. 圆环图

仅排列在工作表的列或行中的数据可以绘制到圆环图中。像饼图一样，圆环图显示各个部分与整体之间的关系，但是它可以包含多个数据系列。

10. 气泡图

排列在工作表的列中的数据（第一列中列出 x 值，在相邻列中列出相应的 y 值和气泡大小的值）可以绘制在气泡图中。

11. 雷达图

排列在工作表的列或行中的数据可以绘制到雷达图中。雷达图是比较若干数据系列的聚合值。

4.5.2　图表的创建与编辑

图表是在数据表基础上创建的，所以必须先建立数据表。下面通过一个实例来介绍图表的创建和编辑过程。

[操作—创建柱形图]

图 4—35 所示的数据表，用柱形图表示上半年华北地区与全国空调销量的对比情况。

	A	B	C	D	E	F	G
1	上半年中央空调销售数量报表						
2	地区	一月	二月	三月	四月	五月	六月
3	华北地区	15	20	28	30	42	50
4	全国平均	23	25	31	40	44	55

图 4—35　销售数量报表

(1) 选择“插入—图表—柱形图”，在图 4—36 所示的下拉列表中选择二维柱形图。

(2) 选择“图表工具—设计—数据—选择数据”，打开图 4—37 所示的“选择数据源”对话框。

(3) 在“图表数据区域”，用鼠标选择 A2：G4，图例项自动添加为“华北地区”、“全国平均”，如果图例项比较多，也可以添加、编辑、删除。水平轴标签自动调整为一月～六月，水平轴标签也可以编辑。

(4) 调整后单击“确定”，在工作表中插入如图 4—38 所示的柱形图。

[操作—编辑图表]

如图 4—38 所示的图表，可以进行格式编辑、添加标题信息等操作。

在“图表工具—设计—图表样式”中，选择自己喜欢的图表样式。

选择“图表工具—布局—标签—图表标题”，显示如图 4—39 所示的下拉列表，在列表中选择标题的位置，此处选择“图表上方”，然后在图表上面出现一个文本

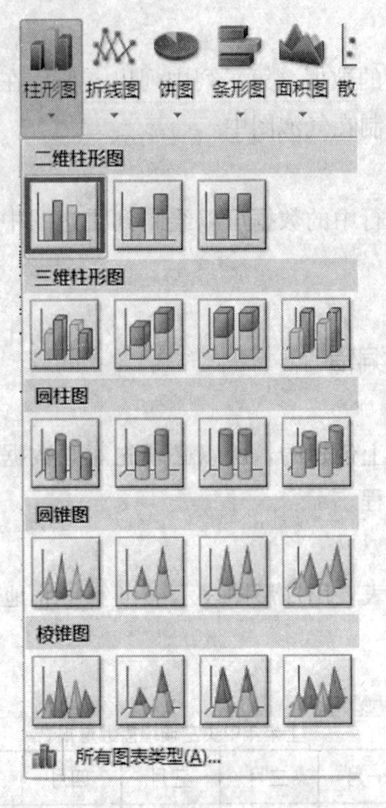

图 4—36　插入柱形图

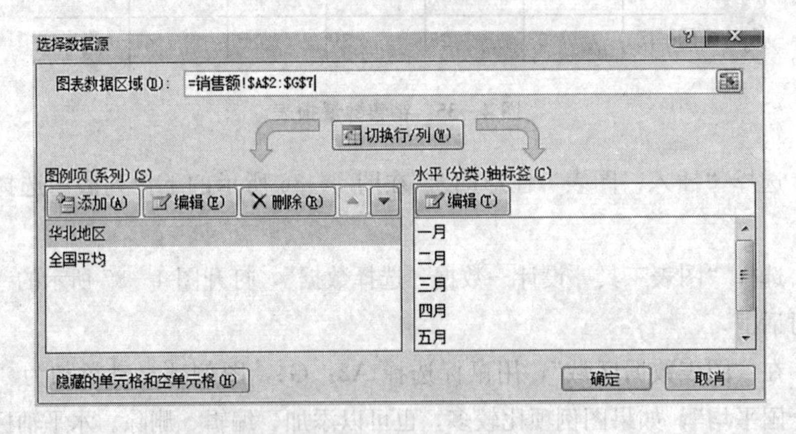

图 4—37　“选择数据源”对话框

框，在文本框中输入“华北地区销量对比图”，然后调整字体格式。

接下来参照插入图表标题的操作，依次插入坐标轴标题、图例、数据标签、模拟运算表。最后形成的图表样式如图 4—40 所示。

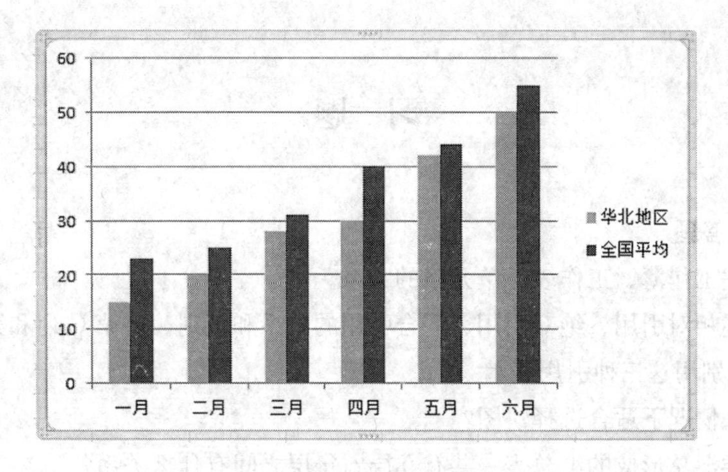

图 4—38　插入后的图表

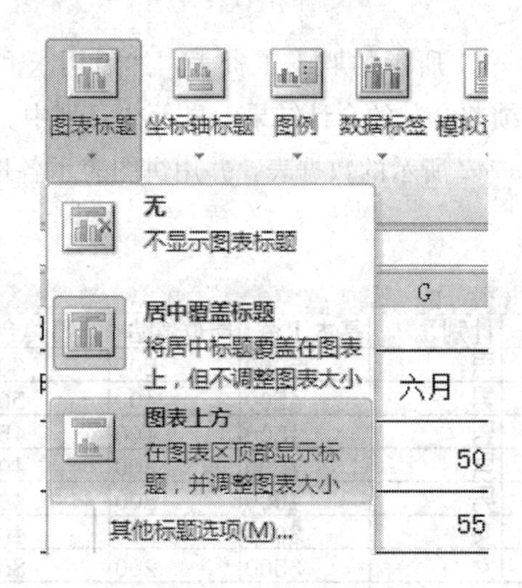

图 4—39　插入图表标题

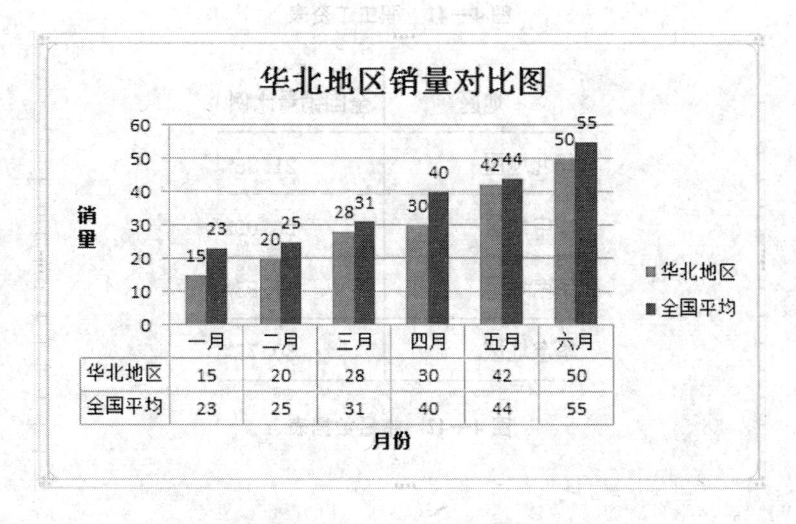

	一月	二月	三月	四月	五月	六月
华北地区	15	20	28	30	42	50
全国平均	23	25	31	40	44	55

图 4—40　编辑后的图表

习 题

一、简答题

1. 简述工作簿、工作表、单元格的关系。

2. 简述相对引用、绝对引用、混合引用的关系和区别。将第C列和第8行交叉的单元格分别用这三种引用表示。

3. 什么情况下适合选择饼图?

4. 分类汇总形成的汇总表一共有几层?每层之间有什么关系?

二、操作题

1. 创建一个如图4—41所示的职工工资表，然后用求和函数计算出“基本工资”、“岗位津贴”、“业绩奖金”的合计结果，显示在F列中。

2. 创建一个如图4—42所示的数据表，并用饼图表示各地区销量在全国销量中的比重。

	A	B	C	D	E	F
1	姓名	性别	基本工资	岗位津贴	业绩奖金	合计
2	宋远	男	5000	500	600	
3	冯锐	男	4500	400	500	
4	张明	男	4500	400	450	
5	赵云	男	4000	300	400	
6	王强	男	4000	300	400	
7	李敏	女	3000	200	400	
8	李红	女	3500	200	350	

图4—41 职工工资表

地区	全国销量比例
华北地区	21.36%
华中地区	20.09%
华南地区	27.83%
华东地区	30.72%

图4—42 销量数据表

三、单选题

1. Excel 2010 文件的默认扩展名为____。

A. docx　　B. xlsx　　C. ppt　　D. jpg

2. Excel 2010 工作窗口中编辑栏上的 *f*x 按钮用来向单元格内插入____。

A. 函数　　B. 公式　　C. 数字　　D. 文本

3. 在 Excel 2010 中，如果要将输入的数字作为文本使用时，需要输入的前缀是____。

A. 逗号　　B. 分号　　C. 单引号　　D. 双引号

4. 电子工作表中每个单元格的默认格式是____。

A. 数字　　B. 常规　　C. 文本　　D. 日期

5. 启动 Excel 2010 后自动建立的工作簿文件中，默认带有____个工作表。

A. 4　　B. 3　　C. 2　　D. 1

6. 若一个单元格地址为 D5，则其右侧紧邻的单元格地址为____。

A. E5　　B. C5　　C. F5　　D. G5

7. 如果一个单元格地址为 F10，则此地址的类型为____。

A. 绝对地址　　B. 相对地址　　C. 混合地址　　D. 三维地址

8. 在 Excel 2010 中，假定一个单元格输入的公式为"＝12＊2＋5"，则当该单元格处于非活动状态时显示的内容为____。

A. ＝29　　B. 12＊2＋5　　C. ＝12＊2＋5　　D. 29

9. 在 Excel 2010 中，按下 Delete 键将清除被选区域中的所有单元格的____。

A. 内容　　B. 格式　　C. 批注　　D. 删除此单元格

10. Excel 2010 的工作表中，最小操作单元是____。

A. 行　　B. 列　　C. 单元格　　D. 字符

11. 在单元格引用的行地址或列地址前，若表示为绝对地址则应添加的字符是____。

A. &　　B. $　　C. ＊　　D. #

12. 在 Excel 2010 中，对数据表进行排序时，排序关键字个数为____。

A. 1 个　　B. 2 个　　C. 3 个　　D. 任意个

13. 在 Excel 图表中，用来反映数据变化趋势的图标类型是____。

A. 饼图　　B. 折线图　　C. 柱形图　　D. 气泡图

14. 要删除一个工作表，执行的操作是____。

A. 右键单击工作表标签，选择"删除"

B. 右键单击工作表标签，选择"重命名"

C. 右键单击工作表标签，选择"插入"

D. 右键单击工作表标签，选择“工作表标签颜色”

15. 在 Excel 2010 中，若要表示当前工作表中 A4 到 H10 的单元格区域，则应为____。

A. A4-F10　　B. A4：F10　　C. A4～F10　　D. A4，F10

第5章 PowerPoint电子演示文稿

本章主要介绍 Microsoft Office 办公套件中的演示文稿软件 PowerPoint 2010，从建立一个空白演示文稿开始讲起，逐步深入介绍各项幻灯片元素、对象的插入、动画的设计，为读者展示了一个具有感染力的演示文稿的创建过程。

知识导论

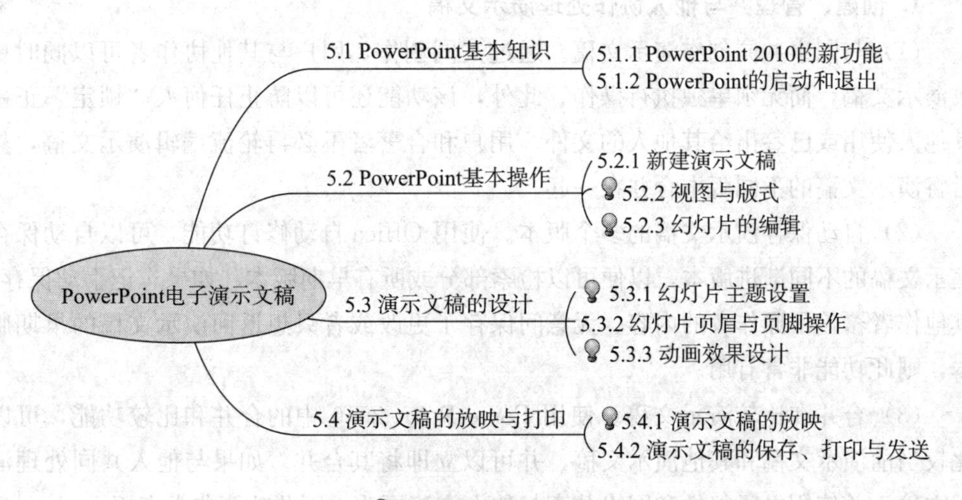

5.1 PowerPoint 基本知识

学习目标

※ 了解 PowerPoint 的基本功能；

※ 掌握两到三种启动和退出 PowerPoint 的方法；

※ 清楚知道 PowerPoint 窗口的组成部分，并能够准确找到各个功能区。

5.1.1 PowerPoint 2010 的新功能

PowerPoint 是当前最流行的演示文稿软件。利用 PowerPoint 创建的演示文稿可以在投影仪或者计算机上进行演示。PowerPoint 2007-2010 创建的文件叫做演示文稿，默认文件扩展名为 .pptx，97-2003 版本创建的文件扩展名为 .ppt。演示文稿也可以保存为 PDF 格式、图片格式、网页格式等。在 PowerPoint 2010 版本中还可保存为视频格式。演示文稿中的每一页称作幻灯片，每张幻灯片都是演示文稿中既相互独立又相互联系的内容。PowerPoint 2010 较以前版本又增加了很多功能。

1. 创建、管理并与他人协作处理演示文稿

（1）与同事共同创作演示文稿。通过共同创作，用户与其他协作者可以同时更改演示文稿，而无须单独执行操作。此外，该功能还可以防止任何人“锁定”正由其他人使用或已签出给其他人的文件。用户和合著者不必再轮流编辑演示文稿，然后将演示文稿的不同版本合并在一起。

（2）自动保存演示文稿的多个版本。使用 Office 自动修订功能，可以自动保存演示文稿的不同渐进版本，以便可以检索部分或所有早期版本。如果忘记手动保存、其他作者覆盖了原作者的内容、无意间保存了更改或者只想返回演示文稿的早期版本，则此功能非常有用。

（3）合并和比较演示文稿。使用 PowerPoint 2010 中的合并和比较功能，可以比较当前演示文稿和其他演示文稿，并可以立即将其合并。如果与他人共同处理演示文稿，并使用电子邮件和网络共享与他人交流更改，则此功能非常有用。

（4）在不同窗口中使用单独的 PowerPoint 演示文稿文件。可以在一台监视器上并排运行多个演示文稿。演示文稿不再受主窗口或父窗口的限制，因此，可以在处理某个演示文稿时引用另一个演示文稿。

2. 使用视频、图片和动画丰富演示文稿

（1）在演示文稿中嵌入、编辑和播放视频。通过 PowerPoint 2010，在将视频插入演示文稿时，这些视频即已成为演示文稿的一部分。在移动演示文稿时不会再出现视频文件丢失的情况。

（2）剪裁音频或视频剪辑。剪裁视频或音频剪辑功能可用来删除与剪辑消息无关的部分，并使剪辑更加简短。在音频和视频剪辑中使用书签，可用来指示视频或音频剪辑中关注的时间点，使用书签可触发动画或跳转至视频中的特定位置。

（3）对图片应用艺术纹理和效果。可以对图片应用不同的艺术效果，使其看起来更像素描、绘图或油画。删除图片的背景及其他不需要的部分，PowerPoint 2010 包含的另一高级图片编辑选项是自动删除不需要的图片部分（如背景），以强调或突出显示图片主题或删除杂乱的细节。可以使用功能得到增强的裁剪工具进行剪裁并有效删除不需要的图片部分，以获取所需外观并使文档更受欢迎。

（4）在两个对象（文本或形状）之间复制和粘贴动画效果。通过 PowerPoint 2010 中的动画刷，可以复制动画，复制方式与使用格式刷复制文本格式类似。借助动画刷，可以复制某一对象中的动画效果，然后将其粘贴到其他对象。

3. 更有效地提供和共享演示文稿

（1）轻松携带演示文稿以实现共享。通过将音频和视频文件直接嵌入到演示文稿中，可以轻松携带演示文稿以实现共享。

（2）将演示文稿转换为视频。将演示文稿转换为视频是分发和传递它的一种新方法。

（3）确定并解决辅助功能问题。辅助功能检查器可帮助用户确定并解决 PowerPoint 文件中的辅助功能问题。

5.1.2 PowerPoint 的启动和退出

[操作—启动]

（1）选择“开始—所有程序—Microsoft Office—Microsoft PowerPoint 2010”，即可启动 PowerPoint；

（2）双击在桌面上创建的 Microsoft PowerPoint 2010 快捷图标；

（3）直接打开幻灯片文档。

打开 PowerPoint 后，出现如图 5—1 所示的 PowerPoint 主窗口，与 Word、Excel相似，PowerPoint 主窗口主要由标题栏、菜单栏、工具栏、选项卡、工作区、状态栏等组成，工作区主要由大纲显示区、幻灯片制作区、备注显示区组成。

[操作—退出]

打开 PowerPoint 以后，单击关闭窗口按钮，或选择“文件—退出”即可退出程序。如文件未保存，会弹出提示保存的对话框。

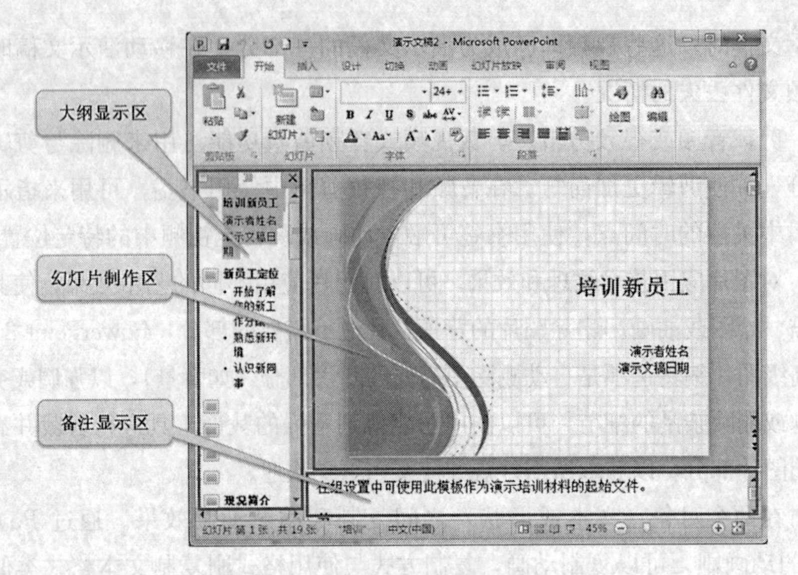

图 5—1 PowerPoint 主窗口

5.2 PowerPoint 基本操作

学习目标

※ 掌握新建空白演示文稿和根据模板新建演示文稿两种操作；

※ 熟悉 PowerPoint 的几种常用视图模式，并能够根据具体情况选择相应的视图；

※ 熟悉幻灯片内置版式，并能够对幻灯片版式进行灵活的调整；

※ 能够熟练地向幻灯片内插入各种多媒体对象。

5.2.1 新建演示文稿

1. 新建空白演示文稿

单击快速访问工具栏上的□，或单击“文件—新建”，选择“空白演示文稿”即可建立一个空白的演示文稿，如图 5—2 所示。

2. 根据模板创建演示文稿

单击“文件—新建”，选择“样本模板”，在样本模板中选择所需要的模板样式，单击“创建”，即可根据所选模板样式建立一个带有设计格式的演示文稿。如图5—3所示，创建了一个培训新员工的演示文稿。

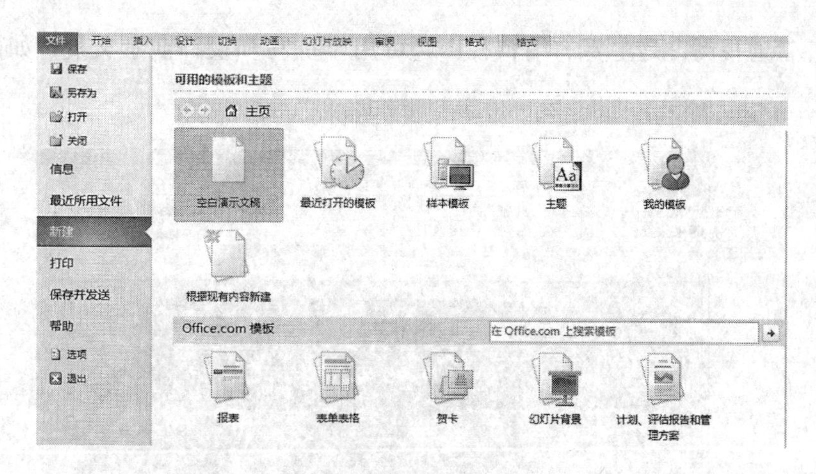

图 5—2　新建空白演示文稿

图 5—3　根据模板新建演示文稿

5.2.2　视图与版式

1. 幻灯片视图

为了便于浏览，PowerPoint 2010 中提供了五种视图模式。每种视图对幻灯片的显示方式均不同。通过状态栏上的视图按钮或“视图”选项卡中的“演示文稿视图”组中的按钮进行切换。

(1) 普通视图。是主要的编辑视图，可用于撰写和设计演示文稿，如图 5—4 所示。

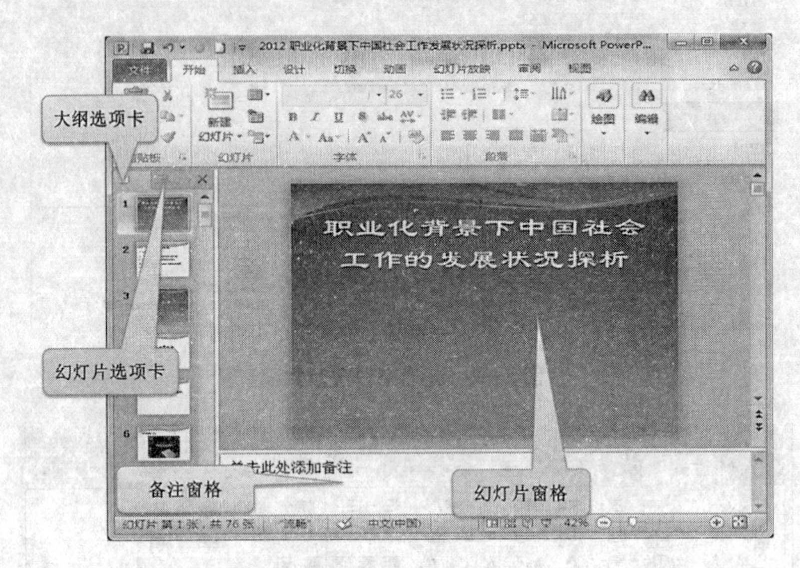

图 5—4 普通视图

(2) 幻灯片浏览。可查看缩略图形式的幻灯片，如图 5—5 所示。通过此视图创建演示文稿以及准备打印演示文稿时，可以轻松地对演示文稿的顺序进行排列和组织。

(3) 阅读视图。阅读视图用于用自己的计算机放映演示文稿，如图 5—6 所示。

(4) 幻灯片放映视图。幻灯片放映视图可用于向受众放映演示文稿，幻灯片放映视图会占据整个计算机屏幕，这与受众观看演示文稿时在大屏幕上显示的演示文稿完全一样，如图 5—7 所示。

(5) 备注页。备注窗格位于幻灯片窗格下，如图 5—8 所示。可以键入要应用于当前幻灯片的备注，并可以将备注打印出来并在放映演示文稿时进行参考。还可以将打印好的备注分发给受众，或者将备注包括在发送给受众或发布在网页上的演示文稿中。

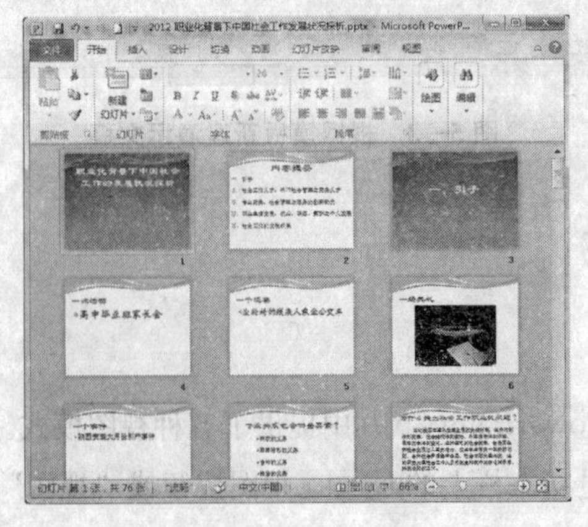

图 5—5 幻灯片视图

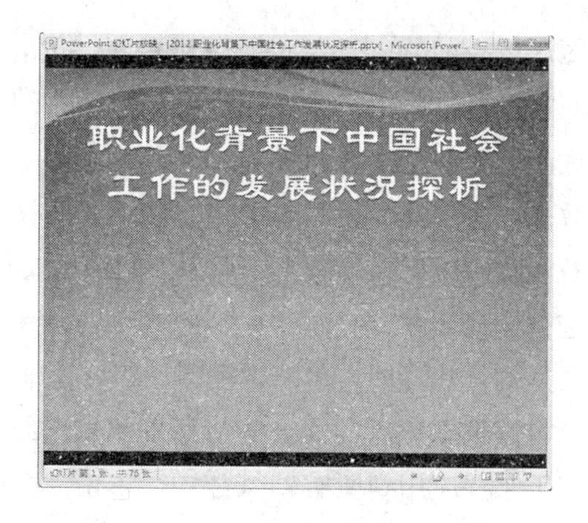

图 5—6　阅读视图

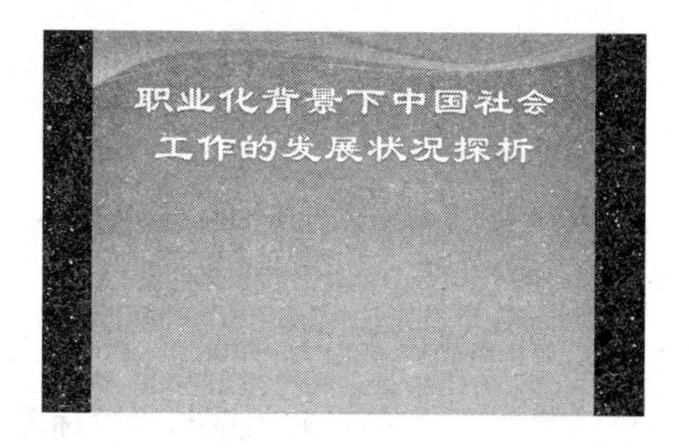

图 5—7　幻灯片放映

如果要以整页格式查看和使用备注，可单击“视图—演示文稿视图”中的“备注页”，如图 5—8 所示。

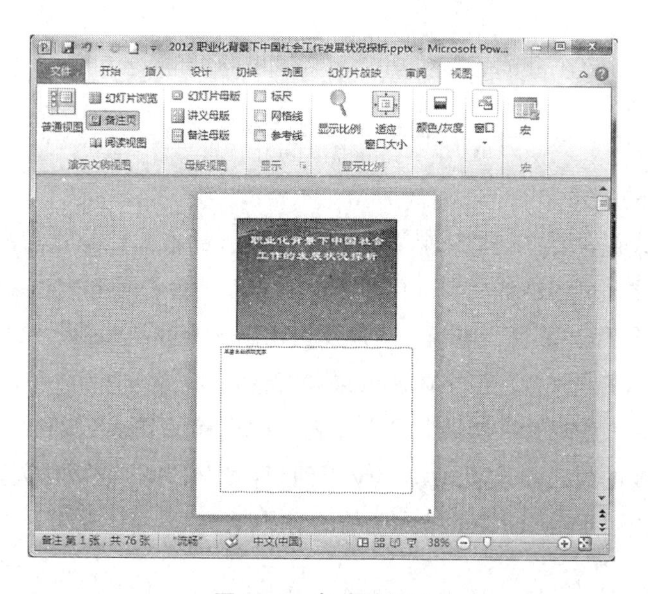

图 5—8　备注页视图

除了以上几种视图，PowerPoint 还提供了母版视图，包括幻灯片母版视图、讲义母版视图和备注母版视图。母版用于建立演示文稿中所有幻灯片都具有的公共属性，是所有幻灯片的底版。它们是存储有关演示文稿信息的主要幻灯片，其中包括背景、颜色、字体、效果、占位符大小和位置等。使用母版视图的一个主要优点在于，在幻灯片母版、备注母版或讲义母版上，可以对与演示文稿关联的每个幻灯片、备注页或讲义的样式进行全局修改。

最常用的母版视图是幻灯片母版，单击“视图—幻灯片母版”，则呈现如图5—9所示的显示效果，用户可以根据自己的需要对母版的格式进行编辑，编辑后按保存按钮，该样式即保存下来并应用到所有幻灯片中，单击“关闭母版视图”即重新切换到原来的视图状态。

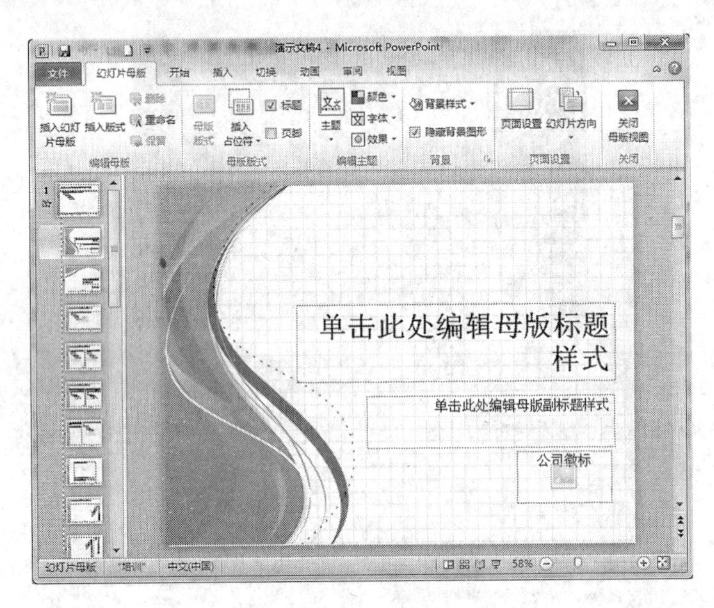

图 5—9 幻灯片母版

2. 幻灯片的版式

幻灯片版式包含要在幻灯片上显示的全部内容的格式、位置和占位符。占位符是版式中的容器，可容纳如文本（包括正文文本、项目符号列表和标题）、表格、图表、SmartArt 图形、影片、声音、图片及剪贴画等内容，如图 5—10 所示。而版式也包含幻灯片的主题（颜色、字体、效果和背景）。

单击“开始—幻灯片—版式”在下拉列表中显示了 PowerPoint 内置的幻灯片版式，单击所需要的版式，该版式就会应用到当前幻灯片，也可以创建自定义版式。图 5—11 中列出了 PowerPoint 中内置的幻灯片版式。

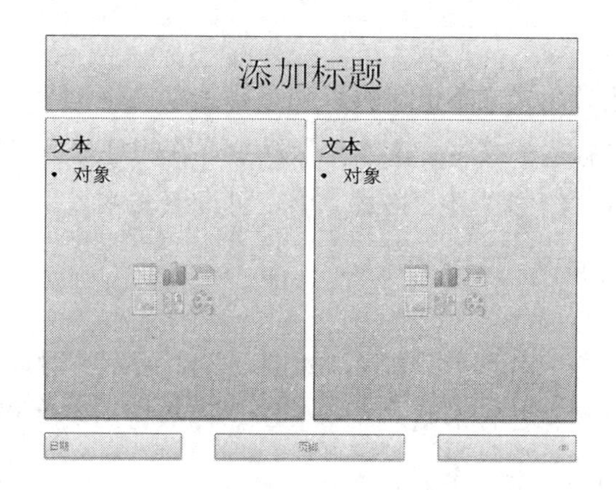

图 5—10　幻灯片版式中可添加的元素

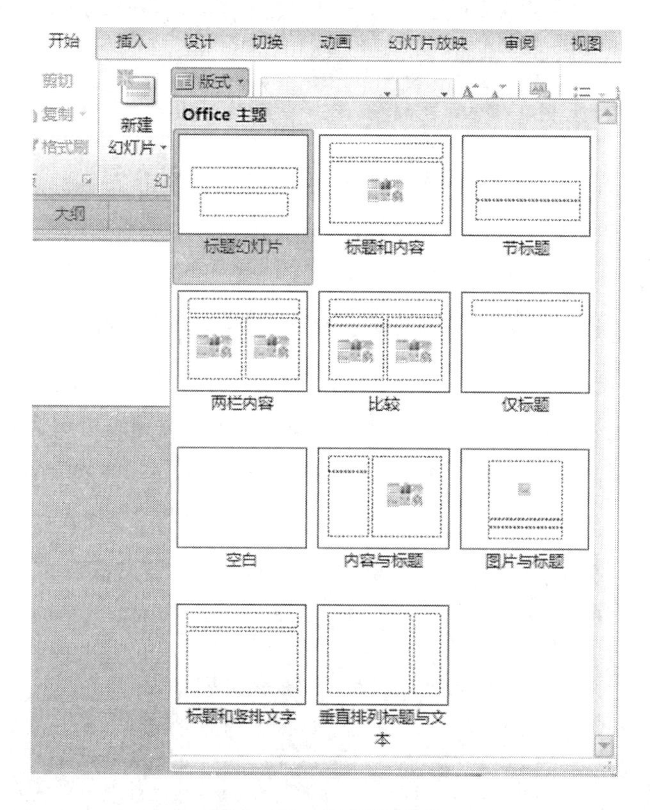

图 5—11　幻灯片版式

5.2.3　幻灯片的编辑

1. 幻灯片文字编辑

在 PowerPoint 中，幻灯片上的所有字符都要输入到文本框中，每张幻灯片的文本框中都有相关的提示，这些提示称为“占位符”。单击占位符，光标显示在文本框内，即可以输入字符了。

如果不想使用内置版式文本框，可以用鼠标拖动文本框来改变文本框的位置或大小，也可以使用“插入—文本—文本框”功能，在幻灯片空白处插入新的文本框。

选中文本框，在“绘图工具—格式”中，可设置文本框的格式；或单击鼠标右键，选择“设置形状格式”命令完成。

2. 插入对象

使用“插入—图像（插图）”功能，如图 5—12 所示，可以向幻灯片中插入图片、剪贴画、屏幕截图、各种形状、SmartArt、图表等。具体操作与 Word 中的插入对象功能相似，此处不再赘述。

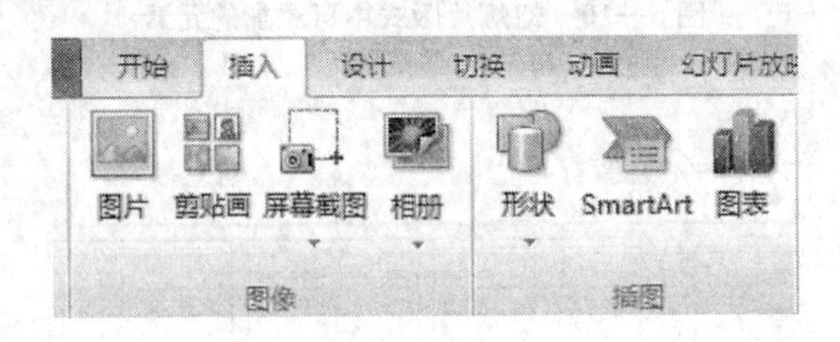

图 5—12　插入对象

3. 插入媒体

除了可以向幻灯片插入图形图像外，还可以插入音视频媒体元素。

[操作—插入视频]

选择幻灯片后，单击“插入—媒体—视频”，在下拉列表中可以选择“文件中的视频”、“来自网站的视频”或“剪贴画视频”。此处选择“文件中的视频”，在打开的如图 5—13 所示的对话框中选择视频，单击“插入”后，即在幻灯片上出现视频区，在视频下方会显示播放进度条，单击▶播放按钮，即可播放视频。

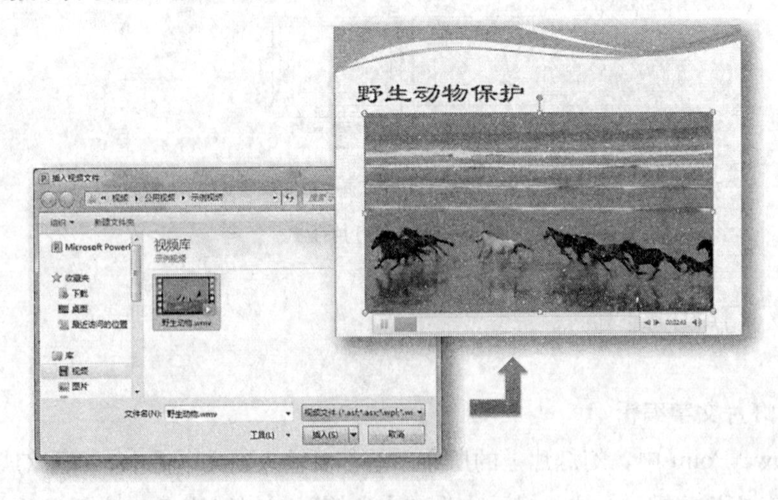

图 5—13　插入视频

用鼠标单击视频窗口，在如图 5—14 所示“播放”选项卡中可以选择相应的功能设置视频播放效果。

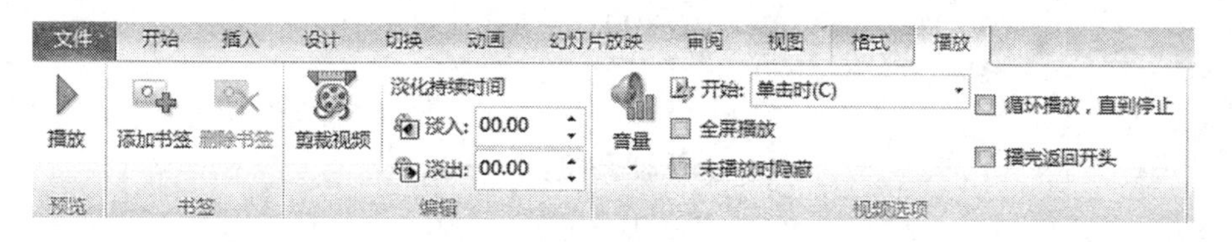

图 5—14　视频“播放”选项卡

[操作—插入音频]

插入音频的方法与插入视频类似，单击“插入—媒体—音频”，在下拉列表中选择“文件中的音频”、“剪贴画音频”或“录制音频”，即可在幻灯片中插入音频，插入后在幻灯片中显示图标。单击该图标，可以在如图 5—15 所示的“播放”选项卡中设置音频播放效果。

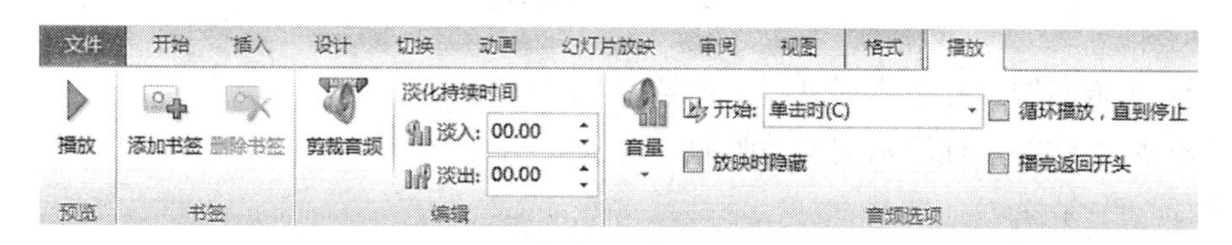

图 5—15　音频“播放”选项卡

4. 幻灯片的复制、移动、排序、删除

在幻灯片编辑完成后，使用“幻灯片浏览”视图，可以很方便地进行幻灯片的移动、复制、删除、排序操作。选择要进行操作的幻灯片，单击鼠标右键，在弹出的快捷菜单中可以选择“剪切”、“复制”、“删除幻灯片”完成移动、复制、删除操作，如图 5—16 所示。如选择“新建幻灯片”，则在当前幻灯片之后插入一个空白的幻灯片。

在“幻灯片浏览”视图下，也可以使用鼠标拖动完成幻灯片的移动和排序，或者在按住 Ctrl 键的同时拖动幻灯片完成复制操作。

单击“隐藏幻灯片”，则该幻灯片在放映时将不会显示，但并没有被删除。

5.3　演示文稿的设计

学习目标

※ 学会使用 PowerPoint 提供的主题或背景设置功能进行幻灯片的设计；

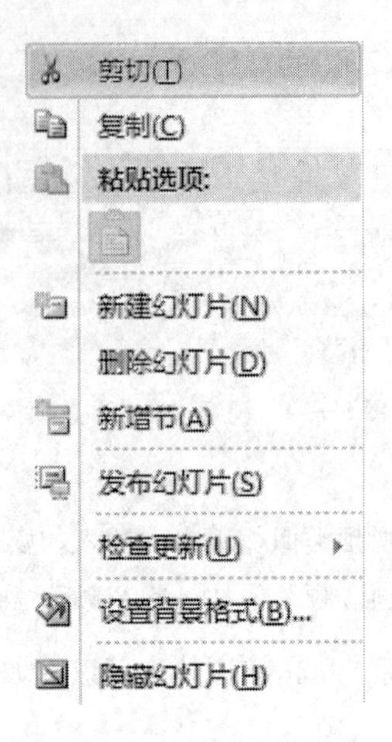

图 5—16　幻灯片右键菜单

※ 掌握向幻灯片中添加页眉、页脚的方法；

※ 熟练掌握设计演示文稿动画的方法。

5.3.1　幻灯片主题设置

PowerPoint 2010 提供了很多主题配色方案，帮助用户美化演示文稿的效果，当然用户也可以自己设计幻灯片背景或样式。单击“设计”选项卡，在如图 5—17 所示的功能区中选择“主题”功能组中的培训方案可进行幻灯片背景、字体样式的设计。在如图 5—18 所示的“颜色”下拉列表中可选择配色方案，在如图 5—19 所示的“字体”下拉列表中可选择字体组合方案，在如图 5—20 所示的“效果”下拉列表中可以选择幻灯片切换方案。

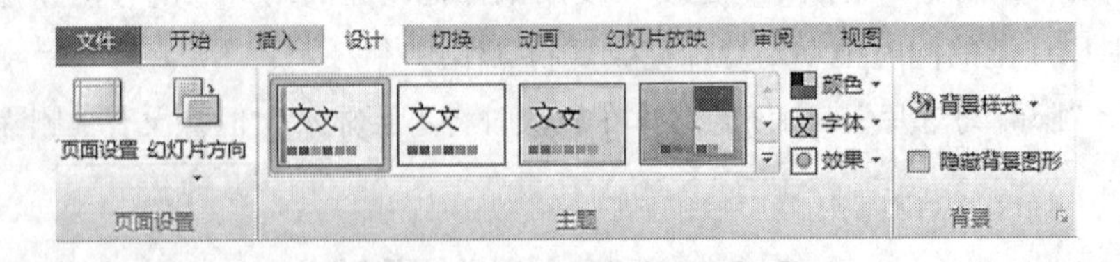

图 5—17　“设计”选项卡

如要重新设置幻灯片背景，则单击“设计—背景”，选择所需的背景色。单击“隐藏背景图形”则幻灯片背景上的图形会隐藏起来。

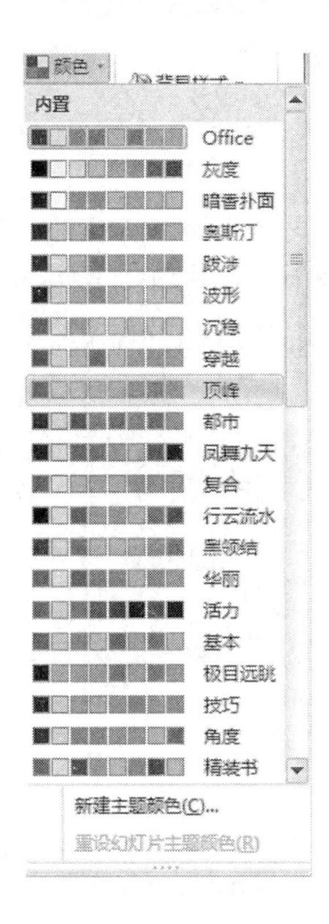

图 5—18　颜色

图 5—19　字体

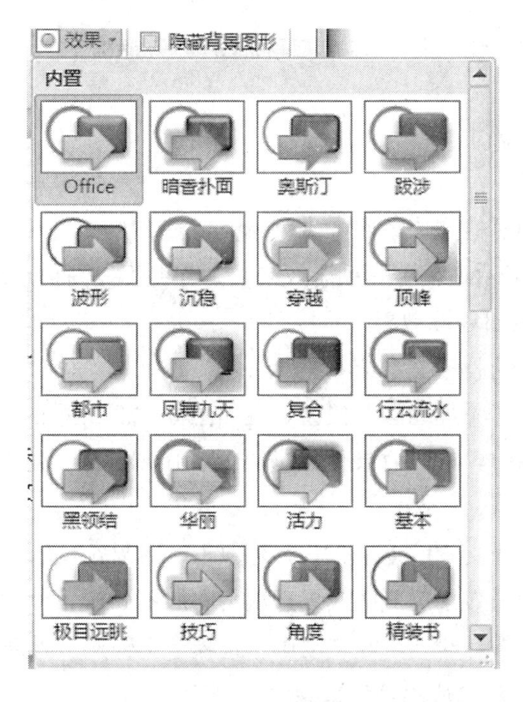

图 5—20　切换效果

5.3.2 幻灯片页眉与页脚操作

单击“插入—文本—页面和页脚”，会弹出如图 5—21 所示的对话框，在对话框中选中“日期和时间”、“幻灯片编号”可在幻灯片中添加日期和编号，选中“页脚”，则可以在页脚处输入字符。如果希望给演示文稿中的幻灯片都添加页眉、页脚内容，则可以在幻灯片模板中添加完成。

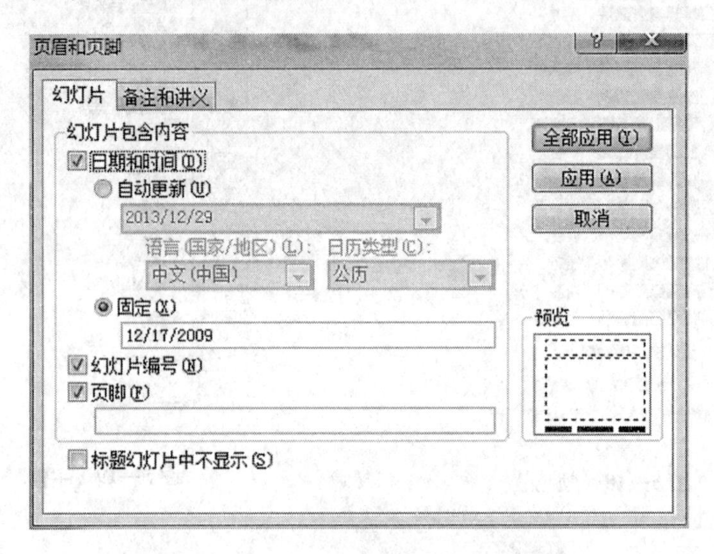

图 5—21　“页眉和页脚”对话框

5.3.3 动画效果设计

创建演示文稿的目的是为了向大家演示，除了向幻灯片中添加内容外，使用动画可使 PowerPoint 演示文稿更具动态效果，并有助于提高信息的生动性。

1. 创建进入和退出动画效果

（1）选择要设计动画的文本或对象。

（2）单击“动画—添加动画”按钮，在如图 5—22 所示的下拉列表中选择一个动画效果。在动画库中，进入效果图标呈绿色、强调效果图标呈黄色、退出效果图标呈红色。

（3）若要更改所选文本的动画方式，可单击“效果选项”，然后单击要具有动画效果的对象。每个动画效果对应的效果选项会有所不同。

（4）若要指定效果计时，可在“动画”选项卡上使用“计时”组中的命令。

2. 对动画文本和对象应用声音效果

通过应用声音效果，可以强调动画文本或对象。

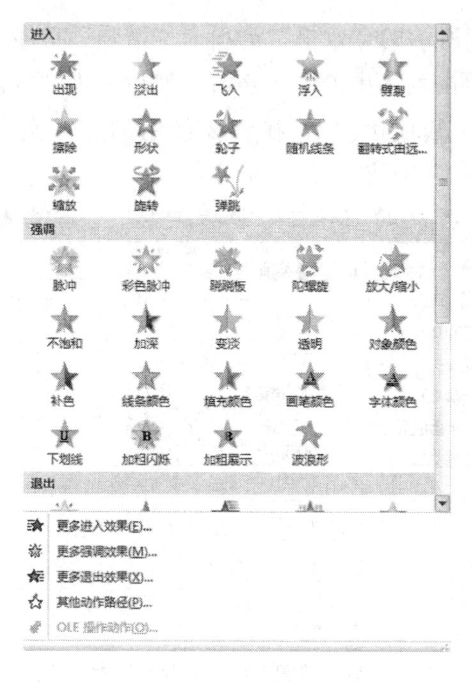

图 5—22　动画效果列表

（1）在“动画”选项卡的“高级动画”组中，单击“动画窗格”。“动画窗格”在工作区窗格的一侧打开，显示应用到幻灯片中文本或对象的动画效果的顺序、类型和持续时间。

（2）找到要向其添加声音的效果，单击向下箭头，在如图 5—23 所示的下拉列表中选择“效果选项”。根据所选动画的类型，“效果选项”对话框显示不同的内容。

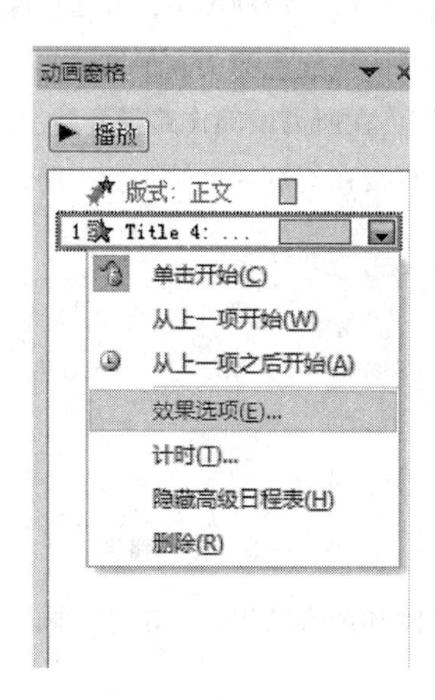

图 5—23　动画窗格

(3) 在如图 5—24 所示的“效果”选项卡“增强”功能下面的“声音”框中，单击箭头打开列表，单击列表中的一个声音，然后单击“确定”。要从文件添加声音，可单击列表中的“其他声音”，找到要使用的声音文件，然后单击“打开”即可。

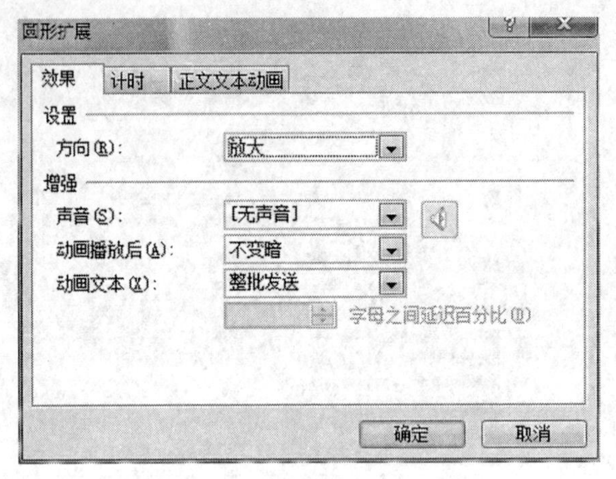

图 5—24 “圆形扩展—效果”对话框

(4) 单击可调节音量。

(5) 要预览应用到幻灯片的所有动画和声音，请在“动画”窗格中单击“播放”。

3. 对文本或对象应用动作路径

(1) 单击要向其添加动作路径的对象或文本。

(2) 在“动画—添加动画”的下拉列表中，选择如图 5—25 所示的“动作路径”效果。绿色箭头表示路径的开头，红色箭头表示结尾。

(3) 单击“自定义路径”。在所需的动作路径开始位置单击时，指针将变为用于绘制图形的铅笔。拖动鼠标直接在幻灯片上绘制所需路径图形即可。

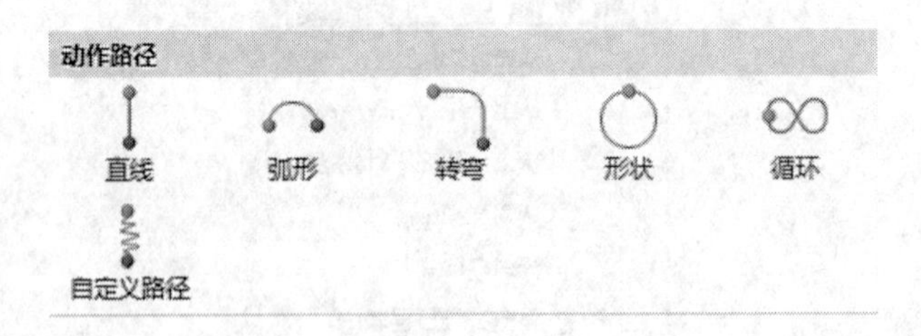

图 5—25 动作路径

要查看幻灯片的完整动画和声音效果，点击“动画—预览”即可。

4. 幻灯片切换

对于每张幻灯片之间的切换效果，可使用如图 5—26 所示的“切换”选项卡中提供的切换效果，并可设置声音、持续时间、换片方式。

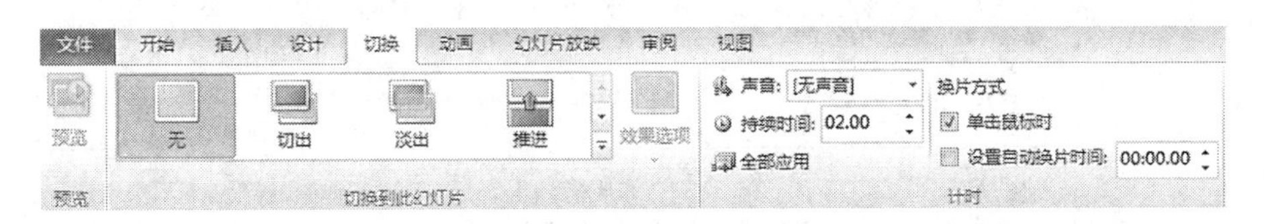

图 5—26　“切换”选项卡

5.4　演示文稿的放映与打印

学习目标

※ 了解幻灯片放映方式，并能够熟练使用菜单或快捷键进行幻灯片放映；

※ 掌握保存、打印、发送演示文稿的方法，能够在打印演示文稿时进行版式的设置、颜色的调整。

5.4.1　演示文稿的放映

演示文稿编辑设计完成后，就可以播放出来了。

1. 放映方式

单击“幻灯片放映—从头放映”，如图 5—27 所示，这时屏幕上就开始放映幻灯片，单击鼠标或按空格键即可进行下一张幻灯片的切换，按 Esc 键可结束放映；单击键盘上的 F5 键可以直接从开头放映幻灯片；单击“幻灯片放映—从当前幻灯片开始”，或单击 Shift+F5 键，可以从当前幻灯片开始放映。

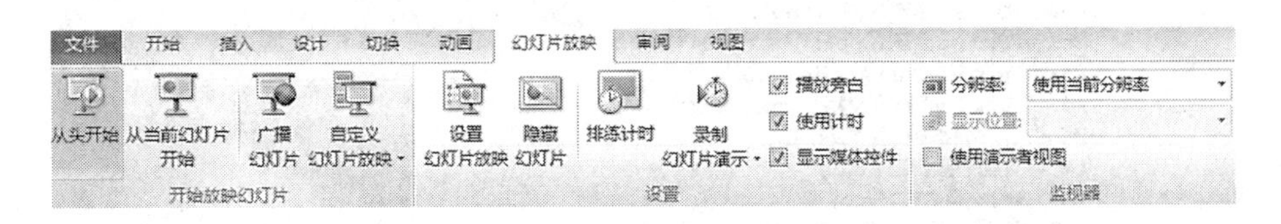

图 5—27　幻灯片放映

2. 自定义放映

单击“幻灯片放映—设置幻灯片放映”，在弹出的如图 5—28 所示的对话框内可设置放映类型、放映选项、放映范围、换片方式等。

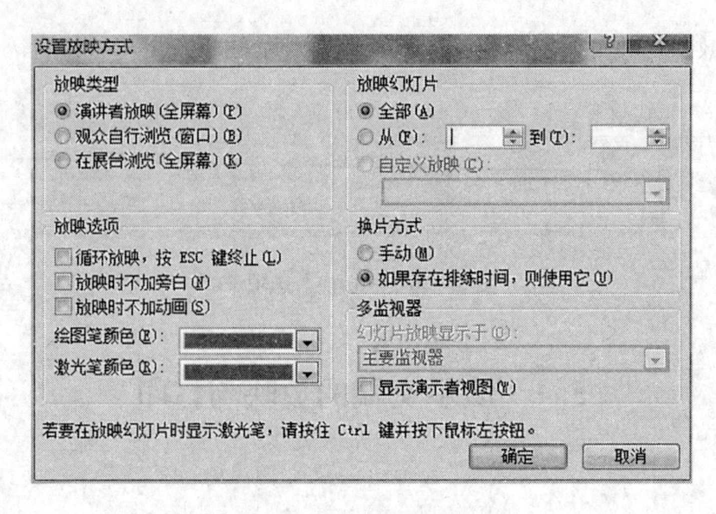

图 5—28　设置放映方式

5.4.2　演示文稿的保存、打印与发送

1. 保存

单击“文件—保存或另存为”，将打开“另存为”对话框，可选择保存的位置、保存的文件类型。在如图 5—29 所示的列表中列出了 PowerPoint 可保存的文件类型。

图 5—29　保存文件类型

2. 打印

单击“文件—打印”，在打开的如图 5—30 所示的页面中可进行打印选项的设置，在打印版式列表中提供了多种幻灯片打印的版式，如图 5—31 所示。

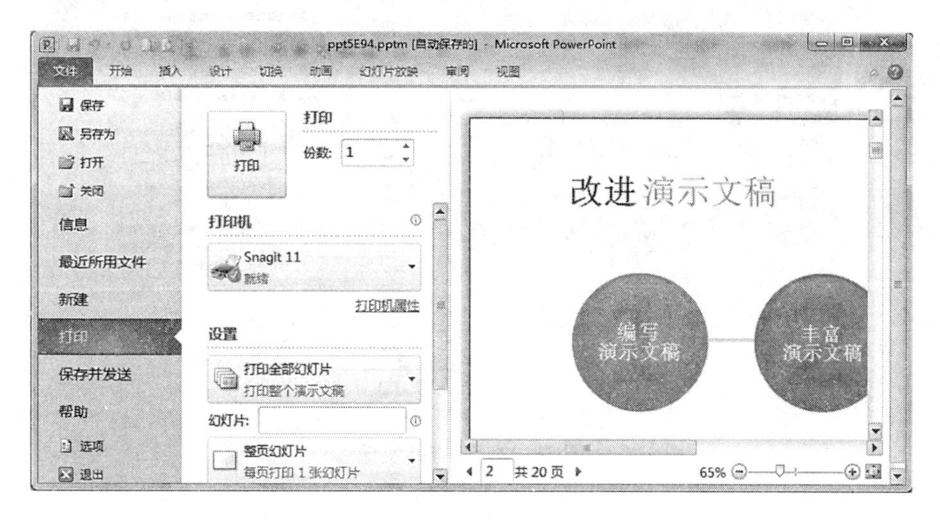

图 5—30　打印选项

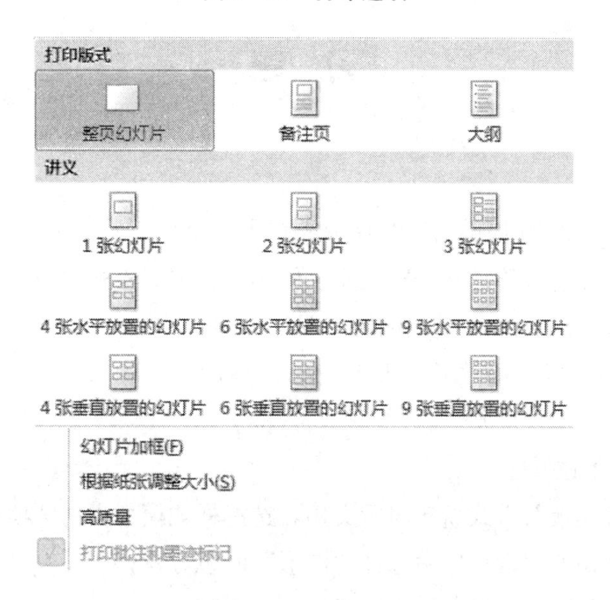

图 5—31　打印版式

3. 保存并发送

PowerPoint 2010 中提供了保存并发送到多个渠道的方式，单击“文件—保存并发送”，在如图 5—32 所示的页面中，可选择“使用电子邮件发送”、“保存到 Web”、“保存到 SharePoint”、“广播幻灯片”、“发布幻灯片”，并可同时选择要创建的文件类型。

图 5—32　保存并发送

习　题

一、简答题

1. PowerPoint 2010 提供的幻灯片版式有哪几种?

2. 要对幻灯片进行移动和排序操作，使用哪种视图模式更方便?

3. PowerPoint 2010 中主要的编辑视图是哪种?

4. PowerPoint 2010 提供了哪几种幻灯片母版?

二、操作题

按要求完成下述操作：

1. 用“样式模板”方式新建演示文稿，选择样式模板中的“项目状态报告”;

2. 在演示文稿的“设计”中选择“波形”配色方案;

3. 在演示文稿的第 3 张幻灯片中插入一段视频（自选）;

4. 向幻灯片中输入内容后保存为“. pdf”格式;

5. 打印幻灯片，每页打印 4 张水平放置的幻灯片。

三、单选题

1. PowerPoint 2010 文件的默认扩展名为____。

　A. ppsx　　　B. ppt　　　C. pptx　　　D. pps

2. PowerPoint 2010 中使用的主要编辑视图是____。

A. 浏览视图　　B. 普通视图　　C. 阅读视图　　D. 备注页视图

3. 在 PowerPoint 浏览视图下，按住 Ctrl 键并拖动某幻灯片，完成的操作是____。

A. 移动幻灯片　　B. 复制幻灯片　　C. 删除幻灯片　　D. 插入新幻灯片

4. 放映当前幻灯片的快捷键是____。

A. Ctrl＋F5　　B. F5　　C. Shift＋F5　　D. F8

5. 在 PowerPoint 中，停止幻灯片放映的快捷键是____。

A. F5　　B. Esc　　C. Enter　　D. Shift

6. 更改幻灯片设计模版的方法是____。

A. 选择“视图”选项卡中的“幻灯片”版式

B. 选择“设计”选项卡中的各种“幻灯片设计”

C. 选择“审阅”选项卡中的“幻灯片设计”

D. 选择“切换”选项卡中的“幻灯片版式”

7. 在 PowerPoint 2010 中，要对幻灯片进行重新排序、添加、删除，最方便的视图方式是____。

A. 大纲视图　　B. 幻灯片浏览视图

C. 备注页视图　　D. 母版视图

8. PowerPoint 幻灯片浏览视图中，若要选择多个不连续的幻灯片，在单击幻灯片时要按住____。

A. Shift 键　　B. Alt 键　　C. Space 键　　D. Ctrl 键

9. PowerPoint 2010“文件”选项卡中的“新建”命令，是指新建____。

A. 幻灯片　　B. 演示文稿　　C. 图片　　D. 备注

10. 在幻灯片中插入音频，幻灯片播放时____。

A. 用鼠标单击声音图标，才能播放

B. 只能在有声音图标的幻灯片中播放

C. 可以按需要灵活设置音频的播放

D. 只能连续播放，不能中途停止

11. 从头播放幻灯片文稿时，需要跳过第 3 张幻灯片接续播放，应将第 3 张幻灯片____。

A. 删除　　B. 新建　　C. 放映时切换　　D. 隐藏

12. 若要使幻灯片按规定的时间实现连续自动播放，应进行____。

A. 设置放映方式　　B. 打包

C. 排练计时　　D. 幻灯片切换

13. 设置背景时，若要使所选择的背景应用于演示文稿中的所有幻灯片，应按____。
    A. “关闭”按钮　　B. “取消”按钮
    C. “全部应用”按钮　　D. “重置背景”按钮
14. 若要把幻灯片的设计模版设置为“行云流水”，应执行的一组操作是____。
    A. “设计→主题→行云流水”
    B. “幻灯片反映→自定义动画→行云流水”
    C. “插入→图片→行云流水”
    D. “动画→幻灯片设计→行云流水”
15. 在对 PowerPoint 幻灯片进行自定义动画设置时，可以改变____。
    A. 幻灯片切换的速度　　B. 幻灯片背景
    C. 幻灯片中任意对象的动画效果　　D. 幻灯片版式

第 6 章 计算机网络基础

计算机网络的出现解决了计算机信息资源共享的问题，互联网的出现为人们的学习和工作提供了便利的信息处理平台。本章介绍计算机网络的基本知识、Internet 的基本概念、接入网络的方法。

知识导论

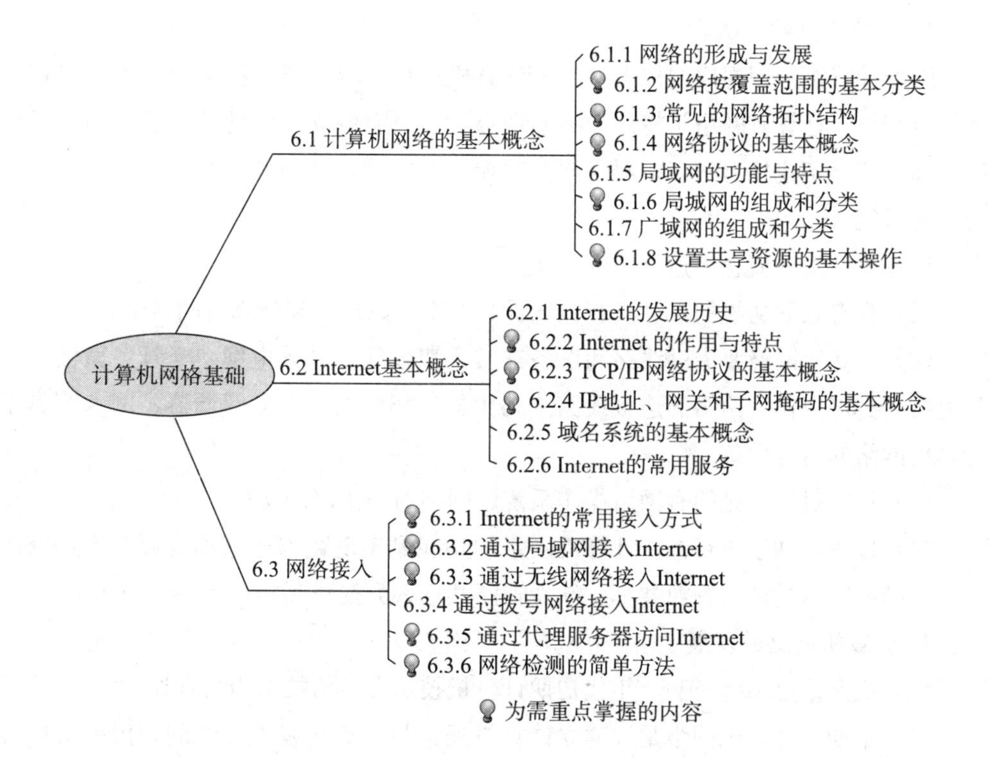

6.1　计算机网络的基本概念

学习目标

※ 了解网络的形成与发展；

※ 了解网络按覆盖范围的基本分类；

※ 了解常见的网络拓扑结构；

※ 理解网络协议的基本概念；

※ 了解局域网的功能与特点；

※ 理解局域网的基本组成；

※ 了解广域网的概念和基本组成；

※ 熟练掌握设置共享资源的基本操作；

6.1.1　网络的形成与发展

1. 计算机网络的概念

随着计算机应用规模的扩大，以及计算机应用技术与通信技术的发展，出现了计算机网络。计算机网络是将处于不同地点的、具有独立功能的计算机，通过通信线路和通信设备连接起来，在网络软件的控制下实现数据通信、资源共享和分布式处理的系统。

计算机网络的概念表达了四个含义：

(1) 具有独立功能的计算机、异地计算机都可以加入到计算机网络中。

(2) 计算机网络要借助线路和设备连接。双绞线、同轴电缆、光纤、微波、卫星通信等都可以作为网络的连接线路。路由器、集线器、调制解调器、网卡等属于计算机网络的通信设备。

(3) 计算机网络必须有网络操作系统、网络通信协议的支持。

(4) 以资源共享为目标。计算机网络的功能是实现数据通信和资源共享，资源共享包括网络内的硬件资源共享、软件资源共享、数据资源共享。

2. 计算机网络的发展

计算机网络是 20 世纪 60 年代初期计算机技术和通信技术相结合的产物。

(1) 早期的计算机网络是以建立计算机通信机制为出发点建立的，由一台中心计算机与若干终端通过线路连接起来，进行远程的批处理业务。

（2）20世纪70年代初期，计算机通信技术实现了计算机系统与计算机系统之间的直接通信，美国的分组交换网（ARPANet）技术投入使用标志着现代计算机网络的诞生。

（3）20世纪80年代，出现了很多不同计算机网络体系结构，网络体系之间不能相互兼容，给网络的应用带来了问题，于是国际标准化组织颁布了计算机网络“开放系统互联参考模型（ISO/OSI）”的国际标准，这样规范了计算机网络体系结构的设计规范。

（4）20世纪90年代，随着微型计算机的普及和通信技术的快速发展，利用计算机网络可以传递声音、图像、动画等多媒体信息，出现了互联网的应用，实现了更广泛的、远距离的计算机数据通信。

3. 计算机网络的模型

从计算机网络的概念可以看出计算机网络是一个复杂的系统，这是因为网络中的计算机机型不同、计算机的运算速度和性能有差异、计算机中安装的操作系统软件不同、传递数据的格式不同，要保证数据远程通信的安全和可靠，就需要在兼顾硬件特性的前提下，设计出完善的网络通信软件，以此保证实现计算机网络通信功能。

为了解决不同体系结构网络的互联问题，国际标准化组织ISO制定了开放系统互连参考模型，简称ISO/OSI网络参考模型（International Organization for Standardization/Open System Interconnection Reference Model）。这个模型把网络通信的工作分为7层，它们由低到高分别是物理层、数据链路层、网络层、传输层、会话层、表示层和应用层。物理层、数据链路层、网络层属于OSI参考模型的低三层，负责创建网络通信连接的链路。传输层、会话层、表示层和应用层为OSI参考模型的高四层，具体负责端到端的数据通信。每层完成一定的功能，每层都直接为其上层提供服务，并且所有层次都相互支持，而网络通信则可以自上而下（在发送端）或者自下而上（在接收端）双向进行。当然并不是每一通信都需要经过OSI的全部七层，有的甚至只需要双方对应的某一层即可。物理接口之间的转接，以及中继器与中继器之间的连接就只需在物理层进行，而路由器与路由器之间的连接则需经过网络层以下的三层。总体来说，通信双方是在对等层次上进行的，不能在不对等层次上进行通信。

ISO/OSI网络参考模型如图6—1所示，在计算机A上的应用程序要将信息发送到计算机B的应用程序，则计算机A中的应用程序需要先将信息发送到其应用层（第七层），然后此层将信息发送到表示层（第六层），表示层将数据转送到会话层（第五层），如此继续，直至物理层（第一层）。在物理层，数据被放置在物理网络媒介中并被发送至计算机B。计算机B的物理层接收来自物理媒介的数据，然后将信

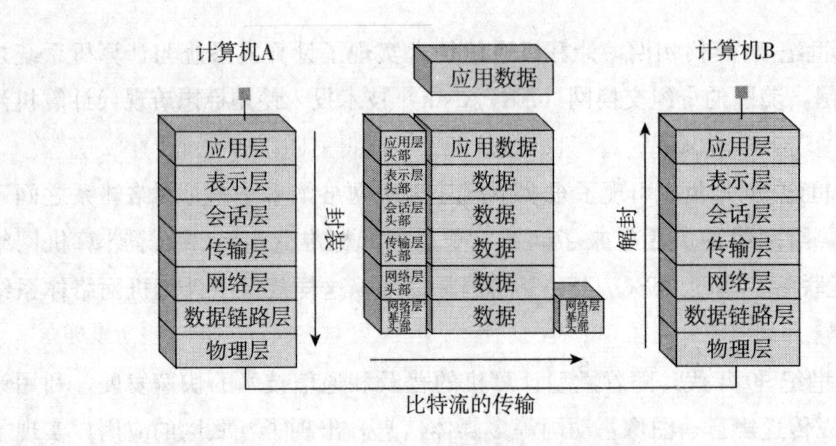

图 6—1　ISO/OSI 网络参考模型

息向上发送至数据链路层（第二层），数据链路层再转送给网络层，依次继续直到信息到达计算机 B 的应用层。最后，计算机 B 的应用层再将信息传送给应用程序接收端，从而完成通信过程。

(1) 物理层（Physical Layer）。

为数据端设备提供传送数据的通路，一次完整的数据传输包括激活物理连接、传送数据、终止物理连接。传输数据的方式能满足点到点、一点到多点、串行或并行、半双工或全双工、同步或异步传输的需要。物理层的主要设备是中继器、集线器。

(2) 数据链路层（DataLink Layer）。

链路层是为网络层提供数据传送服务的。链路层具备链路连接、帧定界和帧同步、顺序控制、差错检测和恢复、链路标识，流量控制等功能。数据链路层的主要设备是交换机、网桥。

(3) 网络层（Network Layer）。

网络层用于建立网络连接和为上层提供服务。网络层应具备路由选择和中继、激活或终止网络连接、在一条数据链路上复用多条网络连接、差错检测与恢复、排序和流量控制、服务选择等功能。网络层的主要设备是路由器。

(4) 传输层（Transport Layer）。

传输层是两台计算机通过网络进行数据通信时第一个端到端的层次，具有缓冲作用。

(5) 会话层（Session Layer）。

会话层也可以称为对话层，会话层不参与具体的传输，它提供包括访问验证和会话管理在内的建立和维护应用之间通信的机制。会话层提供的服务可使应用建立和维持会话，并能使会话获得同步。

(6) 表示层 (Presentation Layer)。

这一层主要解决用户信息的语法表示问题。它将欲交换的数据从适合于某一用户的抽象语言，转换为适合于OSI系统内部使用的传送语言。表示层负责数据的压缩和解压缩、加密和解密等工作。

(7) 应用层 (Application Layer)。

应用层为操作系统或网络应用程序提供访问网络服务的接口。

6.1.2 网络按覆盖范围的基本分类

计算机网络应用非常广泛，可以从网络的交换功能、网络的拓扑结构、网络的通信性能、网络的作用范围、网络的覆盖范围等方面进行分类。网络按覆盖范围分为局域网 (LAN)、城域网 (MAN)、广域网 (WAN)。

(1) 局域网是最常见的计算机网络，因其灵活、可靠、成本低而被广泛使用。局域网的通信线路通常使用电话线、同轴电缆、双绞线和光纤等。局域网应用于网吧、学校、办公室、公司、企业、机关，实现部门内部计算机连接和数据资源的共享。

(2) 城域网是一种不常见的网络技术，覆盖范围为一个城市或地区，目前比较少用。

(3) 广域网在地理上可以覆盖一个地区、国家甚至洲际范围。这种网的通信设备通常使用公用通信设备、地面无线电通信及卫星通信设备等。

互联网 (即 Internet，也称作网间网) 是一个全球性的计算机网络，互联网由不同地区、规模大小不一的网络互联而成，互联网存储大量的信息资源供人们浏览共享，随着微型计算机的普及和通信技术的发展，互联网的应用与人们的学习、工作、生活密切相关，因此互联网将得到广泛应用。

6.1.3 常见的网络拓扑结构

1. 基本术语

从网络拓扑的观点来看，计算机网络拓扑由一组结点和连接结点的链路组成。结点可以分为交换结点和访问结点。交换结点简称结点，起支持网络的连续性作用，它通过所连接的链路来交换信息，通常有集中器、交换中心、通信处理机等。访问结点简称端点，是访问计算机网络的结点，起连接链路以及作为信息发射点和归宿点的作用，通常包括主计算机系统和终端设备等。

2. 网络拓扑结构

把计算机网络中的计算机和通信设备抽象为一个点，把传输介质抽象为一条线，

由点和线组成的几何图形就是计算机网络的拓扑结构，网络拓扑结构如图 6—2 所示。

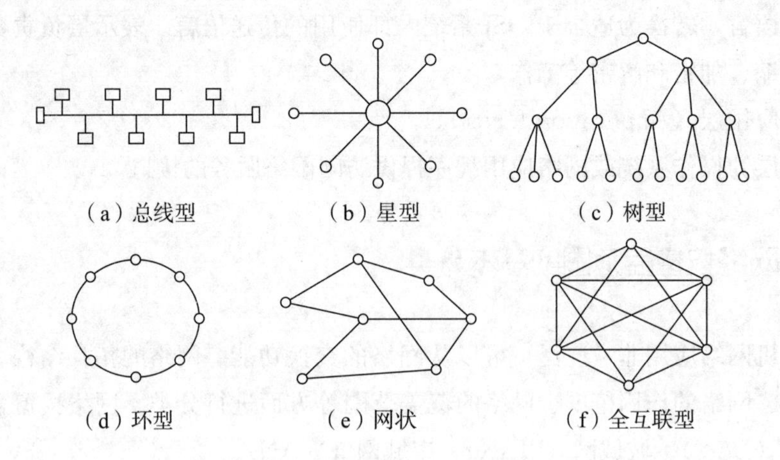

图 6—2　网络拓扑结构

(1) 总线型拓扑结构。将网络中的所有设备通过相应的硬件接口直接连接到公共总线上，结点之间按广播方式通信，一个结点发出的信息，总线上的其他结点均可“收听”到。优点：结构简单、布线容易、可靠性较高、易于扩充，是局域网常采用的拓扑结构。缺点：所有的数据都需经过总线传送，总线成为整个网络的瓶颈；出现故障诊断较为困难。以太网（Ethernet）是典型的总线型拓扑结构。

(2) 星型拓扑结构。每个结点都由一条单独的通信线路与中心结点连接。优点：结构简单、容易实现、便于管理，连接点的故障容易监测和排除。缺点：中心结点是全网络的瓶颈，中心结点出现故障会导致网络的瘫痪。

(3) 树型拓扑结构。结点按层次连接，信息交换主要在上下结点之间进行，相邻结点或同层结点之间一般不进行数据交换。优点：连接简单、维护方便，适用于汇集信息的应用场合。缺点：资源共享能力较低、可靠性不高。

(4) 环型拓扑结构。各结点通过通信线路组成闭合回路，环中数据只能单向传输。优点：结构简单。缺点：环网中的每个结点均成为网络可靠性的瓶颈，任意结点出现故障都会造成网络瘫痪，另外故障诊断比较困难。令牌环网（Token Ring）是典型的环型拓扑结构网络。

(5) 网状拓扑结构。其又称作无规则结构，结点之间的连接是任意的，没有规律。优点：系统可靠性高，比较容易扩展，但是结构复杂，每一结点都与多点进行连接，因此必须采用路由算法和流量控制方法。目前广域网基本上采用网状拓扑结构。

(6) 全互联型拓扑结构。结点之间完全互联，实现点对点的连接。

6.1.4　网络协议的基本概念

1. 网络协议的基本概念

网络协议是为连接不同操作系统和不同硬件体系结构的互联网络而研发的，是实现网络内计算机通信的软件。简单来说，网络协议是通信双方为了实现通信而设计的约定或通话规则。

2. 常见的网络协议

（1）IPX/SPX是由Novell公司开发出来应用于局域网的协议。

（2）DNS域名系统协议。它应用于互联网目录服务，完成域名与IP地址的相互转换，以及控制互联网的电子邮件的发送。

（3）FTP（File Transfer Protocol）文件传输协议。它是在计算机和网络之间交换文件的协议。

（4）HTTP超文本传输协议。它是用来在互联网上传送超文本的传送协议。

（5）HTTPS安全超文本传输协议。它是由Netscape开发并内置于其浏览器中，用于对数据进行压缩和解压、加密和解密操作的协议。HTTPS协议采用加密算法，保证了商业信息的安全。

（6）POP3（Post Office Protocol）邮局协议。负责接收电子邮件的客户/服务器协议。

（7）SMTP（Simple Mail Transfer Protocol）简单邮件传送协议。负责发送电子邮件的协议。

（8）PPP（Point to Point Protocol）点对点协议。用于串行接口连接的两台计算机的通信协议，是为通过电话线连接计算机和服务器而制定的协议。

（9）TCP/IP（Transmission Control Protocol/Internet Protocol）传输控制协议。连接互联网的主要协议。

（10）Telnet Protocol虚拟终端协议。允许用户远程登录计算机，并使用远程计算机上对外开放的所有资源的协议。

6.1.5　局域网的功能与特点

局域网是一个相对来说在比较小的范围内构建的计算机网络。具有高数据传输率、短距离、低误码率的特点。

局域网设计中主要考虑的因素是能够在较小的地理范围内更好地运行、资源得到更好的利用、传输的信息更加安全以及网络的操作和维护更加简便等。这些要求

决定了局域网的技术特点，即拓扑结构、传输媒体和媒体（介质）访问控制方法在很大程度上共同确定了传输信息的形式、通信速度和效率、信道容量以及网络所支持的应用服务类型等。

1. 拓扑结构

网络的拓扑结构对网络的性能有很大影响。选择网络拓扑结构，首先要考虑采用何种媒体访问控制方法。因为特定的媒体访问控制方法一般仅用于特定的网络拓扑结构。其次要考虑性能、可靠性、成本、扩充灵活性、实现的难易程度及传输媒体的长度等因素。局域网常见的拓扑结构有：星型、总线型、环型和树型等。

2. 传输媒体

典型的传输媒体有双绞线、基带同轴电缆、宽带同轴电缆、光导纤维、电磁波、卫星通信等。

3. 媒体访问控制方法

媒体访问控制方法是指将传输介质的频带有效地分配给网上各站点的方法，就是控制网上各工作站在什么情况下才可以发送数据，在发送数据的过程中，如何发现问题及出现问题后如何处理等。

6.1.6 局域网的组成和分类

1. 局域网的组成

局域网由网络硬件和网络软件两部分组成。局域网结构如图 6—3 所示。

网络硬件主要有服务器、工作站、传输介质和网络连接部件。网络软件包括网络操作系统、控制信息传输的网络协议及相应的协议软件、大量的网络应用软件等。

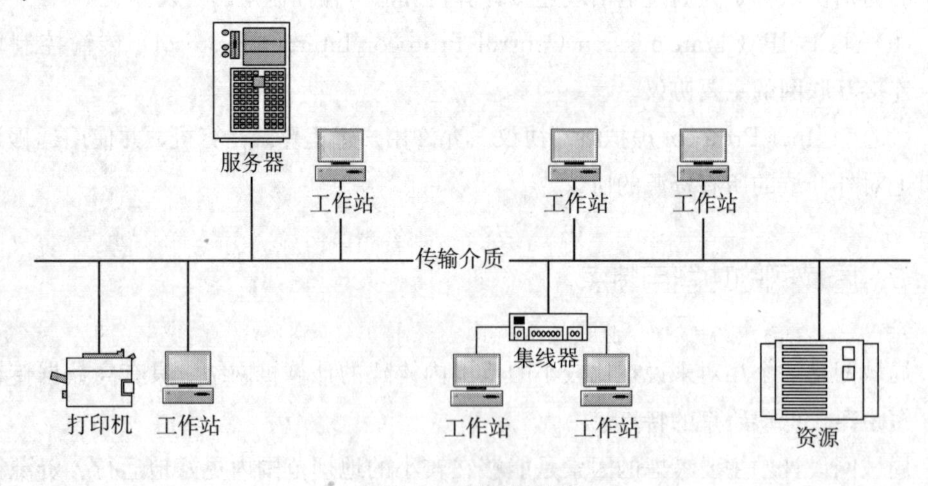

图 6—3 局域网结构

(1) 服务器可分为文件服务器、打印服务器、通信服务器、数据库服务器等。文件服务器是局域网上最基本的服务器，用来管理局域网内的文件资源。打印服务器则为用户提供网络共享打印服务。通信服务器主要负责本地局域网与其他局域网、主机系统或远程工作站的通信。数据库服务器则为用户提供数据库检索、更新等服务。

(2) 工作站（Workstation）也称为客户机（Clients），可以是一般的个人计算机。工作站可以有自己的操作系统，能够独立工作。通过运行工作站的网络软件可以访问服务器的共享资源。

(3) 工作站和服务器之间的连接通过传输介质和网络连接部件来实现。网络连接部件主要包括网卡、中继器、集线器和交换机等，如图 6—4 所示。

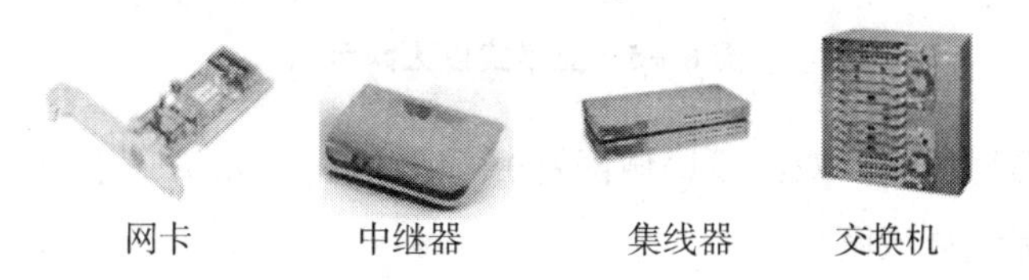

图 6—4　网络连接部件

- 网卡是工作站与网络的接口部件。它除了作为工作站连接入网的物理接口外，还控制数据帧的发送和接收。
- 中继器是网络物理层上的连接设备。适用于完全相同的两类网络的互连，主要功能是通过对数据信号的重新发送或者转发，来扩大网络传输的距离。中继器是对信号进行再生和还原的物理层设备。
- 集线器又叫做 HUB，能够将多条线路的端点集中连接在一起。集线器可分为无源和有源两种。无源集线器只负责将多条线路连接在一起，不对信号做任何处理。有源集线器具有信号处理和信号放大功能。
- 交换机采用交换方式进行工作，能够将多条线路的端点集中连接在一起，并支持端口工作站之间的多个并发连接，实现多个工作站之间数据的并发传输，可以增加局域网带宽，改善局域网的性能和服务质量。与集线器不同的是，交换机多采用广播方式工作，接到同一集线器的所有工作站都共享同一速率，而接到同一交换机的所有工作站都独享同一速率。交换式以太网示例如图 6—5 所示。

除了网络硬件外，网络软件也是局域网的一个重要组成部分。目前常见的局域网操作系统主要有 Netware、Windows NT 系统等。

2. 局域网的分类

(1) 根据局域网采用的拓扑结构，可分为总线型局域网、环型局域网、星型局域网和混合型局域网等。这种分类方法比较常用。

(2) 局域网上常用的传输介质有同轴电缆、双绞线、光缆等，因此可以将局域

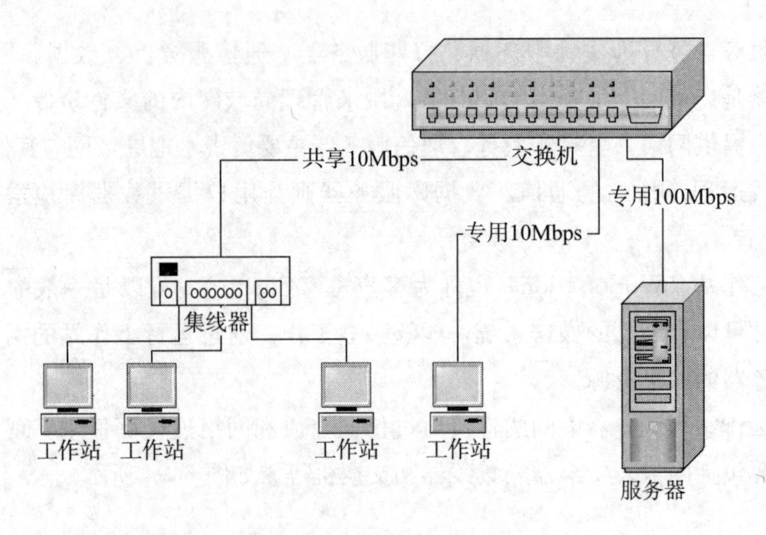

图 6—5　交换式以太网示例

网分为同轴电缆局域网、双绞线局域网和光缆局域网。如果采用的是无线电波、微波，则可称为无线局域网。

（3）传输介质提供了两台或多台计算机互连并进行信息传输的通道。在局域网上，经常是在一条传输介质上连有多台计算机，即大家共享同一传输介质。而一条传输介质在某一时间内只能被一台计算机所使用，那么在某一时刻到底谁能使用或访问传输介质呢？这就需要有一个共同遵守的准则来控制、协调各计算机对传输介质的同时访问，这种准则就是协议或称为媒体访问控制方法。据此可以将局域网分为以太网、令牌环网等。

（4）局域网上也有多种网络操作系统。因此，可以将局域网按使用的操作系统进行分类，如 Novell 公司的 Netware 网，3COM 公司的 3＋OPEN 网，Microsoft 公司的 Windows 2000 网，IBM 公司的 LAN Manager 网等。

6.1.7　广域网的组成和分类

广域网 WAN（Wide Area Network）也叫远程网 RCN（Remote Computer Network），它的作用范围大，一般可以从几十公里至几万公里。国家或国际范围内的网络都是广域网。在广域网内，用于通信的传输装置和传输介质可由电信部门提供。

1. 广域网的组成

广域网由许多交换机组成，交换机之间采用点到点线路连接，几乎所有的点到点通信方式都可以用来建立广域网，包括租用线路、光纤、微波、卫星信道。而广域网交换机实际上就是一台计算机，由处理器和输入/输出设备进行数据包的收发处理。

广域网一般只包含OSI参考模型的底下三层，而且目前大部分广域网都采用存储转发方式进行数据交换，也就是说，广域网采用报文交换或分组交换技术。广域网中的交换机先将发送给它的数据包完整接收下来，然后经过路径选择找出一条输出线路，最后交换机将接收到的数据包发送到该线路上去，以此类推，直到将数据包发送到目的结点。

2. 广域网的分类

广域网可以分为公共传输网络、专用传输网络和无线传输网络。

（1）公共传输网络。

公共传输网络一般由政府电信部门组建、管理和控制，网络内的传输和交换装置可以提供（或租用）给任何部门和单位使用。公共传输网络大体可以分为两类：

- 电路交换网络。主要包括公共交换电话网（PSTN）和综合业务数字网（ISDN）。
- 分组交换网络。主要包括X.25分组交换网、帧中继网络和交换式多兆位数据服务（SMDS）网络。

（2）专用传输网络。

专用传输网络是由一个组织或团体自己建立、使用、控制和维护的私有通信网络。一个专用网络起码要拥有自己的通信和交换设备，它可以建立自己的服务线路，也可以向公用网络或其他专用网络进行租用。专用传输网络主要是数字数据网（DDN）。DDN可以在两个端点之间建立一条永久的、专用的数字通道。它的特点是在租用该专用线路期间，用户独占该线路的带宽。利用光纤、微波和卫星连接设备组成数字数据业务网，主要为用户提供通话、发传真、传送数据服务，且传输质量高。

（3）无线传输网络。

无线传输网络主要指移动无线网，典型的有GSM和GPRS技术等。

6.1.8　设置共享资源的基本操作

计算机网络的特点是能够实现资源共享，在局域网内可以设置多台计算机共享文件或文件夹、共享打印机等。

1. 文件或文件夹共享

在局域网里的多台电脑之间，如果有文件或文件夹需要共享，只需要将一台电脑里的文件或文件夹设置共享，在其他电脑上就可以找到共享，并可以直接使用这个文件或文件夹。

（1）同步工作组。

要想共享文件，要保证联网的各计算机的工作组名称一致。在Win7系统的桌面，选择“计算机—属性—高级系统设置”选项，出现如图6—6所示的“系统属性”对话框，在“计算机名”选项卡中，单击“更改”按钮，设置计算机名、工作组名后，单击“确定”按钮。

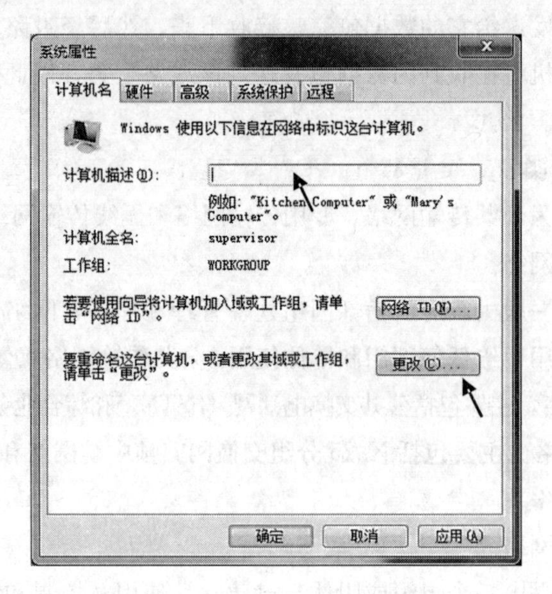

图 6—6 “系统属性”对话框

(2) 更改相关设置。

在 Win7 系统的桌面，选择“控制面板—网络和 Internet—网络和共享中心—更改高级共享设置”，出现如图 6—7 所示的“网络和共享中心”窗口。

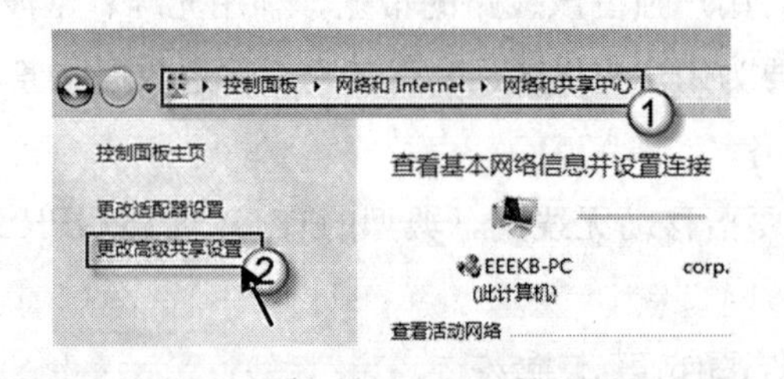

图 6—7 网络和共享中心

在图 6—7 所示的“网络和共享中心”窗口，选择“更改高级共享设置”选项，出现如图 6—8 所示的“高级共享设置”窗口。

在图 6—8 所示的“高级共享设置”窗口，启用“网络发现”、“文件和打印机共享”、“公用文件夹共享”，关闭“密码保护的共享”。

(3) 设置共享文件夹。

在 Win7 系统的桌面，选择打开“计算机”，出现如图 6—9 所示的“计算机”窗口。

在图 6—9 所示的“计算机”窗口，如果需要共享某个磁盘或文件夹，先选择磁盘或文件夹，然后单击右键出现快捷菜单，选择“属性”选项，出现如图 6—10 所

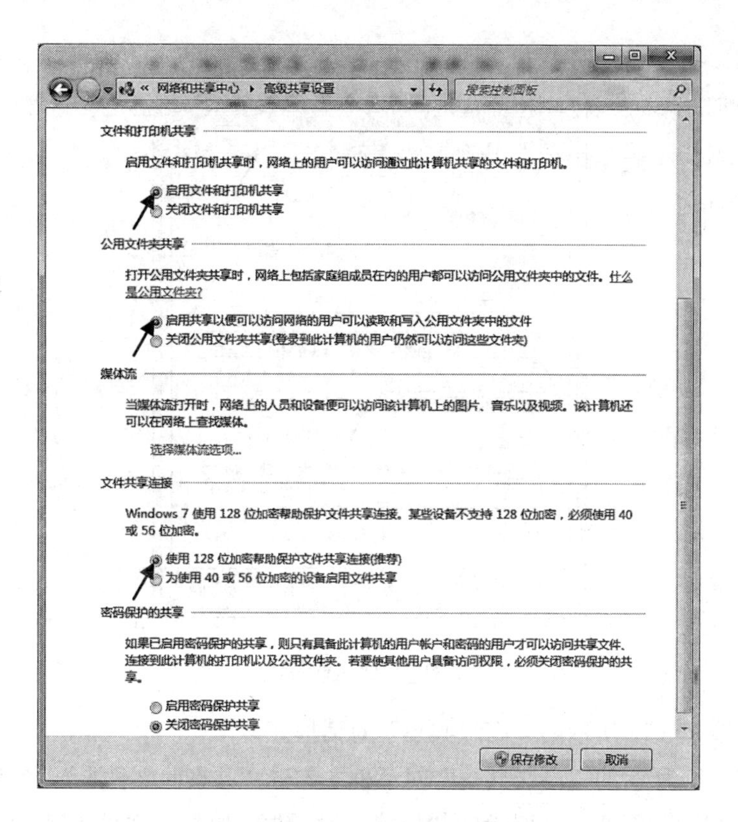

图 6—8　高级共享设置

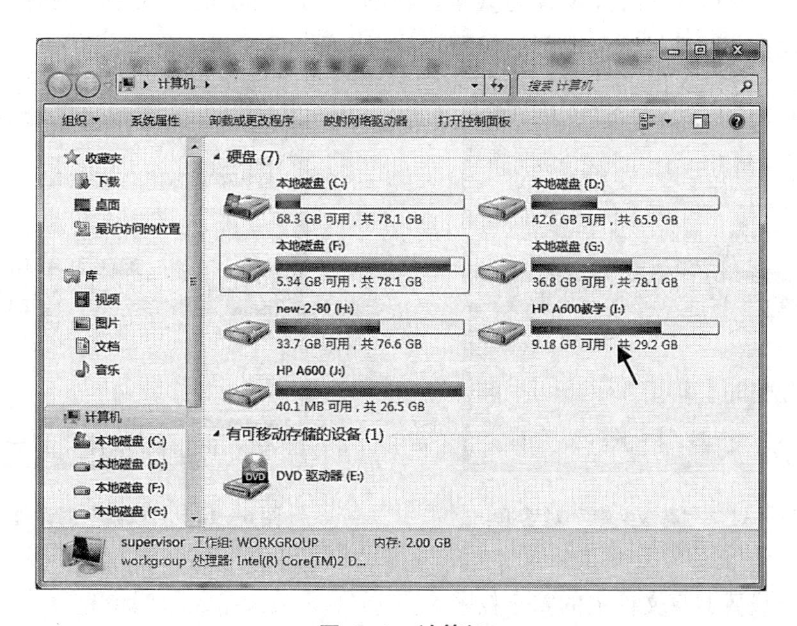

图 6—9　计算机

示的“属性”对话框。

在图 6—10 所示的“属性”对话框，选择“共享”标签，单击“高级共享”按

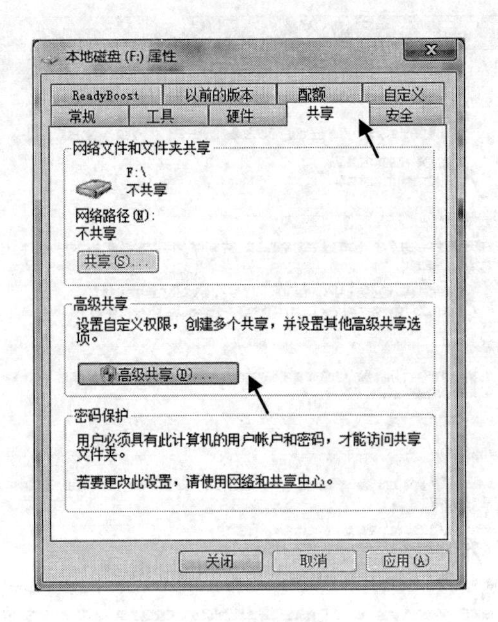

图 6—10　属性

钮，出现如图 6—11 所示的“高级共享”对话框。

在图 6—11 所示的“高级共享”对话框，勾选“共享此文件夹”，然后单击“权限”按钮，出现如图 6—12 所示的“权限”对话框。如果某文件夹被设为共享，它的所有子文件夹将默认被设置为共享。在图 6—12 所示的“权限”对话框，设置“完全控制”、“更改”、“读取”的权限。

图 6—11　“高级共享”对话框

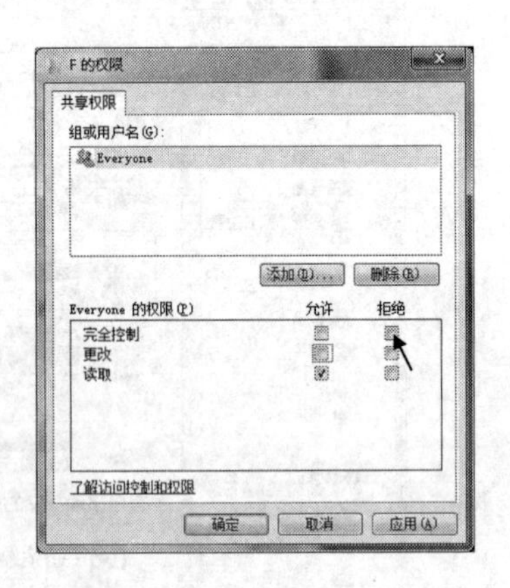

图 6—12　“权限”对话框

（4）设置共享文件夹的安全权限。

在图 6—9 所示的“计算机”窗口，选择磁盘或文件夹后，单击右键出现快捷菜单，选择“属性—安全”，出现如图 6—13 所示的“属性—安全”对话框。

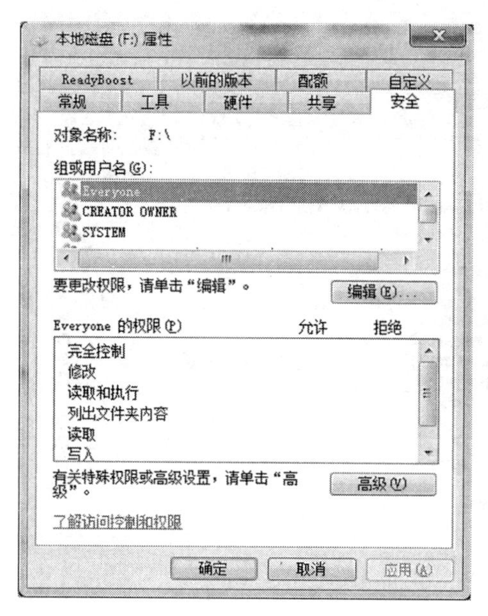

图 6—13　“属性—安全”对话框

在图 6—13 所示的“属性—安全”对话框，单击“编辑”按钮，出现如图6—14所示的对话框。在图 6—14 所示的对话框中，单击“添加”按钮，选择“Everyone”，将“完全控制”、“修改”、“读取和执行”、“列出文件夹内容”、“读取”等权限设置成为“允许”或“拒绝”。

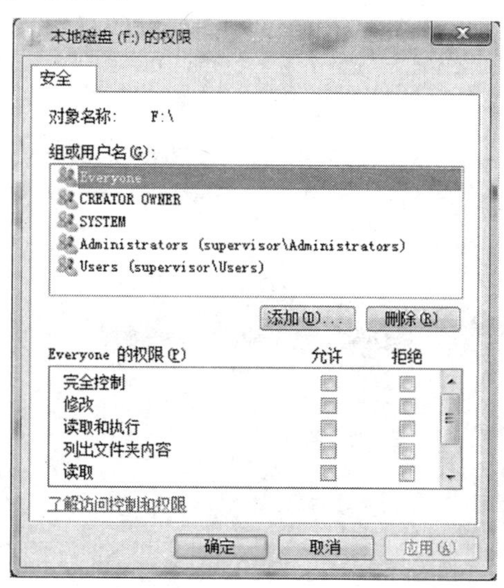

图 6—14　设置共享权限

(5) 设置防火墙。

选择“控制面板—系统和安全—Windows 防火墙—允许程序和功能通过 Windows 防火墙”，出现如图 6—15 所示的“防火墙设置”窗口，确认勾选“文件和打印机共享”选项。

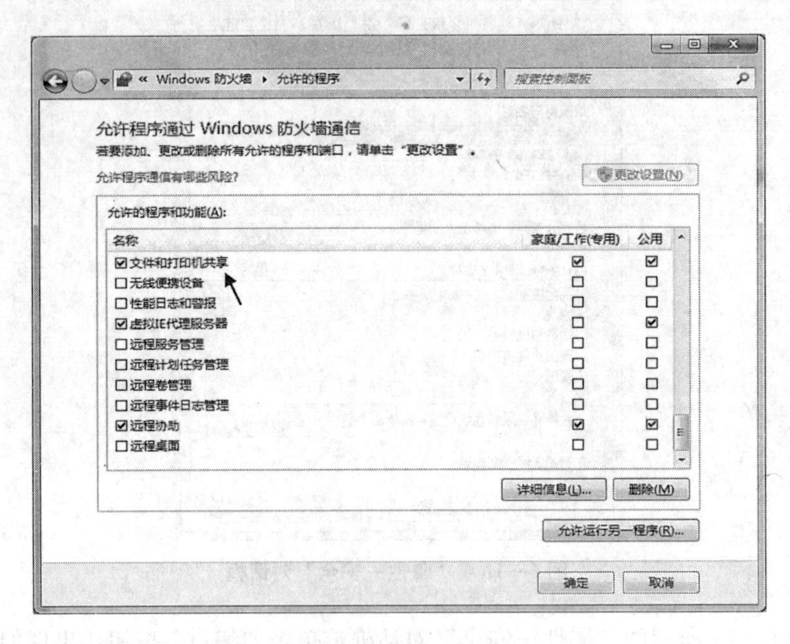

图 6—15　防火墙设置

2. 打印机共享

(1) 共享打印机。

在 Win7 系统的桌面，选择“开始—设备和打印机”，出现如图 6—16 所示的“设备和打印机”窗口。

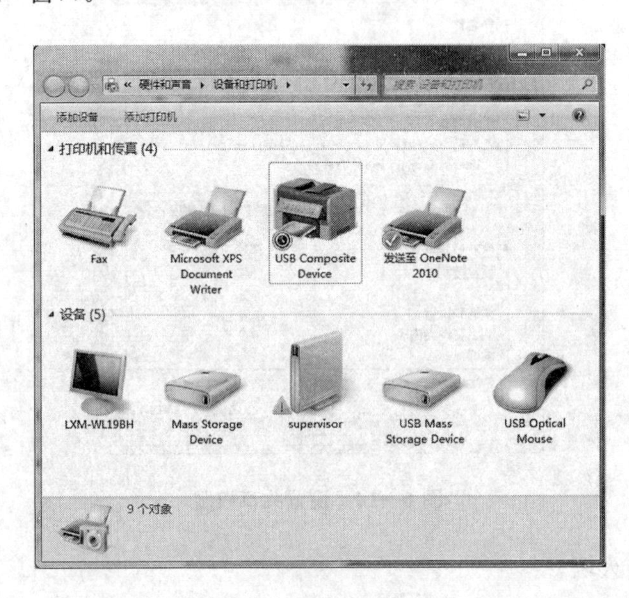

图 6—16　设备和打印机

在图 6—16 所示的“设备和打印机”窗口，选择想共享的打印机，单击右键出现快捷菜单，选择“打印机属性”选项，出现如图 6—17 所示的“打印机属性”对话框。在“共享”选项卡中设置共享名，并勾选“共享这台打印机”，然后“确定”。

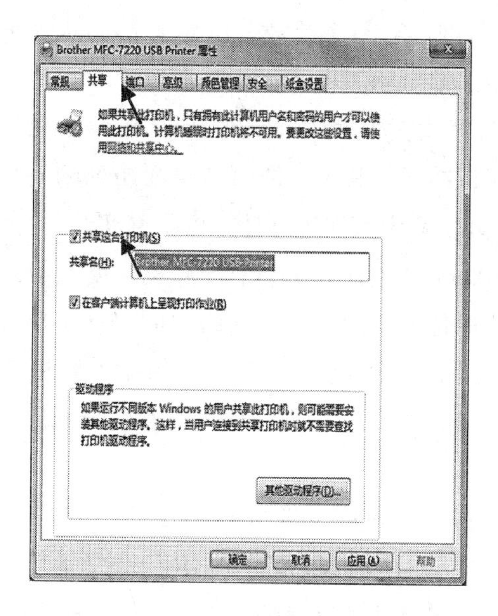

图 6—17　“打印机属性”对话框

(2) 在其他计算机上添加共享打印机。

此步操作是在局域网内的其他需要共享打印机的计算机上进行的。选择“控制面板—设备和打印机—添加打印机—添加网络、无线或 Bluetooth 打印机”，系统会自动搜索可用的打印机，找到需要连接的打印机后，计算机自动连接共享打印机。

6.2　Internet 基本概念

学习目标

※ 了解 Internet 的发展历史；

※ 了解 Internet 的作用与特点；

※ 理解 TCP/IP 网络协议的基本概念；

※ 了解 IP 地址、网关和子网掩码的基本概念；

※ 理解域名系统的基本概念；

※ 了解 Internet 的常用服务。

6.2.1 Internet 的发展历史

Internet 网络即互联网，它的前身是美国国防部高级研究计划局（ARPA）主持研制的 ARPAnet 网络。

20 世纪 60 年代末，美国军方为了自己的计算机网络在受到袭击时，即使部分被摧毁，其余部分仍能保持通信联系，便由美国国防部的高级研究计划局建设了一个军用网（ARPAnet），供科学家们进行计算机联网实验。

到 70 年代，ARPAnet 已经有了几十个计算机网络，但是每个网络只能在网络内部的计算机之间互连通信，不同计算机网络之间仍然不能互连。为此，美国国防部的高级研究计划局又设立了新的研究项目，支持学术界和工业界进行有关的研究。研究的主要内容是用一种新的方法，将不同的计算机局域网互连形成互联网，简称 Internet。

在研究实现网络互连的过程中，研制了 TCP/IP 协议（IP 是基本的通信协议，TCP 是帮助 IP 实现可靠传输的协议）。TCP/IP 的非常重要的特点是开放性，目的是使任何厂家生产的计算机都能相互通信，使 Internet 成为一个开放的系统。

到了 80 年代，美国国家科学基金组织（NSF）将分布在美国各地的为科研教育服务的超级计算机中心互连并支持地区网络，形成 NSFnet，成为 Internet 的主干网。NSFnet 主干网利用了在 ARPAnet 中已证明非常成功的 TCP/IP 技术，准许各大学、政府或私人科研机构的网络的加入。

近年来随着计算机网络技术和通信技术的发展，随着人类社会从工业社会向信息社会过渡的趋势越来越明显，人们对信息的意识，对开发和使用信息资源的重视越来越加强，如今互联网变成了一个开发和使用信息资源的覆盖全球的技术应用。在互联网上从事的业务涵盖了政府、广告、航空、农业、艺术、导航、图书、化工、通信、计算机、咨询、娱乐、财贸、商店、旅馆等各个行业，构成了一个信息社会的缩影。

6.2.2 Internet 的作用与特点

由于 Internet 技术具有开放性、交互性、广泛性、平等性、虚拟性、技术通用性等特点，所以 Internet 技术在很多领域得到了广泛应用。

（1）开放性。Internet 是一个没有中心的自主式的开放组织，采用开放型的计算机网络结构设计理念，计算机联网方便，只要计算机支持 TCP/IP 协议就可以连接到 Internet 网络，实现信息资源的共享。

（2）交互性。Internet作为平等、自由的信息沟通平台，信息的流动和交互是双向式的，网络的客户端与客户端、客户端与服务器端、服务器端与服务器端，可以平等自由地进行信息交流，信息沟通的双方可以实时地与另一方进行交互。

（3）广泛性。Internet的广泛性有多个含义，其中Internet网络的内容具有广泛性，包括新闻、娱乐、教育、文化、体育、天文、地理等不同的内容。Internet网络涉及的领域具有广泛性，包括政府机构、公司企业、个人团体等。

（4）平等性。Internet网络环境是一种平等的信息交流平台，从一开始商业化运作，就表现出无国界性，信息流动是自由的、无限制的。能够实现世界各国之间、地区之间、企业之间、个人之间平等的信息发布、浏览、处理工作。

（5）虚拟性。Internet实现了跨地域的信息交流，人们借助网络传递信息，交流的双方通过数字化的信息流动来传递信息，例如，电子商务活动中，买卖双方可能互不相识，通过Internet能够实现商务活动。

（6）技术通用。Internet网络连接采用TCP/IP协议，大多数Internet服务和信息资源是免费提供的。既支持个人台式机、笔记本、手机客户端连入，也支持企业局域网连入。

6.2.3 TCP/IP网络协议的基本概念

网络协议是指计算机在网络中传递、管理信息需要遵循的规则。

传输控制协议/网间协议（TCP/IP：Transmission Control Protocol/Internet Protocol）是一种网络通信协议，它规范了网络上的所有通信设备，尤其是一个主机与另一个主机之间的数据往来格式以及传送方式。TCP/IP协议是Internet的基础协议。

6.2.4 IP地址、网关和子网掩码的基本概念

1. IP地址

登录到互联网的每台计算机都有一个能标记其存在的唯一标识，这就是计算机的IP地址。互联网依靠TCP/IP协议，通过IP地址可以实现全球范围内不同硬件、不同操作系统、不同网络系统的互连。

互联网名称与数字地址分配机构（The Internet Corporation for Assigned Names and Numbers，ICANN）是一个非营利性国际组织，负责互联网IP地址的分配、协议标识符的指派、通用顶级域名以及国家和地区顶级域名系统的管理。

2. IP地址的分配策略

IP地址的分配策略包括IPv4地址版本和IPv6地址版本。

(1) IPv4 地址版本规定，每个互联网上的主机和路由器都有一个唯一的 IP 地址以相互区分和相互联系。只有有了 IP 地址后，网络中的主机才能向别的主机发送数据信息，也才能接收别的主机发送过来的数据信息。IP 地址的结构使我们可以在互联网上很方便地寻找某台主机并和它进行数据交换，使互联网真正成为互联网，充当人们之间信息交流和沟通的媒介。IPv4 地址版本规定一个 IP 地址用 32 位二进制代码表示，分成 4 段，每段用 8 位二进制数组成，每段之间用点号隔开，例如，202.108.5.135 即是一个 IP 地址。由于 IP 地址每段的最大数是 2^8（二进制表示 00000000～11111111，十进制表示是 0～255），按照这个规则，理论上说 IP 地址大约有 2^{32}（即 40 亿）个可能的地址组合，这说明 IP 地址是有限的，所以登录到互联网的计算机数量是有限的。

(2) IPv6 地址版本也被称作新一代互联网协议，继承了 IPv4 地址版本的优点，是为了解决 IPv4 地址版本资源数不足等问题而提出的。IPv6 地址版本继承了 IPv4 地址版本的优点，对 IPv4 地址版本进行了大幅度的修改和功能扩充，在地址容量、安全性、网络管理、移动性以及服务质量等方面有明显的改进。IPv6 地址版本规定一个 IP 地址用 128 位二进制代码表示，分成 16 段，每段用 8 位二进制数组成，每段之间用点号隔开。

3. IP 地址的结构

IPv4 版本的地址分配策略中，每个 IP 地址又分为网络号部分和主机号部分。网络号表示其所属的网络段编号，主机号则表示该网段中该主机的地址编号。按照网络规模的大小，IP 地址可以分为 A、B、C、D、E 五类，其中 A、B、C 类是三种主要的类型地址，D 类属于保留地址，用于多点广播，E 类用于扩展备用地址。

A 类地址（1～127.0～255.0～255.1～254）的网络号占前 8 位，网络地址的最高位必须是“0”，主机号占后 24 位。每个 A 类地址可连接 16 387 064 台主机，Internet有 126 个 A 类地址（0、127 禁用），适合于国家级 IP 地址。

B 类地址（128～191.0～255.0～255.1～254）的网络号占前 16 位，网络地址的最高 2 位必须是“10”，主机号占后 16 位。每个 B 类地址可连接 64 516 台主机，Internet 有 16 256 个 B 类地址，适合于跨国组织。

C 类地址（192～223.0～255.0～255）的网络号占前 24 位，网络地址的最高 3 位必须是“110”，主机号占后 8 位（1～254）。每个 C 类地址可连接 254 台主机，Internet 有 2 054 512 个 C 类地址，适合于企业组织。

4. 网关

网关（Gateway）又称为网间连接器或协议转换器。网关是实现网络间连接的关口，用于两个不同类型网络的互连。网关既可以用于广域网互连，也可以用于局域网互连，以及局域网与广域网互连。

在网络环境中，不同的网络类型，它们使用不同的通信协议，它们的数据格式或语言各异，甚至体系结构也完全不同，要想实现网间的互连需要有网关。网关起到翻译器的作用，同时也可以提供过滤和安全保护作用。

5. 子网掩码

由于 IP 地址的资源有限，当一个局域网分配到一个 IP 地址后，需要为局域网中的计算机分配子网掩码。子网掩码是一个 32 位地址，是与 IP 地址结合使用的一种技术。它的主要作用：

（1）用于将一个大的 IP 网络划分为若干小的子网络，为子网的计算机分配地址。

（2）用于屏蔽 IP 地址的一部分以区别网络号和主机号，并说明该 IP 地址是在局域网上，还是在远程网上。

利用子网掩码可以提供更多的 IP 地址资源，子网掩码分为 A 类网（255.0.0.0）、B 类网（255.255.0.0）、C 类网（255.255.255.0）。

6.2.5　域名系统的基本概念

IP 地址用数字表示不便于记忆，为了便于识别，计算机的 IP 地址也采用字符表示，称作域名地址。例如，新浪网的域名地址是“www.sina.com”。由于域名地址采用字母表示，所以相对于数字表示的 IP 地址来说，域名地址更便于识别和记忆，因此人们在登录互联网时，大多数采用域名方式登录网站，网络系统会按照其对应的 IP 地址找到域名对应的网站。域名能够表达网站的性质，常用的机构性域名和地理性域名如表 6—1 所示。

表 6—1　　常用的机构性域名和地理性域名

机构性域名	含义	地理性域名	含义
com	商业机构	cn	中国
gov	政府机构	tw	中国台湾
edu	教育机构	hk	中国香港
net	网络服务商	us	美国

6.2.6　Internet 的常用服务

Internet 为用户提供了非常丰富的网上资源，网络技术不仅带来了最快捷的通信方式，还使人们拥有最直接、最真实的信息服务，实现了在 Internet 上进行联机学习、看新闻、看视频、聊天等丰富多彩的网络生活。

1. 浏览信息

按照 Internet 网络的设计思想，网站是用来保存信息并供浏览者检索浏览的，浏览者通过登录网站可以浏览信息。WWW（World Wide Web，万维网）以超文本格式语言（HTML）和超文本传输协议（HTTP）为基础，提供了文字、图片、音频、视频等丰富多彩的超文本格式信息，浏览者利用浏览器能够浏览网站服务器的信息。

2. 发布信息

（1）电子公告板。

电子公告板（Bulletin Board System，BBS）是 Internet 上的电子信息服务系统，也是一种即时性的双向综合性布告栏系统。BBS 是一个发布信息的场所，它开辟了一个公共的空间，供用户之间进行讨论和交流，用户可以从中得到信息，也可以将自己的信息发布在 BBS 上。每个 BBS 的设计风格和模式都有所不同。BBS 已经成为 Internet 上的一项标准应用，不仅各大学都设立了 BBS 网站，而且很多其他网站也附加了 BBS 功能，让访问者能够就某些问题发表自己的看法。

（2）博客。

博客（Blog 即网络日志）是一种十分简易的个人信息发布方式，是一个在网络上展示个性的新天地，可以在博客上出版、发表、转载、张贴个人文章。如果想在新浪网中申请博客，在新浪博客首页 blog. sina. com. cn 的右上角有个“开通新博客”字样，点击它即可进入注册页面，然后可以设置博客的版式，发布博客的文章。

（3）微博。

微博（Micro Blog 即微型博客）是一个基于信息分享、传播以及获取的平台。用户可以组建个人社区，发布 140 字左右的文字信息，并实现即时分享。微博主既可以作为观众浏览感兴趣的信息，也可以作为发布者发布信息供别人浏览。可以发布文字、图片、视频等信息。微博的特点是发布信息快速，信息传播的速度快。

3. 电子邮件服务

电子邮件服务（E-mail 服务）是最常见、应用最广泛的一种互联网服务。通过电子邮件，可以与 Internet 上的任何人交换信息。电子邮件因其快速、高效、方便得到了广泛的应用。

电子邮件通常在数秒钟内即可送达至全球任意位置的收件人信箱中。电子邮件发送的信件内容除普通文字外，还可以是软件、数据，甚至是录音、动画、视频或各类多媒体信息。电子邮件采取的是异步工作方式，它在高速传输的同时允许收信人自由决定在什么时候、什么地点接收和回复，收件人无须固定守候在线路另一端，可以在用户方便的任意时间、任意地点，甚至是在旅途中收取电子邮件，从而跨越了时间和空间的限制。

4. 即时通信

即时通信服务提供文字、语音、视频、传输文件等多种信息交流服务。常见的即时通信工具软件有腾讯 QQ、MSN、微信等。

5. 搜索引擎

搜索引擎是指根据一定的策略、运用特定的计算机程序从互联网上搜集信息，在对信息进行组织和处理后，将用户检索相关的信息展示给用户，为用户提供检索服务。搜索引擎包括全文索引、目录索引、元搜索引擎、垂直搜索引擎、集合式搜索引擎、门户搜索引擎与免费链接列表等。百度和谷歌等是搜索引擎的典型代表。利用搜索引擎人们能够搜索到自己需要的信息。

6. 远程登录

远程登录是指用户使用 Telnet 命令，使自己的计算机暂时成为远程主机的一个仿真终端的过程。仿真终端等效于一个非智能的机器，它只负责把用户输入的每个字符传递给主机，再将主机输出的每个信息回显在屏幕上。Telnet 是进行远程登录的标准协议，它为用户提供了通过本地计算机控制远程主机工作的途径。远程登录能够实现异地信息处理。

7. 文件传输

文件传输协议（File Transfer Protocol，FTP）用于 Internet 上文件的双向传输。用户可以利用文件传输技术把自己的文件从远程计算机上拷到本地计算机，或把本地计算机的文件发送到远程计算机。

8. 网络视听娱乐

网络视听娱乐是指安装播放器软件后，利用网络实现在线听音乐、看视频。

9. IP 电话

现代社会里电话已经成为必不可少的交流工具。利用 Internet 提供的网络电话功能，能够让用户进行语音、视频通话。网络电话的原理是先将声音通过声卡数字化，然后将声音数据通过 Internet 传输至接收方，接收方再将此数据还原为声音。

6.3　网络接入

学习目标

※ 理解 Internet 的常用接入方式；

※ 掌握通过局域网接入 Internet；

※ 掌握通过无线网络接入 Internet；

※ 掌握通过拨号网络接入 Internet；

※ 了解通过代理服务器访问 Internet 的方法；

※ 了解网络检测的简单方法。

6.3.1 Internet 的常用接入方式

接入互联网的方式有多种，例如，拨号连接、ISDN 连接、ADSL 连接、DDN 连接、无线连接、电力线连接等多种方式。

1. 拨号连接

拨号连接是利用公共电话网接入互联网的方法。拨号上网的局限在于利用电话线上网只能上网，不能使用电话功能，并且接入速度慢，这种连接方式已经越来越少了。

2. ISDN 连接

ISDN（Integrated Service Digital Network，综合业务数字网），中国电信将其俗称为“一线通”，采用一条普通电话线连接，申请了 ISDN 后，通过一个称为 NT 的转换盒就可以同时使用多个终端，可以边上网、边打电话或进行其他数据通信。

3. ADSL 连接

ADSL（Asymmetric Digital Subscriber Line，非对称数字用户线）是一种通过现有普通电话线为家庭、办公室提供宽带数据传输服务的技术。ADSL 技术的主要特点是可以充分利用现有的电话线网络，在线路两端加装 ADSL 设备即可为用户提供高宽带服务。ADSL 的优点在于它可以与普通电话共存于一条电话线上，在一条普通电话线上接听、拨打电话的同时进行 ADSL 传输而又互不影响。使用 ADSL 技术可以享受到视频会议、视频点播、网上音乐、网上电视等数据服务。

4. DDN 连接

DDN（Digital Data Network，数字数据网）是利用光纤、微波、卫星等数字传输通道和数字交叉复用结点组成的数据传输网，它具有传输质量好、速率高、网络时延小等特点，适合于计算机主机之间、局域网之间、计算机主机与远程终端之间的大容量、多媒体、中高速通信的连接。DDN 区别于传统的模拟电话专线，其显著特点是采用数字电路，传输质量高，时延小，可靠性高。可以一线多用，既可以通话、发传真、传送数据，还可以组建会议电视系统，提供多媒体服务。

5. 无线连接

无线接入是通过高频天线或 WiFi 方式连接网络服务商，从而登录互联网。

6. Cable Modem 连接

Cable Modem 接入是利用有线电视网络资源接入互联网的方法。这种方式属于共享方式上网，其不足是上网的用户过多时，网速会受到影响。

7. 电力线连接

利用电力部门的网络系统上网也称为PLC（Power Line Communication）接入，这是一种利用电力线传输数据和话音信号的通信方式。电力线上网的核心产品是调整电力调制解调器，该调制解调器又称电力猫，用户电脑只要将电力调制解调器连接到户内220伏交流电源插座上即可上网。利用电力线上网具有网络资源丰富、施工方便、一线两用、价格低廉等特点。

8. 光纤连接

通过光纤接入到小区结点或楼道，再由网线连接到各个共享点上，提供一定区域的高速互连接入。特点是速率高，抗干扰能力强，适用于家庭、个人或各类企事业团体，可以实现各类高速率的互联网应用，例如，视频服务、高速数据传输、远程交互等。

6.3.2 通过局域网接入Internet

目前，很多单位已经建立了局域网，例如Novell网、NT网等，如果能将这种局域网与Internet的一台主机连接起来，那么，无须增加设备，单位内的所有用户就能进入并访问Internet。

用户计算机与局域网的连接方式取决于用户使用Internet的方式。如果仅打算在需要时才接入Internet，可以通过电话线和调制解调器进行拨号连接的方式接入，这种方式的连接费用较低，但传输速率也较低，而且受到诸多因素的影响。如果需要较高的上网速度，可申请一个ISDN账户。

6.3.3 通过无线网络接入Internet

WAP（Wireless Application Protocol）即无线应用协议。这是一个使用户借助无线手持设备（如掌上电脑、手机等）获取信息的安全标准。1997年，移动通信界的四大公司爱立信、摩托罗拉、诺基亚和无线星球组成了无线应用协议（WAP）论坛，目的是建立一套适合不同网络类型的全球协议规范。它的出现使移动Internet有了一个通行的标准，标志着移动Internet标准的成熟。2000年中国移动通信集团公司开通全球通WAP商用试验网。WAP业务的开通在Internet与移动通信之间架起了一座应用平台。WAP业务为具有数据业务功能的手机用户提供直接上网的功能。用户通过手机访问各类WAP站点，即可直接从手机上获取专门为WAP用户定制的内容，包括新闻、天气预报、股票信息、航班和车次信息、体育信息等。

Wi-Fi（Wireless Fidelity）是一种能够将个人电脑、手持设备（如 Pad、手机）等以无线方式相互连接的技术。Wi-Fi 是一个无线网路通信技术的品牌，目的是改善无线网络产品之间的互通性。Wi-Fi 上网可以简单地理解为无线上网，是当今使用最广的一种无线网络传输技术。实际上就是把有线网络信号转换成无线信号，通过无线路由器供支持其技术的相关电脑、手机、平板等接收。手机如果有 Wi-Fi 功能的话，在有 Wi-Fi 信号的时候就可以不通过移动、联通的网络上网，省掉了流量费。但是 Wi-Fi 信号也是由有线网提供的，比如家里的 ADSL、小区宽带等，只要接一个无线路由器，就可以把有线信号转换成 Wi-Fi 信号。

6.3.4 通过拨号网络接入 Internet

拨号上网是指以拨号接入的方式使电脑连接到 Internet。拨号接入是指计算机在设置相关软件和协议后，通过调制解调器与普通电话线连接，接入互联网的服务。

拨号上网使用调制解调器将计算机接入互联网，调制解调器的作用是实现模拟信号和数字信号之间的转换。拨号接入通常采用点对点的协议与互联网服务提供商（ISP）互联。拨号接入是最简单的互联网接入方式，但其上网速度很慢，现已很少使用。

6.3.5 通过代理服务器访问 Internet

1. 代理服务器的概念

随着 Internet 技术的迅速发展，越来越多的计算机连入了 Internet。很多公司也将自己公司的局域网接入了 Internet。通过代理服务器可以快速地访问 Internet 站点，提高网络的安全性。

代理服务器（Proxy Server）是个人网络和 Internet 服务商之间的中间代理机构，它负责转发合法的网络信息，对转发进行控制和登记。代理服务器作为连接 Internet（广域网）与 Intranet（局域网）的桥梁，能够让多台没有 IP 地址的电脑使用其代理功能。当代理服务器客户端发出一个对外的资源访问请求时，该请求先被代理服务器识别并由代理服务器代为向外请求资源。由于一般代理服务器拥有较大的带宽、较高的性能，并且能够智能地缓存已浏览或未浏览的网站内容，因此，在一定情况下，客户端通过代理服务器能更快速地访问网络资源。

2. 代理服务器的功能

（1）充当局域网与外部网络的连接出口。

充当局域网与外部网络的连接出口，同时将内部网络结构的状态对外屏蔽起来，使外部不能直接访问内部网络。从这一点上说，代理服务器充当网关的作用。

（2）作为防火墙。

代理服务器可以保护局域网的安全，起防火墙的作用。通过设置防火墙，为公司内部的网络提供安全边界，防止外界的侵入。

（3）网址过滤和访问权限限制。

代理服务器可以设置 IP 地址过滤，对外界或内部的 Internet 地址进行过滤，限制不同用户的访问权限。例如，代理服务器可以用来限制封锁 IP 地址，禁止用户对某些网页进行浏览。

（4）提高访问速度。

代理服务器将远程服务器提供的数据保存在自己的硬盘上，如果有许多用户同时使用这一个代理服务器，他们对 Internet 站点的所有访问都会经由这台代理服务器来实现。当有人访问过某一站点后，所访问站点的内容便会被保存在代理服务器的硬盘上，如果下一次有人再要访问这个站点，这些内容便会直接从代理服务器磁盘中取得，而不必再次连接到远程服务器上去取。因此，可以节约带宽、提高访问速度。

3. 代理服务器的配置

要设置代理服务器，必须先知道代理服务器的地址和端口号，然后在 IE 浏览器的“工具—Internet 选项—连接—局域网设置—代理服务器”的设置栏中填入相应地址和端口号就可以了。

6.3.6　网络检测的简单方法

随着网络应用的日益广泛，网络故障的检测对解决网络故障就显得非常重要。在网络管理中，利用 ping、ipconfig 命令可以简单检测是否联网成功。

1. ping 命令

（1）ping 命令主要用于检查网络的连接，检测本机是否与网络连接成功。

在 Win7 系统的“所有程序—附件—命令提示符”方式下可以执行 ping 命令。ping 命令是一个外部命令，在 Win7 系统有 ping. exe 文件与之相对应。

命令格式：ping IP 地址（或目标主机域名）-n/-t。

n：执行 ping 指令时发送测试数据包的次数，缺省值为 4。

t：连续向指定目标主机域名或 IP 地址，发送测试数据包，直到收到-C 信号为止。

结果为“Reply from...”表示连接成功；结果为“Request timed out...”表示无应答。

(2) ping 127.0.0.1。

如果该地址无法 ping 通，表明本机 TCP/IP 协议不能正常工作；如果 ping 通了，证明 TCP/IP 协议正常。

(3) ping<本机的 IP 地址>。

使用 ipconfig 命令可以查看本机的 IP 地址，ping 本机的 IP 地址，如果 ping 通，表明网络适配器工作正常，则可以进入下一个步骤继续诊断，反之则是网络适配器出现故障。

网络故障的解决方法：一般网络适配器上有两个指示灯即连接指示灯、数据传输指示灯。

如果连接指示灯亮（通常为绿色），则表明网络适配器连接导通工作正常；如果该指示灯不亮，则表明网络适配器连接导通工作不正常。网络适配器连接导通工作不正常的原因通常有两个：一是网络适配器与插槽的接触不良，此时更换网络适配器的插槽即可解决问题；二是网络适配器损坏，只有更换新的网络适配器才能解决问题。

如果数据传输指示灯亮（通常为绿色），则表明网络适配器的数据传输工作正常；如果该指示灯不亮，则表明网络适配器的数据传输工作不正常。网络适配器数据传输工作不正常的原因通常有三个：一是网络适配器的驱动程序有问题，更换与操作系统相匹配的最新的该网络适配器的驱动程序即可解决问题。二是网络适配器配置有问题，该问题通常是网络适配器自身配置有问题或与其他的硬件设备在操作系统的资源分配上有冲突。三是网络适配器的收发类型与传输介质不一致，通过调整网络适配器或传输介质使两者的收发类型一致即可。

(4) ping<同网段计算机的 IP 地址>。

ping 一台同网段计算机的 IP 地址，ping 不通则表明网线出现了故障，如果 ping 不通的同网段计算机与本机连接在同一集线器上，则有可能该集线器与本机和同网段计算机之间的连线不通或该集线器有故障；如果 ping 不通的同网段计算机与本机不连接在同一集线器上，则需再 ping 一台同网段与本机连接在同一集线器上的计算机，以此来判断故障点在哪个集线器或集线器的连线上。如果网络中还包括有路由器，则应当先 ping 路由器在本网段端口的 IP 地址，不通则此段线路有问题，通则再 ping 路由器在目标计算机所在网段的端口 IP 地址，不通则是路由器有问题。如果通，最后再 ping 目的计算机的 IP 地址。

故障解决方法：

若连线不通，可以通过下述三种方法来解决问题：第一，更换能正常导通的连线；第二，检查该连线，找出连线中的断点，然后重新按标准要求制作该连线，将断点排除在新做的连线之外；第三，检查该连线是否按标准要求制作，如果不是则重新按标准要求制作该连线。

若是连接线路上的集线器有故障，则可以通过下述两种方法来解决问题：第一，通过集线器上的指示灯来判断集线器上的连接端口是否工作正常，如有问题可通过更换连接端口来解决问题；第二，集线器本身有问题，则通过更换新的能正常工作的与网络系统要求相匹配的集线器来解决问题。

（5）ping＜网址＞。

如果要检测的是一个带 DNS 服务的网络，在上一步 ping 通了目标计算机的 IP 地址后，仍然没有连接到该计算机，则可以 ping 该计算机的网络名，比如：ping www. 163. com，正常情况下会出现该网址所指向的 IP 地址，这表明本计算机的 DNS 设置正确而且 DNS 服务器工作正常，反之，表明其中之一出现了故障。

故障解决方法：检查本计算机的 DNS 设置是否正确，核查本计算机中 DNS 服务器 IP 地址设置是否正确，若有问题及时更正；pingDNS 服务器 IP 地址，检查本计算机与 DNS 服务器的连接线路是否通畅，若有问题更换问题处的连线或设备；检查 DNS 服务器工作是否正常，若有问题维修 DNS 服务器；检查 DNS 服务器上的 DNS 服务是否正常，若有问题则重新安装 DNS 服务或重新对 DNS 服务进行设置。

2. ipconfig 命令

ipconfig 可用于显示当前计算机的 TCP/IP 设置，通常是用来检验配置的 TCP/IP设置是否正确。

使用 ipconfig 时不带任何参数选项，它将显示当前计算机的 IP 地址、子网掩码和缺省网关值。如果安装了虚拟机和无线网卡的话，它们的相关信息也会出现在这里。

ipconfig/all 命令，显示的信息包括 IP 地址、主机信息、DNS 信息、物理地址信息、DHCP 服务器信息等。

ipconfig /release 命令为释放现有的 IP 地址，ipconfig /renew 命令则是向 DHCP服务器发出请求，并租用一个 IP 地址。

习　题

一、简答题

1. 说明计算机网络的含义。
2. 说明 ISO/OSI 网路参考模型的组成。
3. 什么是网络协议？常见的网络协议有哪些？
4. 局域网包括哪些设备？广域网包括哪些设备？

5. 说明 TCP/IP 的作用、网桥的作用。

6. 说明 IP 地址与域名地址的关系。

7. 接入互联网有哪些方式?

二、操作题

1. 将你的计算机接入互联网，并说明你的计算机 IP 地址。

2. 检测你的计算机能否连入 www.163.com 网站。

三、单选题

1. 计算机网络是____相结合的产物。

A. 计算机技术和通信技术　　B. 计算机技术和信息管理

C. 信息技术和通信技术　　D. 数据处理和通信技术

2. 计算机网络按照地域范围分类不包括____。

A. 局域网　　B. 总线型　　C. 广域网　　D. 城域网

3. 登录互联网采用的协议是____。

A. HTTP　　B. TCP/IP　　C. SMTP　　D. PPP

4. ISO/OSI 网络参考模型面向用户的是____。

A. 物理层　　B. 传输层　　C. 会话层　　D. 应用层

5. 实现不同网络的连接需要设置____。

A. HTTP　　B. 网关　　C. 路由器　　D. 调制解调器

6. 为了避免 IP 地址资源浪费可以采用____。

A. 超级链接　　B. 域名地址　　C. 内存地址　　D. 子网掩码

7. 在网络上发布信息可以利用____技术。

A. FTP　　B. Telnet　　C. BBS　　D. TCP/IP

8. 下列不能连接互联网的方式是____。

A. FTP　　B. ISDN　　C. ADSL　　D. WiFi

9. 连接互联网速度最快的是____。

A. 光纤　　B. ISDN　　C. ADSL　　D. 拨号

10. 查看是否连接网络的命令是____。

A. Telnet　　B. ipconfig　　C. TCP/IP　　D. ping

11. 查看本机 IP 地址的命令是____。

A. Telnet　　B. ipconfig　　C. TCP/IP　　D. ping

12. 登录互联网后可以进行网上实时交流采用的技术是____。

A. 即时聊天工具软件　　B. 办公软件

C. 杀毒软件　　D. 防火墙软件

13. 计算机网络的突出特点是____。

A. 速度快　　B. 一对一传输信息
C. 数据共享　　D. 网络控制

14. IPv4 地址规范是采用____位二进制表示。
A. 16　　B. 32　　C. 64　　D. 128

15. 在局域网中，能提供网络共享打印服务的是____。
A. 文件服务器　　B. 打印服务器
C. 通信服务器　　D. 数据库服务器

16. 用于文件传输的协议是____。
A. HTTP　　B. TCP/IP　　C. FTP　　D. SMTP

17. 相对来说浏览信息速度慢的是____。
A. 拨号上网　　B. ADSL　　C. ISDN　　D. DDN

18. 网络间传递信息需要____。
A. 网卡　　B. 域名　　C. 网关　　D. 调制解调器

19. 利用计算机网络的目的是____。
A. 资源共享　　B. 共享游戏　　C. 共享软件　　D. 共享硬件

20. 计算机网络的基本功能是____。
A. 资源共享　　B. 分布式处理　　C. 数据通信　　D. 集中管理

21. 按照从低到高的顺序，在 OSI 参考模型中，第 1 层和第 5 层分别是____。
A. 数据链路层和会话层　　B. 数据链路层和表示层
C. 物理层和表示层　　D. 物理层和会话层

22. 按照规模从大到小的顺序，下列哪种排列顺序是正确的？____。
A. 互联网，城域网，广域网，局域网
B. 广域网，互联网，城域网，局域网
C. 互联网，广域网，城域网，局域网
D. 广域网，城域网，互联网，局域网

23. 一座大楼内的一个计算机网络系统，属于____。
A. 局域网　　B. 广域网　　C. 城域网　　D. 互联网

24. 有关交换机和集线器的区别，下面说法中错误的是____。
A. 交换机工作在 OSI 模型的第 2 层，集线器工作在第 1 层
B. 交换机是独享式的工作模式，集线器是共享式的工作模式
C. 以交换机为中心的网络不会出现冲突，以集线器为中心的网络会出现冲突
D. 以交换机为中心的网络换成以集线器为中心的网络可以克服网络冲突

25. 集线器和路由器分别运行于 OSI 模型的____。
A. 数据链路层和物理层　　B. 网络层和传输层

C. 传输层和数据链路层　　　　　D. 物理层和网络层

26. 222.4.5.6 和 126.4.5.6 分别属于____类 IP 地址。

A. B和B　　B. C和B　　C. A和C　　D. C和A

27. ____用来标志分布在整个因特网上的万维网文档。

A. HTTP 协议　　　　　B. 统一资源定位符 URL

C. HTML 语言　　　　　D. 文档的文件名

28. 中国的顶级域名是____。

A. .cn　　B. .jp　　C. .edu　　D. .com

第 7 章 Internet 的应用

Internet 的应用与人们的工作和生活密切相关，本章介绍 Internet 的基本知识，说明浏览器和电子邮件的使用方法。

知识导论

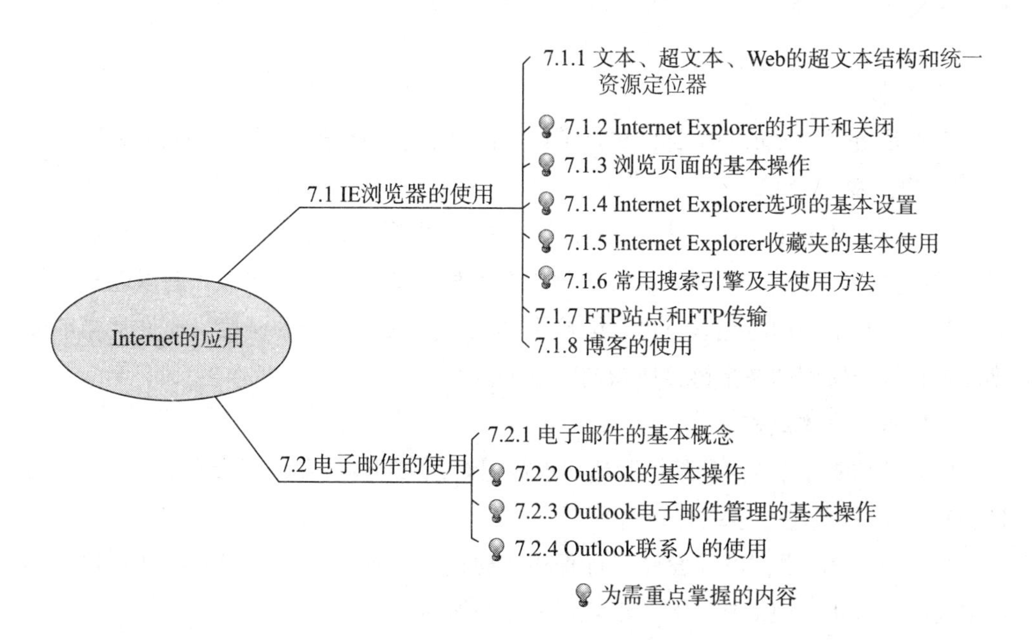

7.1 IE浏览器的使用

学习目标

※ 了解文本、超文本、Web超文本结构和统一资源定位器URL的基本概念；
※ 熟练掌握Internet Explorer的打开和关闭；
※ 熟练掌握浏览网页的基本操作；
※ 掌握Internet Explorer浏览器选项的基本设置；
※ 熟练掌握Internet Explorer浏览器收藏夹的基本使用；
※ 熟练掌握信息搜索的基本方法和常用搜索引擎的使用；
※ 了解在Internet Explorer浏览器中访问FTP站点的基本操作；
※ 了解博客的使用。

7.1.1 文本、超文本、Web超文本结构和统一资源定位器

1. 文本

文本是指可以显示的字符，包括字母、汉字、数字符号、标点符号和特殊符号。

2. 超文本

超文本（Hypertext）是用超链接的方法，将各种不同空间的文字信息组织在一起的网状文本。超文本用来显示文本及与文本相关的内容。超文本普遍以电子文档方式存在，其中的内容包含有可以链接到其他位置或者文档的链接，允许从当前阅读位置直接切换到超文本链接所指向的位置。

3. Web超文本结构

Internet的超文本信息是按照超文本标记语言（Hyper Text Markup Language，HTML）的规范进行组织的。

利用HTML语言可以设计网页程序，通过设计网页程序，能够将计算机中的文本或图形有机地组织在一起，供互联网用户浏览。

网页程序是采用HTML的标签命令组成的描述性文本，按照HTML的规范、命令定义文字、图形、动画、声音、表格、超链接等。网页程序的结构包括头部（Head）、主体（Body）两大部分。头部描述浏览器所需的信息，主体包含所要说明的具体内容。

4. 统一资源定位器

统一资源定位器（URL）是用来寻找互联网资源地址的规则。URL通常由三

部分组成：协议类型、网站的 IP 地址或域名地址、文件路径和文件名，文件路径和文件名可以省略。一般格式如下：

协议类型://网站的 IP 地址或域名地址/文件路径/文件名

例如，新浪主页的 URL 为：http://www.sina.com，在浏览器输入后，能够显示新浪的主页。

5. 浏览器

浏览器是指可以显示网页程序内容，并让用户与这些文件交互的软件。网页浏览器主要通过 HTTP 协议与网页服务器交互并将网页的内容显示给浏览者。

常见的网页浏览器包括微软的 Internet Explorer（简称 IE 浏览器）、Firefox 浏览器、Apple 的 Safari 浏览器、360 安全浏览器、傲游浏览器、腾讯 QQ 浏览器等。

7.1.2　Internet Explorer 的打开和关闭

1. 打开 Internet Explorer

在 Win7 系统的桌面，选择打开“Internet Explorer”，出现如图 7—1 所示的“Internet Explorer”窗口。⚙是工具按钮，☆是查看按钮。

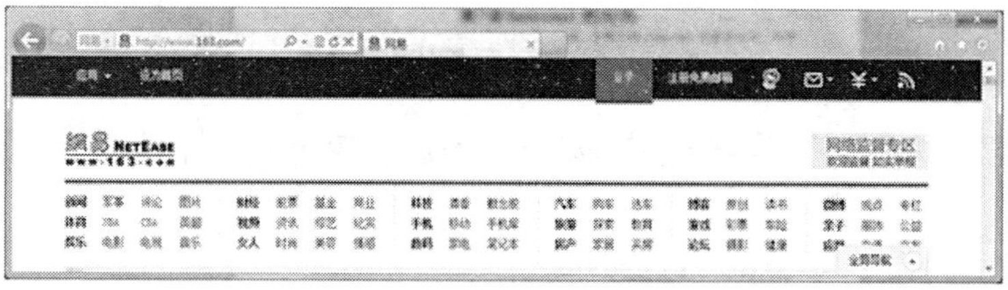

图 7—1　Internet Explorer

2. 关闭 Internet Explorer

在图 7—1 所示的“Internet Explorer”窗口，选择“文件—关闭窗口”，或者单击浏览器窗口右上角的×图标，即可关闭 Internet Explorer。

7.1.3　浏览网页的基本操作

1. 浏览网页

在图 7—1 所示的“Internet Explorer”窗口，在“地址栏”输入网站的域名，可以浏览网站的内容。

2. 浏览历史记录

在图 7—1 所示的“Internet Explorer”窗口，单击“查看”按钮，选择“历史记录”标签，能够显示出曾经浏览过的历史网页。IE 浏览器提供了“按日期查看”、“按站点查看”、“按访问次数查看”等方式。

7.1.4 Internet Explorer 选项的基本设置

1. 常规设置

在图 7—1 所示的“Internet Explorer”窗口，单击“工具”按钮，选择“Internet 选项”，出现如图 7—2 所示的“Internet Explorer—常规”界面。

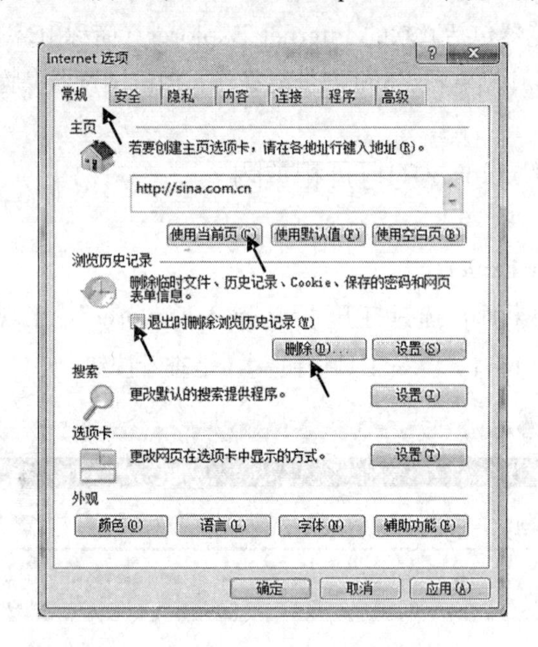

图 7—2　Internet Explorer 浏览器—常规设置

在“常规”标签页允许用户进行起始主页、历史记录和临时文件等设置。

(1) IE 浏览器主页设置。

用户可以设置打开 IE 浏览器时，自动显示的网站主页。例如，将 www. sina. com. cn 作为默认网站的设置方法如图 7—2 所示。

(2) Internet 临时文件。

浏览网页内容时，IE 浏览器会自动将访问过的网页内容保存在浏览器的临时文件夹中，这些保存的文件就是临时文件，在下次访问该网页时可以提高浏览的速度。但是如果保存的临时文件太多，也会导致 IE 浏览器的访问速度过慢，浪费计算机的硬盘存储空间。所以随时清理临时文件是非常有必要的。

(3) 历史记录。

IE 浏览器可以将最近一段时间内访问过的网址保存在历史记录中，便于用户快速访问。用户可以自定义保存历史记录的天数，这样到期电脑就会自动清除历史记录。也可以手动清除历史记录。在图 7—2 所示的“Internet Explorer—常规设置”界面，单击“删除”按钮，能够删除历史记录或临时文件，这样能够节省硬盘的存储空间。

2. 安全设置

在图 7—1 所示的“Internet Explorer”窗口，单击“工具”按钮，选择“Internet 选项—安全”，出现如图 7—3 所示的“Internet Explorer—安全设置”界面。

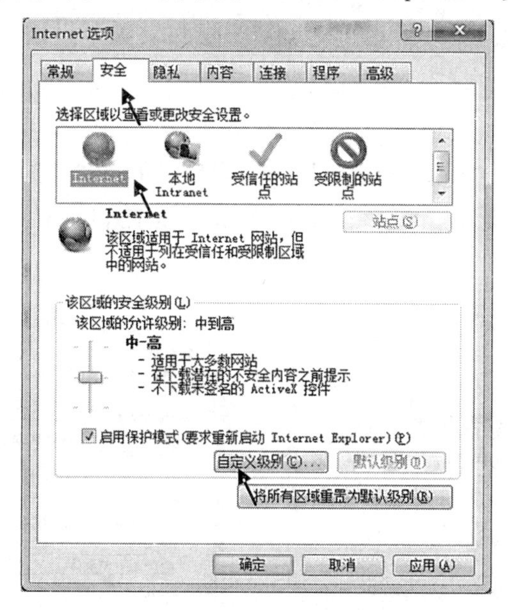

图 7—3　Internet Explorer—安全设置

这里说的 Internet 安全设置是指对 IE 访问区域的安全设置，此处可以设定对被访问网站的信任程度。IE 能够针对 Internet、本地 Intranet、受信任的站点、受限制的站点四个区域设置其安全级别，系统默认的安全级别分别为中、中低、高和低。

在浏览网页时经常会弹出一些令人厌烦的广告，为了阻止广告窗口的弹出可以对 Internet 安全区域进行设置。操作步骤方法：

在如图 7—3 所示的“Internet Explorer—安全设置”界面，选择“Internet”选项，单击“该区域的安全级别—自定义级别”按钮，打开“安全设置”对话框，在“活动脚本”选项中单击“禁用”单选按钮，即可屏蔽弹出的广告。

3. 隐私设置

在图 7—1 所示的“Internet Explorer”窗口，单击“工具”按钮，选择“Internet 选项—隐私”，出现如图 7—4 所示的“Internet Explorer—隐私设置”界面。

Cookies 是一种能够让网站服务器把少量数据储存到客户端的硬盘或内存，或从客户端的硬盘读取数据的技术。当用户浏览某网站时，Web 服务器便在客户端的硬盘上记录用户 ID、密码、浏览过的网页、停留的时间等信息，这些数据称作 Cookies 信息。当用户再次来到该网站时，网站通过读取 Cookies 获取相关数据，就可以做出相应的动作，这样避免了用户再次输入。

Cookies 中的内容大多数经过了加密处理，因此在一般用户看来只是一些毫无意义的字母数字组合，只有服务器的处理程序才知道它们的真正含义。由于 Cookies 是用户浏览的网站传输到用户计算机硬盘中的文本文件或内存中的数据，因此它在硬盘中存放的位置与使用的操作系统和浏览器密切相关。

在图 7—4 所示的“Internet Explorer—隐私设置”界面，移动滑块可以设置 Cookies 的安全级别。

4. 内容设置

在图 7—1 所示的“Internet Explorer”窗口，单击“工具”按钮，选择“Internet 选项—内容”，出现如图 7—5 所示的“Internet Explorer—内容设置”界面。

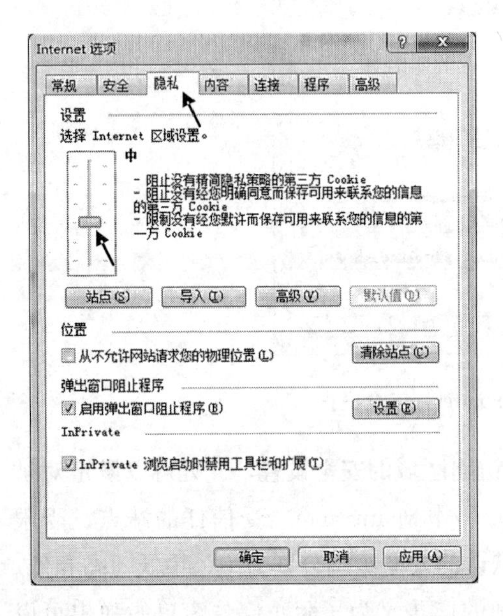

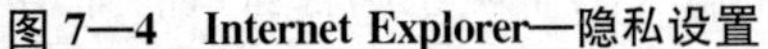
图 7—4　Internet Explorer—隐私设置

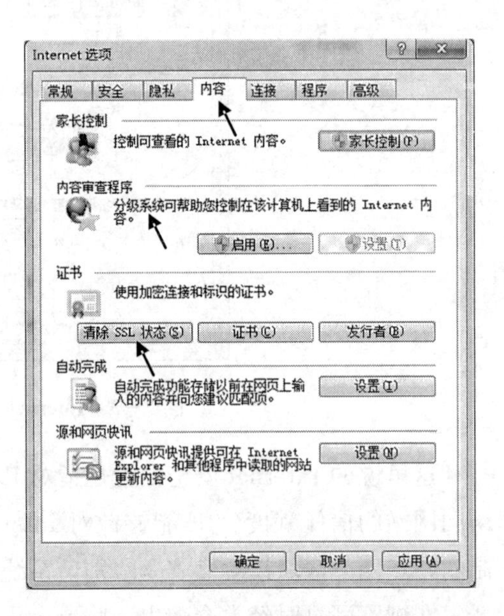

图 7—5　Internet Explorer—内容设置

互联网上的有些内容如暴力、裸体、性等不适合人们浏览。在图 7—5 所示的“Internet Explorer—内容设置”界面，可以按照分级审查的设置级别显示有关内容。为了保证系统的安全也可以设置系统的安全证书。

5. 连接设置

在图 7—1 所示的“Internet Explorer”窗口，单击“工具”按钮，选择“Internet 选项—连接”，出现如图 7—6 所示的“Internet Explorer—连接设置”界面。在此，可以设置连接方式。

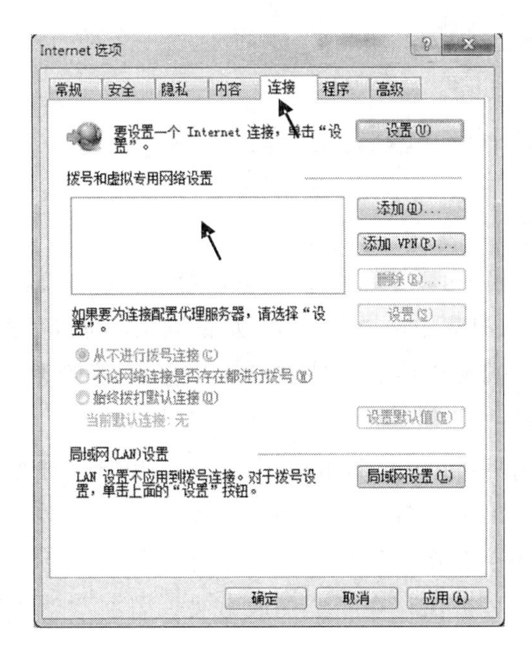

图 7—6　Internet Explorer—连接设置

6. 程序设置

在图 7—1 所示的“Internet Explorer”窗口，单击“工具”按钮，选择“Internet 选项—程序”，出现如图 7—7 所示的“Internet Explorer—程序设置”界面。

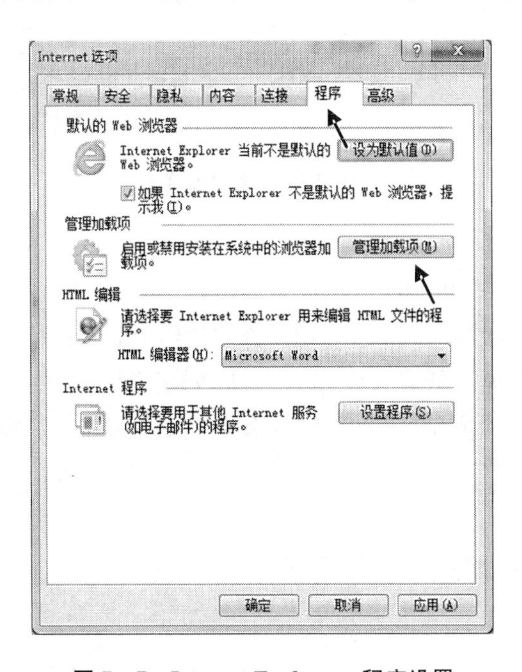

图 7—7　Internet Explorer—程序设置

在图 7—7 所示的“Internet Explorer—程序设置”界面，可以设置与 Internet

有关的服务程序和默认的 Web 浏览器。

7.1.5 Internet Explorer 收藏夹的基本使用

1. 收藏夹的作用

对于经常浏览的网站可以把它们保存到收藏夹列表中，以后再次浏览这个网站时，可以直接从收藏夹列表中选择来浏览对应的网站，可以免去在地址栏中输入网站域名。为了便于管理收藏的网站，收藏夹可以进行分类管理。

2. 添加到收藏夹

在图 7—1 所示的“Internet Explorer”窗口，单击“查看”按钮，选择“添加到收藏夹”标签，出现如图 7—8 所示的“添加收藏”对话框，能够把浏览的网页添加到收藏夹中。若在“创建位置”选择“收藏夹”或其下文件夹后，单击“添加”按钮，网页被保存在指定的收藏夹。若在“创建位置”选择“收藏夹”或其下文件夹后，单击“新建文件夹”按钮，将在指定的收藏夹中创建新的收藏夹。

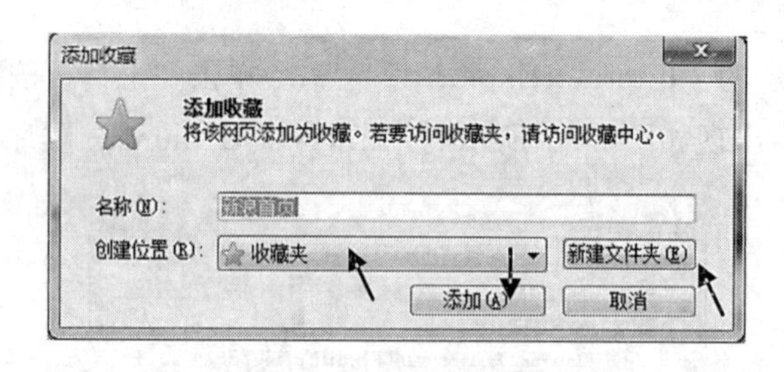

图 7—8 添加收藏

3. 整理收藏夹

在图 7—1 所示的“Internet Explorer”窗口，单击“查看”按钮，选择“收藏夹”标签，出现收藏的网页列表，单击鼠标右键，出现如图 7—9 所示的“整理收藏夹”快捷菜单。选择“新建文件夹”，可以创建新的收藏夹；选择“复制”，可以复制收藏夹；选择“重命名”，可以重命名收藏夹；选择“删除”，可以删除收藏夹。

7.1.6 常用搜索引擎及其使用方法

1. 搜索引擎

搜索引擎是指自动从互联网搜集信息、经过整理以后提供给用户进行查询的系统。互联网上的信息量大、信息的存储格式多属于不规则格式，利用搜索引擎可以

图 7—9　整理收藏夹

帮助人们从不规则的信息中获得满足查询需求的信息。

很多大型网站都在网站主页提供了搜索标题栏供浏览者搜索信息。专门提供搜索引擎的网站有 http://www.google.com（谷歌）、http://www.baidu.com（百度）等。

2. 搜索引擎的分类

搜索引擎按其工作方式主要分为全文搜索引擎、目录索引类搜索引擎和元搜索引擎。

(1) 全文搜索引擎

全文搜索引擎是名副其实的搜索引擎，典型代表有 Google、Baidu。它们都是从它们从互联网上提取的各个网站的信息而建立的数据库中，检索与用户查询条件匹配的相关记录，然后按一定的排列顺序将结果返回给用户，因此是真正的搜索引擎。

从搜索结果来源的角度，全文搜索引擎又可细分为两种：一种是拥有自己的检索程序，俗称“蜘蛛程序”或“机器人程序”，并自建网页数据库，搜索结果直接从自身的数据库中调用；另一种则是租用其他引擎的数据库，并按自定的格式排列搜索结果。

(2) 目录索引搜索引擎。

目录索引搜索引擎虽然有搜索功能，但严格意义上算不上是真正的搜索引擎，仅仅是按目录分类的网站链接列表而已。用户完全可以不用进行关键词查询，仅靠分类目录就可找到需要的信息。目录索引搜索引擎的典型代表有 Yahoo、搜狐、新浪和网易。

(3) 元搜索引擎。

元搜索引擎在接受用户查询请求时，同时在其他多个引擎上进行搜索，并将结果返回给用户。

3. 搜索引擎的工作原理

（1）搜集信息。搜索引擎的信息搜集基本都是自动的，搜索引擎利用“蜘蛛程序”来连接每一个网页上的超链接，进而搜集信息。

（2）整理信息。搜索引擎整理信息的过程称为“建立索引”。搜索引擎不仅要保存搜集起来的信息，还要将它们按照一定的规则进行编排。这样，搜索引擎根本不用重新翻查它所有保存的信息而能迅速找到所要的资料。

（3）接受查询。用户向搜索引擎发出查询，搜索引擎接受查询并向用户返回资料。搜索引擎每时每刻都要接到来自大量用户的几乎是同时发出的查询，它按照每个用户的要求检查自己的索引，在极短时间内找到用户需要的资料，并返回给用户。目前，搜索引擎返回主要是以网页链接的形式提供的，通过这些链接，用户便能到达含有自己所需资料的网页。

4. 搜索引擎的检索方法

（1）简单查询。

在搜索引擎中输入关键词，然后单击“搜索”按钮，系统很快会返回查询结果，这是最简单的查询方法，但是查询的结果却不准确，可能包含着许多无用的信息。

（2）使用双引号用（“”）。

给要查询的关键词加上双引号，可以实现精确查询，这种方法要求查询结果精确匹配。例如，在搜索引擎的输入框中输入“计算机应用技术”，它就会返回网页中有“计算机应用技术”这个关键字的网址，而不会返回诸如“计算机”、“计算机应用”、“应用技术”之类的网页网址。

（3）使用加号（+）。

在关键词的前面使用加号，也就等于告诉搜索引擎该单词必须出现在搜索结果的网页上，例如，在搜索引擎中输入“+中国+北京+上海”就表示要查找的内容必须要同时包含“中国”、“北京”、“上海”这三个关键词。

（4）使用减号（—）。

在关键词的前面使用减号，也就意味着在查询结果中不能出现该关键词，例如，在搜索引擎中输入“电视台—中央电视台”，它就表示最后的查询结果一定不能包含“中央电视台”。注意减号前要有一个空格。

（5）使用通配符（*和?）。

通配符包括星号（*）和问号（?），前者表示匹配的字符数量不受限制，后者表示匹配的字符数量要受到限制，主要用在英文搜索引擎中。

（6）使用布尔检索。

布尔检索是指通过标准的布尔逻辑关系来表达关键词与关键词之间逻辑关系的一种查询方法，这种查询方法允许输入多个关键词，各个关键词之间的关系可以用逻辑关系词来表示。

and：逻辑“与”，表示它所连接的两个词必须同时出现在查询结果中。

or：逻辑“或”，表示所连接的两个关键词中的任意一个出现在查询结果中就可以。

not：逻辑“非”，表示所连接的两个关键词中不能同时出现在一个结果中。

在实际使用过程中，可以将各种逻辑关系综合运用，灵活搭配，以便进行复杂的查询。

（7）使用括号。

当两个关键词用另外一种操作符连在一起，而又想把它们列为一组时，就可以给这两个词加上圆括号。

（8）使用元词检索。

大多数搜索引擎都支持“元词”功能，依据这个功能用户把元词放在关键词的前面，这样就相当于告诉搜索引擎想要检索的内容具有哪些明确的特征。例如，在搜索引擎中输入“title：新浪”，可以查到网页标题中带有“新浪”的网页；输入“domain：org”，可以查到所有以“org”为后缀的网站；输入“image：日出”，可以检索出与“日出”有关的图片。

（9）区分大小写。

这是检索英文信息时要注意的一个问题，许多英文搜索引擎可以让用户选择是否区分关键词的大小写，这一功能对查询专有名词有很大的帮助。

7.1.7　FTP 站点和 FTP 传输

1. FTP 站点

FTP 是文件传输协议，服务器中存有大量的共享软件和免费资源，要想把文件从服务器中传送到客户机上或者把客户机上的资源传送至服务器，就必须在两台机器间进行文件传送，此时双方必须共同遵守一定的规则。FTP 就是实现在客户机和服务器之间进行文件传输的标准协议。

如果用户要将一个文件从自己的计算机上发送到另一台计算机，则称为 FTP 的上传；而更多的情况是用户从服务器上把文件或资源传送到客户机，这称为 FTP 的下载。在 Internet 上有一些计算机称为 FTP 服务器，它存储了许多允许存取的文件，如文本文件、图像文件、程序文件、声音文件、电影文件等。

通常一个用户必须在 FTP 服务器进行注册，即建立用户账号，拥有合法的登录用户名和密码后，才可能进行有效的 FTP 连接和上传、下载。

大多数站点提供匿名 FTP 服务，即这些站点允许任何一个用户免费登录到它们的机器上，并从其上复制文件。这类服务器的目的就是向公众提供免费的文件拷贝服务，因此，它不要求用户事先在该服务器进行注册。与这类“匿名”FTP 服务器建立连接时，用户名一般是 anonymous，而口令可以使用任意字符串。

2. FTP 传输

进行 FTP 上传或下载时，要先设置 IE 浏览器，在图 7—1 所示“Internet Explorer”界面，单击“工具”图标，选择“Interent 选项—高级”，在打开的“高级设置”界面勾选“浏览—启用 FTP 文件夹视图”选项。然后在 IE 浏览器的地址栏输入：

ftp://＜用户名＞：＜密码＞@＜IP 地址＞＜/文件夹名/文件名＞

利用 IE 浏览器进行 FTP 文件传输的步骤如下：

- 启动 IE 浏览器。在地址栏中输入要访问的 FTP 服务器地址。将在 Windows 浏览器中打开 FTP。
- 如果该 FTP 站点要求输入用户名和密码，则登录后方可进入该站点。如果是对所有用户开放的 FTP 站点，则直接进入该站点。
- 定位到所需文件所在的目录，找到要下载的文件，即可进行文件的下载。

7.1.8 博客的使用

1. 博客

博客（Blog）是以网络作为载体，利用网络提供的存储空间，让网友能够方便地在网络上发布自己的信息，及时、轻松地与他人进行交流，展示个性化特征的综合技术平台。每个人都可以使用博客，在自己申请的网络博客空间发表文章或阅读他人的文章，其他人看到后会在其后留言，这样会留下很多记录日志，所以博客也称作网络日志。

博客的内容可以是纯粹个人的想法和心得，主题内容可以是对时事新闻、现实事物、国家大事的看法，也可以是琐碎的事情记录等。博客带有很明显的个人性质，是纯粹个人思想的表达和日常琐事的记录，它所提供的内容可以用来进行交流和为他人提供帮助。

2. 如何申请博客空间

想要写博客，首先要确定在哪个网站申请博客空间，比如网易、新浪等都提供博客空间服务。成功申请博客空间后，获得管理博客的登录名和密码。下面介绍在网易网站申请博客空间的方法。

(1) 进入网易博客网站的主页。

在 IE 浏览器地址栏输入“http://blog.163.com”，进入网易博客网站的主页，单击“注册”按钮，出现如图 7—10 所示的“注册网易博客”界面。

(2) 输入博客资料。

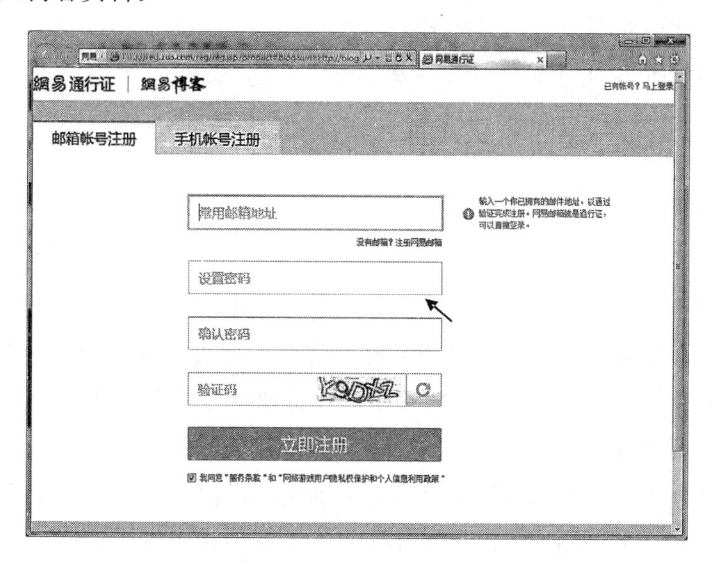

图 7—10 注册网易博客

在图 7—10 所示的“注册网易博客”界面，按照提示填写有关内容，在“设置密码”和“密码确认”位置，输入登录博客的密码，按照屏幕提示输入正确的验证码，然后单击“立即注册”按钮。提交信息成功后，可以设置博客的页面、风格、样式等内容。

3. 怎样写博客

(1) 在 IE 浏览器的地址栏输入申请的博客域名并登录后，选择“日志”标签，单击“写日志”按钮，进入写博客文章的界面。

(2) 写博客文章时可以设置版面格式，包括设置字体、字号、颜色，插入图片，插入视频，插入表情，添加标签，设置允许或不允许评论等。写完博客文章后，选择好博客文章的分类，单击“发博文”按钮发表博客文章。

7.2 电子邮件的使用

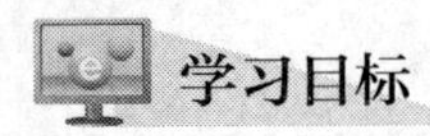

学习目标

※ 了解电子邮件的基本概念；

※ 掌握 Outlook 基本参数设置；

※ 熟练掌握 Outlook 的基本操作；

※ 掌握 Outlook 电子邮件管理的基本操作；

※ 掌握 Outlook 联系人的使用方法。

7.2.1 电子邮件的基本概念

电子邮件已经成为网络用户日常交往过程中进行信息交流与传送的重要手段，它具有速度快、信息内容丰富、使用方便等优点，特别是与 Outlook 结合使用，更能发挥电子邮件的优势。下面先就邮箱申请和管理进行简要介绍。

1. 申请电子邮箱

使用互联网处理电子邮件需要申请电子邮箱，目前很多网站提供免费电子邮箱和收费电子邮箱服务，用户可以根据自己的需要申请相应电子邮箱服务。电子邮箱地址由邮箱名称、@、网站名称共三部分组成。

申请邮箱的实质是在网站的电子邮件服务器，建立了一个以邮箱名字命名的文件夹，其他人发给你的邮件都保存到这个文件夹中，只要邮箱的主人打开邮箱，就会看到这个文件夹里的文件，等同于看到了别人发来的邮件。下面介绍如何在网易网站（www. 163. com）申请电子邮箱的操作过程。

(1) 在 IE 浏览器的地址栏输入“www. 163. com”登录网站，如图 7—11 所示为网易主页。

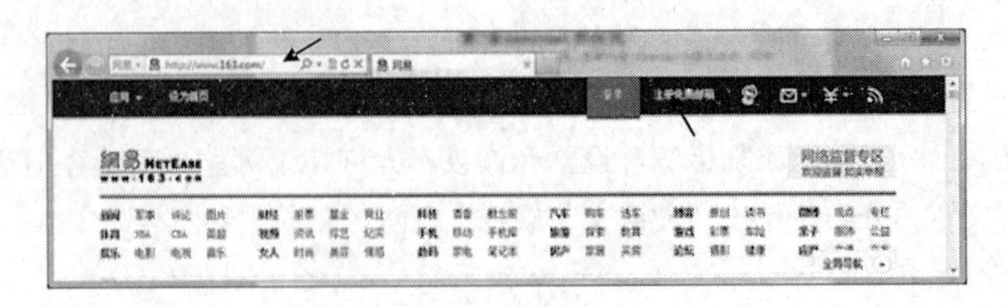

图 7—11　网易主页

（2）在图 7—11 所示的网易主页，选择“注册免费邮箱”，出现图 7—12 所示的“注册网易邮箱”界面。

图 7—12　注册网易邮箱

（3）在图 7—12 所示的“注册网易邮箱”界面的“邮件地址”位置输入要建立的邮箱名称，按照提示输入密码、确认密码、验证码，单击“立即注册”按钮，出现图 7—13 所示的“网易邮箱注册成功”提示。

图 7—13　网易邮箱注册成功

(4) 在图 7—13 所示的“网易邮箱注册成功”界面，输入手机验证资料，单击“跳过这一步，进入邮箱”按钮，出现如图 7—14 所示的“网易邮箱”界面。

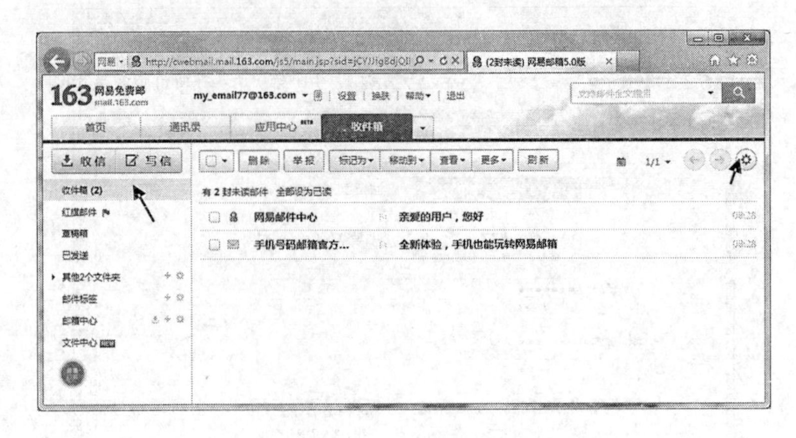

图 7—14　网易邮箱

(5) 在图 7—14 所示的“网易邮箱”界面，单击⚙按钮，出现图 7—15 所示的“网易邮箱—基本设置”界面，选择“基本设置”选项，进行基本设置。

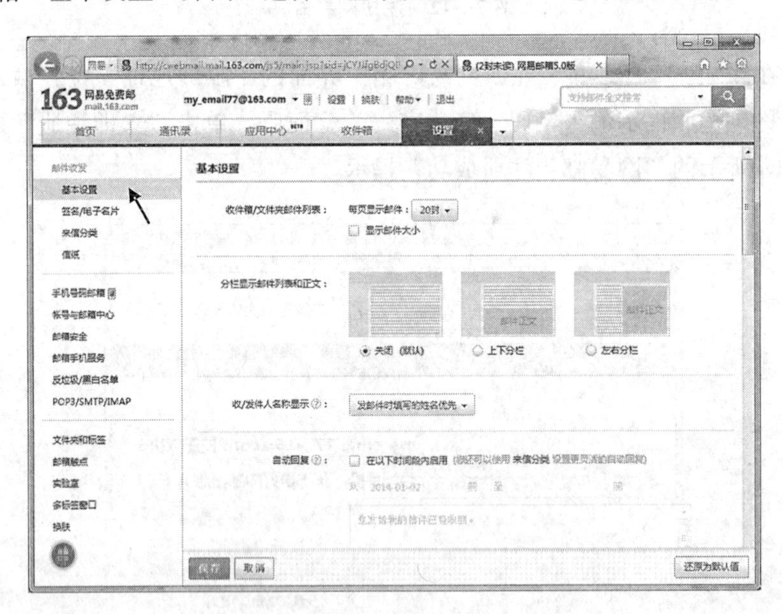

图 7—15　网易邮箱—基本设置

(6) 在图 7—15 所示的“网易邮箱—基本设置”界面，选择“POP3/SMTP/IMAP”选项，出现图 7—16 所示的“网易邮箱—设置 POP3/SMTP/IMAP”界面。

(7) 在图 7—16 所示的“网易邮箱—设置 POP3/SMTP/IMAP”界面，选择“POP3/SMTP/IMAP”选项，设置“POP3/SMTP/IMAP”参数，勾选“开启”选项，为后续 Outlook 设置做好准备。

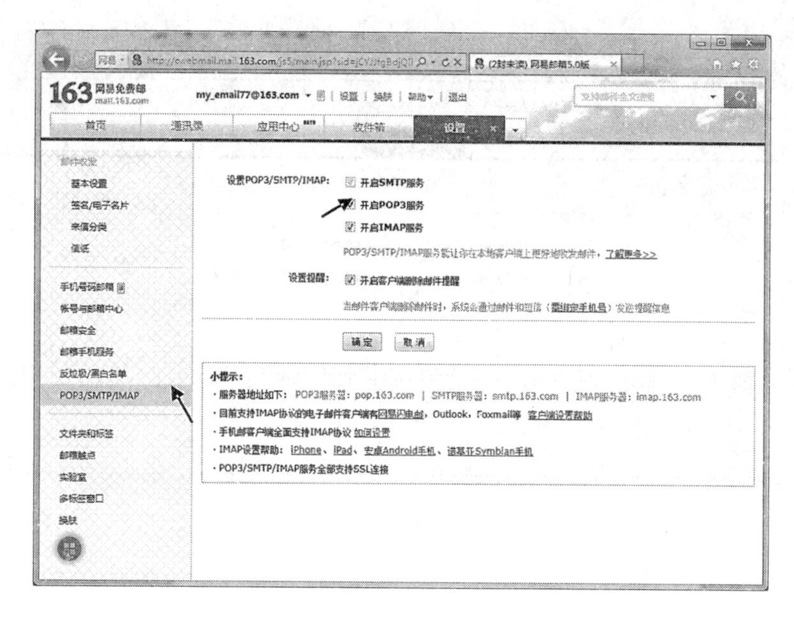

图 7—16　网易邮箱—设置 POP3/SMTP/IMAP

2. 管理电子邮箱

申请了电子邮箱以后可以管理邮箱里的邮件，包括收信、写信、删除信件等操作，各网站的邮箱管理软件的功能各有特点。在 IE 浏览器的地址栏输入“http://email.163.com”登录网站，出现如图 7—17 所示的“登录网易邮箱”界面。

图 7—17　登录网易邮箱

在图 7—17 所示的“登录网易邮箱”界面，输入已经注册的邮箱名称和密码，单击“登录”按钮，出现图 7—18 所示的“网易邮箱”界面。

（1）收信。

在如图 7—18 所示的“网易邮箱”界面，单击“收信”按钮，可以显示目前收件箱里的信件。单击信件的标题可以显示信件的内容。选择信件后，单击“删除”

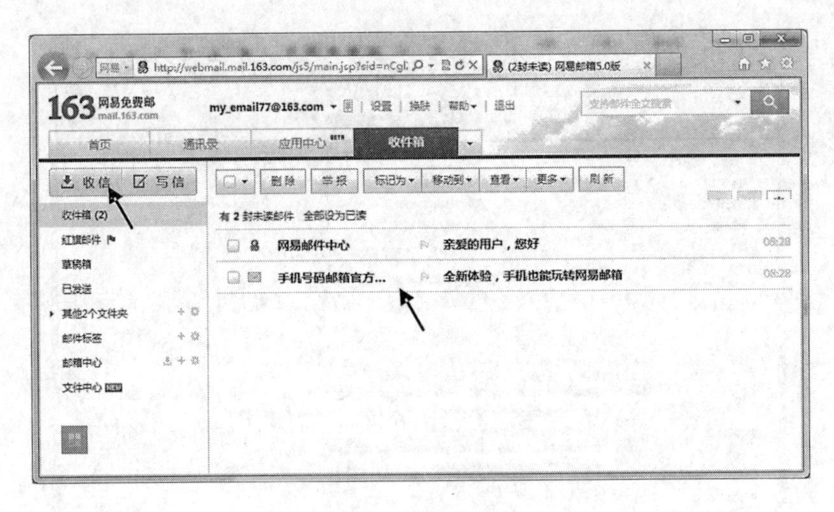

图 7—18 网易邮箱

按钮，可以将选择的信件删除。

（2）写信。

在如图 7—18 所示的“网易邮箱”界面，单击“写信”按钮，出现如图 7—19 所示的“网易邮箱—写信”界面，可以给其他人发邮件。

● 在“收件人”处填写收件人完整的邮箱地址，如果给多个人发邮件，那么邮箱地址之间用分号分开。自己也可以给自己发邮件。

● 在“主题”处填写邮件的标题名称，以便收件人了解邮件的简要内容。

● 如果要添加附件，可以单击“添加附件”选项，在出现的如图 7—20 所示“网易邮箱—添加邮件附件”对话框中选择附件文件。

● 输入邮件的内容，输入内容时可以设置邮件的版面格式。

● 单击“发送”按钮，邮件就被发送，屏幕显示“邮件成功发送”的提示信息。单击“存草稿”按钮，邮件被保存到草稿箱中，以后可以随时发送草稿箱中的邮件。

7.2.2 Outlook 的基本操作

Outlook 是微软 Office 软件的一个组件。它不仅是电子邮件收发器，而且还提供了个人记事本、日历、提醒、公用文件夹等功能，是一个体贴入微的办公助手。

使用 Outlook 需要建立 Outlook 邮箱账户。操作方法如下：

（1）第一次运行 Outlook 2010 时，会出现如图 7—21 所示的 outlook 启动界面。

（2）在如图 7—21 所示的 Outlook 启动界面，点击“下一步”按钮，出现如图 7—22 所示的“账户配置”界面。

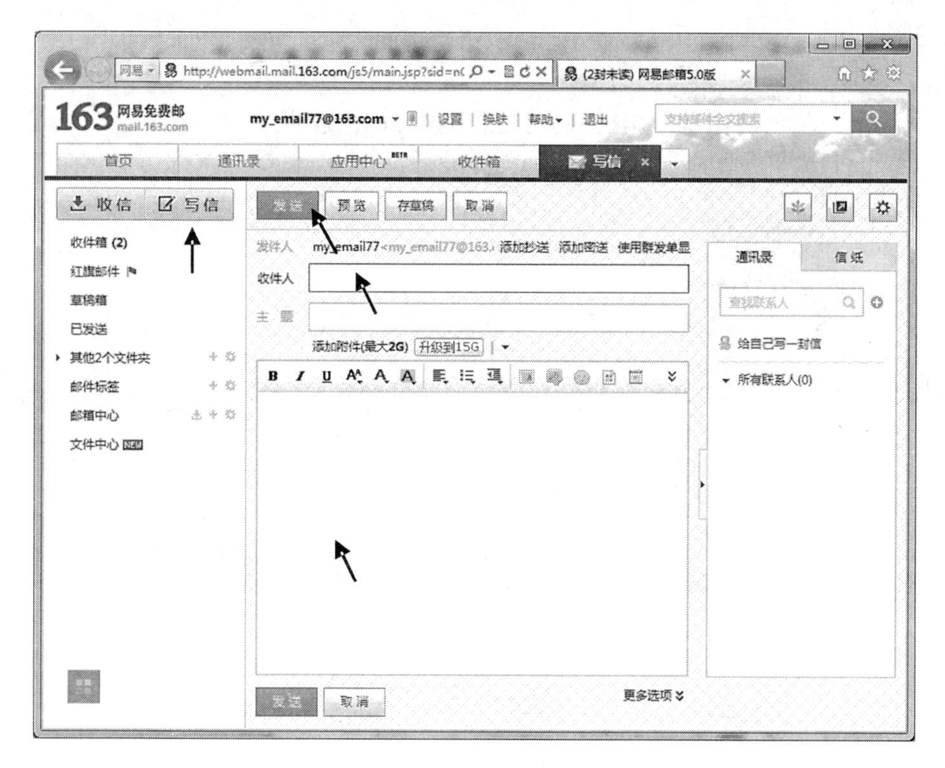

图 7—19　网易邮箱—写信

图 7—20　网易邮箱—添加邮件附件

（3）在如图 7—22 所示的“账户配置”界面，选择“是”，点击“下一步”按钮，出现如图 7—23 所示的“添加新账户”界面。

（4）在如图 7—23 所示的“添加新账户”界面，选择“手动配置服务器设置或其他服务器类型”，点击“下一步”按钮，出现如图 7—24 所示的“选择服务”

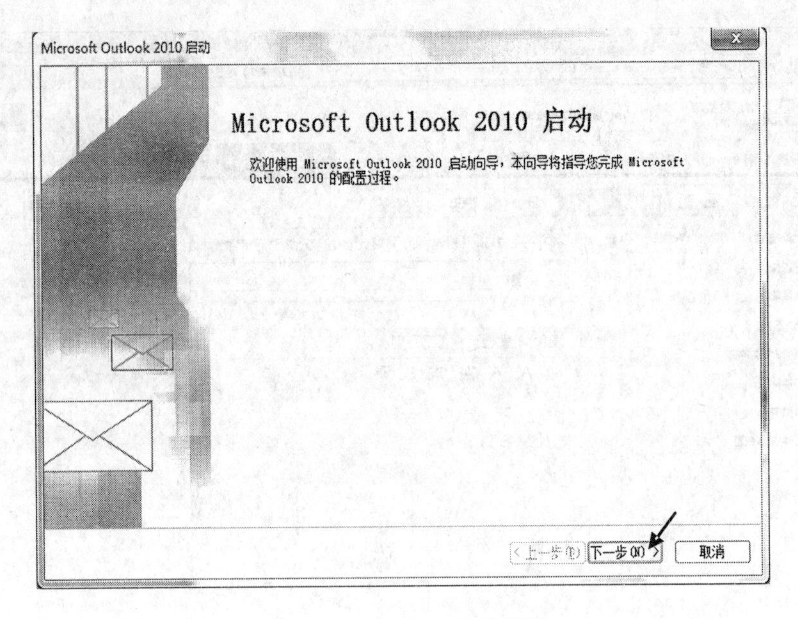

图 7—21　Outlook 启动界面

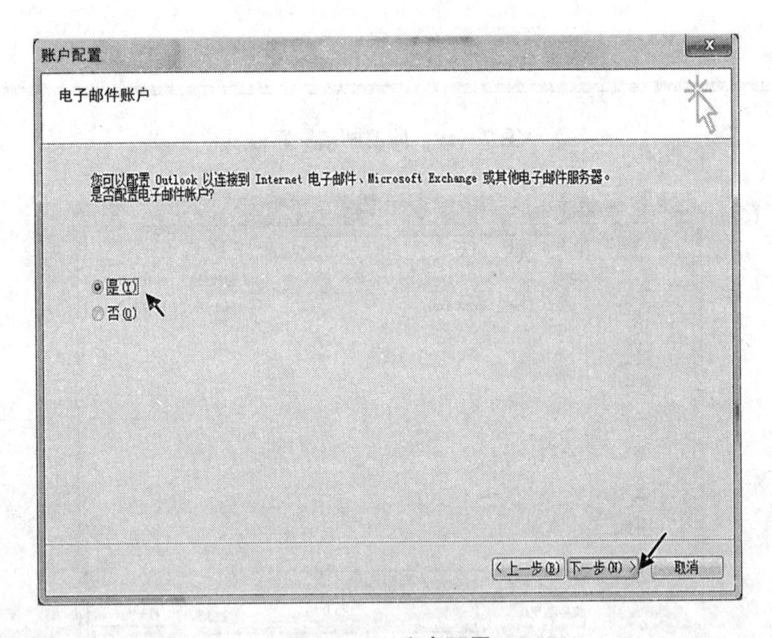

图 7—22　账户配置

界面。

（5）在如图 7—24 所示的“选择服务”界面选择“Internet 电子邮件”，点击“下一步”按钮，出现如图 7—25 所示的“Internet 电子邮件设置”界面。

（6）在如图 7—25 所示的“Internet 电子邮件设置”界面，输入账户信息。

- 在“您的姓名”处填入自己的姓名。
- 在“电子邮件地址”处填入邮箱地址，如“my_mail0001@sina. com”。
- 在“接收邮件服务器”处填入如“pop. sina. com”。

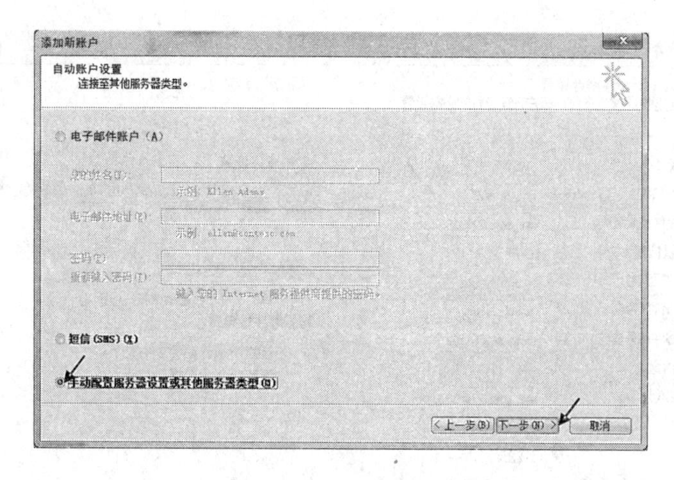

图 7—23　添加新账户

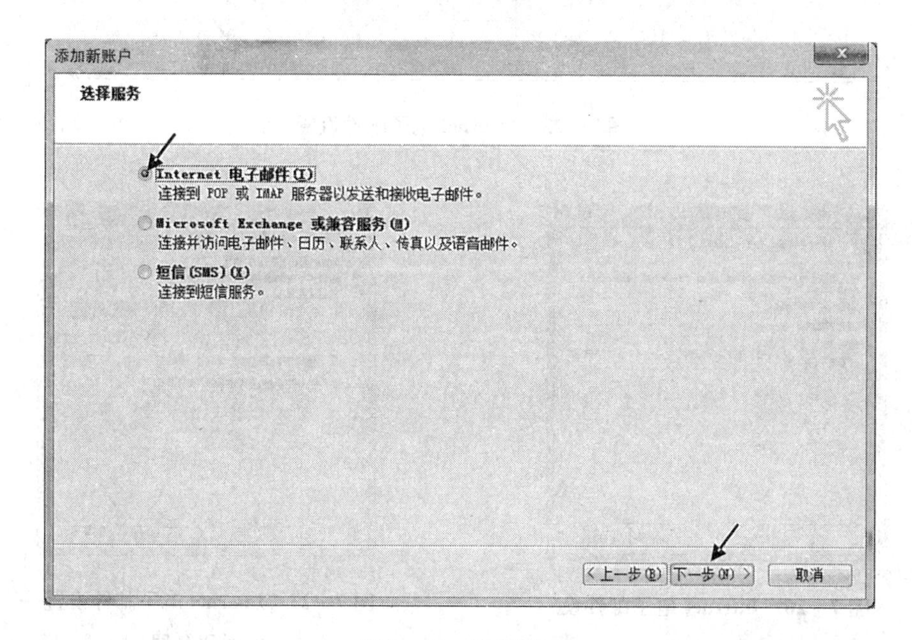

图 7—24　选择服务

- 在“发送邮件服务器”处填入如“smpt. sina. com”。
- 在“登录信息”处输入自己的邮箱用户名及密码。

填写完“用户信息”、“服务器信息”及“登录信息”后，单击“其他设置”按钮，出现如图 7—26 所示的“Internet 电子邮件设置—常规”界面。

(7) 在图 7—26 所示的“Internet 电子邮件设置—常规”界面，选择“发送服务器”标签，出现如图 7—27 所示的“Internet 电子邮件设置—发送服务器”界面。

在图 7—27 所示的“Internet 电子邮件设置—发送服务器”界面，勾选“我的发送服务器（STMP）要求验证”选项，单击“确定”按钮，返回到如图 7—25 所示的界面。

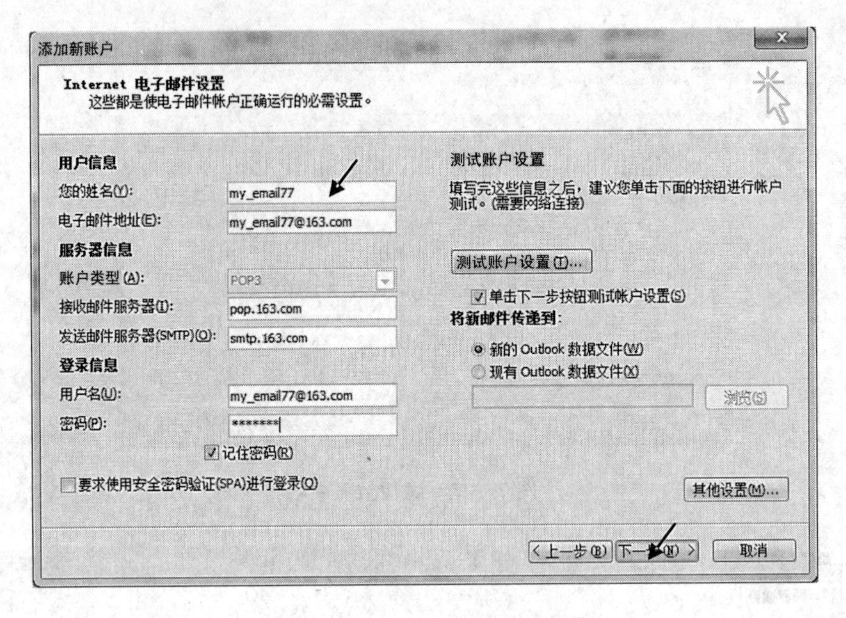

图 7—25　Internet 电子邮件设置

图 7—26　Internet 电子邮件设置一常规

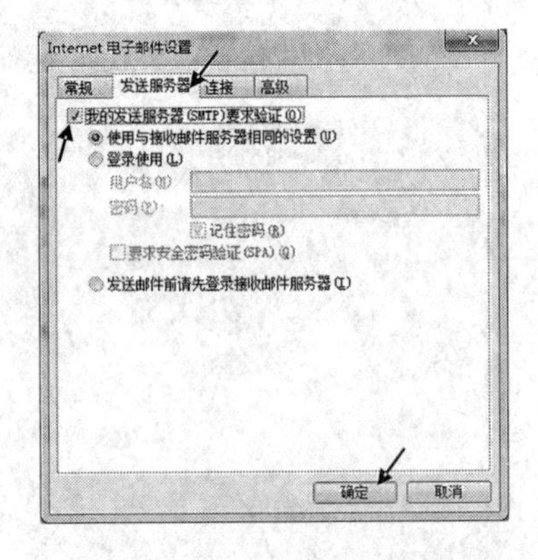

图 7—27　Internet 电子邮件设置一发送服务器

（8）在图 7—25 所示的界面，单击“下一步”按钮，出现如图 7—28 所示的“测试账户设置”对话框。单击“关闭”按钮，出现如图 7—29 所示的“Outlook 添加账户完成”提示。

7.2.3　Outlook 电子邮件管理的基本操作

1. Outlook 主界面

进入 Outlook 系统后，出现如图 7—30 所示的 Outlook 主界面。

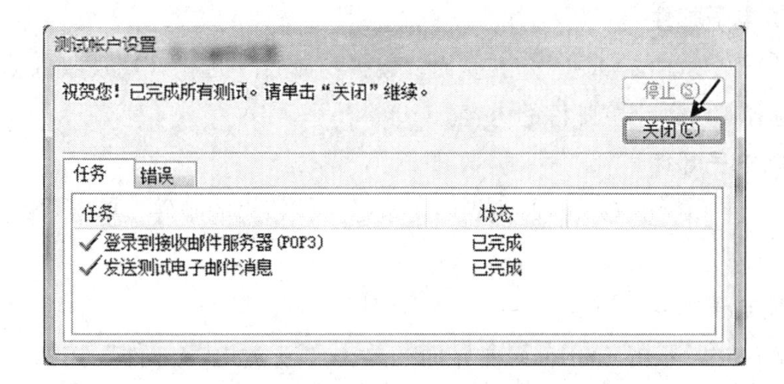

图 7—28　测试账户设置

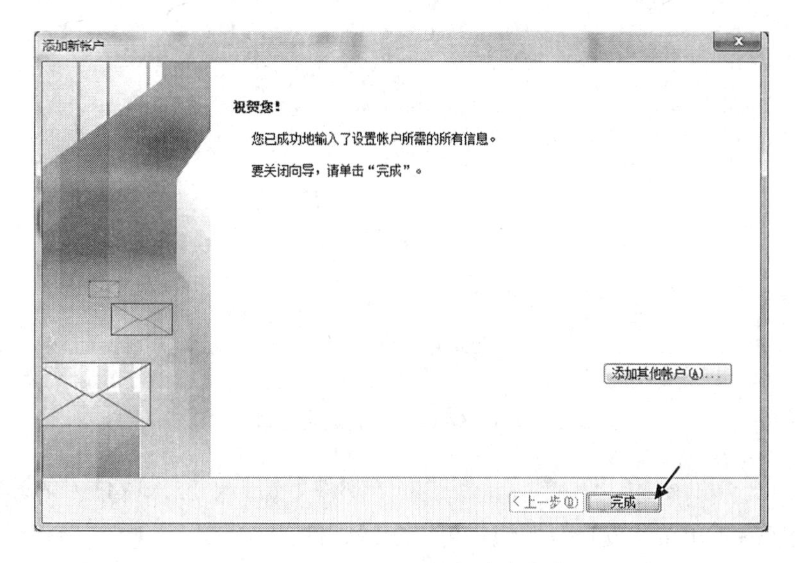

图 7—29　Outlook 添加账户完成

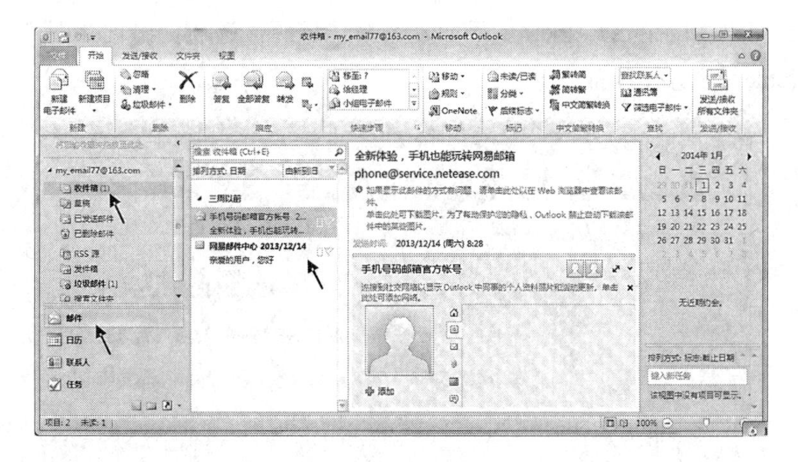

图 7—30　Outlook 主界面

2. 浏览电子邮件

在图 7—30 所示的 Outlook 主界面，选择“邮件”选项，出现收件箱保存的邮件，可以选择邮件并浏览邮件的内容。

3. 删除电子邮件

在图 7—30 所示的 Outlook 主界面，选择收件箱里的邮件，单击“删除”按钮，可以删除邮件。

4. 新建电子邮件

在图 7—30 所示的 Outlook 主界面，单击“新建电子邮件”按钮，出现如图 7—31 所示的“Outlook—新建电子邮件”窗口。

图 7—31　Outlook—新建电子邮件

在图 7—31 所示的“Outlook—新建电子邮件”窗口，输入收件人的邮箱地址、主题、内容后，单击“发送”按钮，可以发送邮件。

5. 日历管理

在图 7—30 所示的 Outlook 主界面，选择“日历”选项，出现如图 7—32 所示的“Outlook—日历”界面。

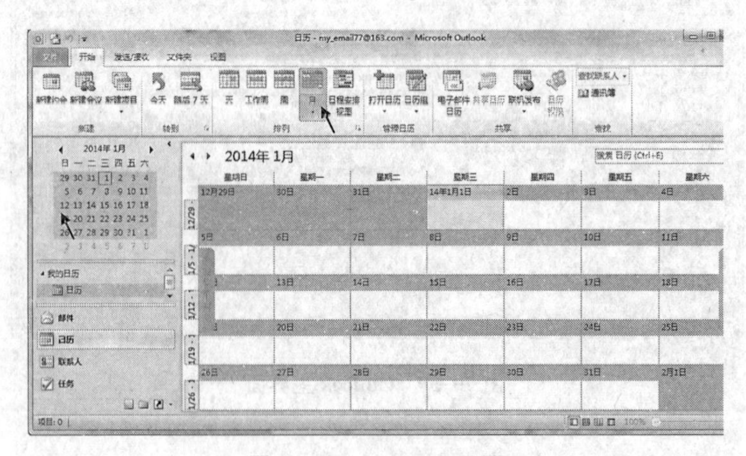

图 7—32　Outlook—日历

在图 7—32 所示的“Outlook—日历”界面，单击“新建约会”、“新建会议”、“新建项目”按钮，能够按照日期设置约会、会议、项目等日程提醒。

7.2.4　Outlook 联系人的使用

1. 联系人界面

在图 7—30 所示的 Outlook 主界面，选择“联系人”选项，出现如图 7—33 所示的“Outlook—联系人”界面。

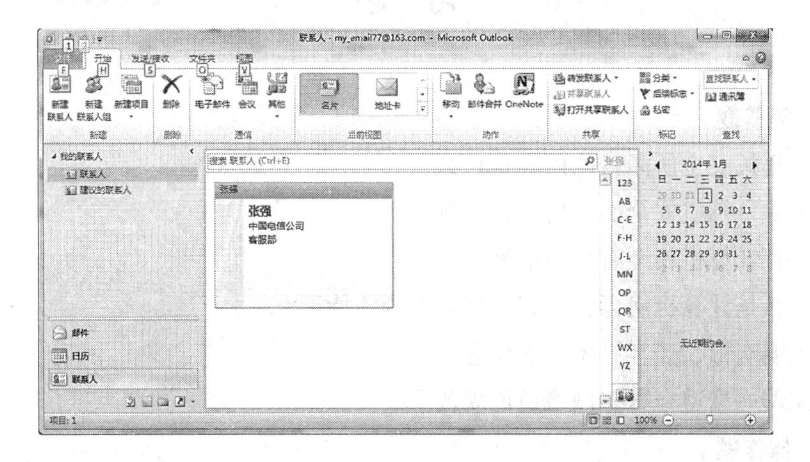

图 7—33　Outlook—联系人

2. 新建联系人

在图 7—33 所示的“Outlook—联系人”界面，单击“新建联系人组”按钮，可以新建联系人组。单击“新建联系人”按钮，出现如图 7—34 所示的“Outlook—新建联系人”界面，可以新建联系人。

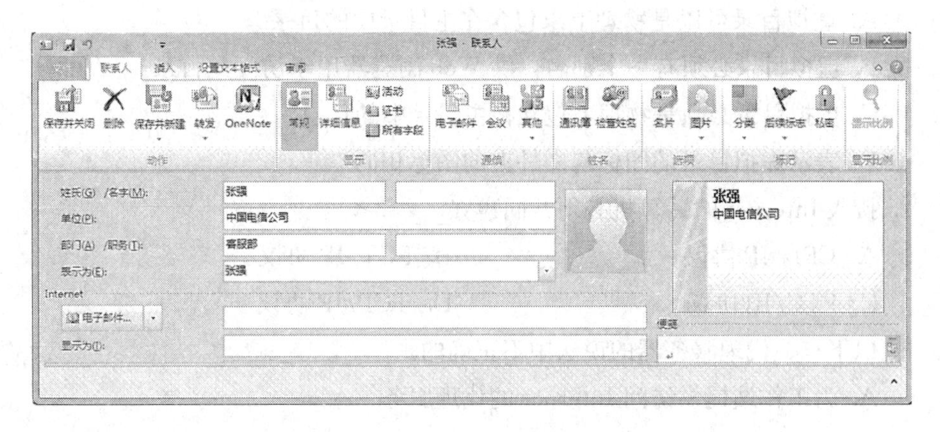

图 7—34　Outlook—新建联系人

3. 删除联系人

在图 7—33 所示的"Outlook—联系人"界面，选择联系人后，单击"删除"按钮，可以删除联系人。

4. 给联系人发邮件

在图 7—33 所示的"Outlook—联系人"窗口，选择联系人后，单击"电子邮件"按钮，可以给选择的联系人发邮件。

习 题

一、简答题

1. 计算机安全所涵盖的内容是什么？
2. 影响计算机安全的主要因素有哪些？
3. 保证计算机安全有哪些措施？
4. 什么是计算机病毒？计算机病毒有哪些特征？
5. 说明病毒、黑客、木马的概念。
6. 说明应当遵守哪些网络道德规范。

二、操作题

1. 设置计算机的防火墙提高信息安全级别。
2. 利用 360 安全卫士监测你的计算机系统。
3. 利用 Outlook 软件建立邮件账号，实现邮件管理。

三、单选题

1. 以下关于 Web 服务器虚拟目录的说法正确的是____。
   A. 虚拟目录可以是物理上未包含在主目录中的目录
   B. 虚拟目录必须有一个别名，供 Web 浏览器用于访问此目录
   C. 虚拟目录必须是物理上包含在主目录中的目录
   D. 表示虚拟目录的图标与文件夹的图标相同
2. 接入 Internet 的计算机必须共同遵守____。
   A. CPI/ IP 协议　　B. PCT/IP 协议
   C. PTC/IP 协议　　D. TCP/IP 协议
3. 以下有关代理服务器的说法中不正确的是____。
   A. 为工作站提供访问 Internet 的代理服务
   B. 代理服务器可用作防火墙
   C. 使用代理服务器可提高 Internet 的浏览速度

D. 代理服务器是一种硬件技术，是建立在浏览器与 Web 服务器之间的服务器

4. Internet 的核心内容是____。

A. 全球程序共享　　B. 全球数据共享

C. 全球信息共享　　D. 全球指令共享

5. Internet 上计算机的名字由许多域构成，域间用____分隔。

A. 小圆点　　B. 逗号　　C. 分号　　D. 冒号

6. 以下有关 Internet 服务提供商的说法中不正确的是____。

A. ISP 是众多企业和个人用户接入 Internet 的驿站和桥梁

B. 二级 ISP 中以接入服务为主的服务商叫做 IAP

C. 二级 ISP 中以信息内容服务为主的服务商叫做 ICP

D. 主干网 ISP 从事长距离的接入服务，采用转接器来提供服务

7. 万维网的网址以 http 为前导，表示遵从____协议。

A. 纯文本　　B. 超文本传输　　C. TCP/IP　　D. POP

8. 电子信箱地址的格式是____。

A. 用户名@主机域名　　B. 主机名@用户名

C. 用户名　主机域名　　D. 主机域名　用户名

9. 以下有关邮件账号设置的说法中正确的是____。

A. 接收邮件服务器使用的邮件协议，一般采用 POP3 协议

B. 接收邮件服务器的域名或 IP 地址，应填入你的电子邮件地址

C. 发送邮件服务器域名或 IP 地址必须与接收邮件服务器相同

D. 发送邮件服务器域名或 IP 地址必须选择一个其他的服务器地址

10. 在 Outlook Explorer 中不可进行的操作为____。

A. 撤销发送　　B. 接收　　C. 阅读　　D. 回复

11. 远程计算机是指____。

A. 要访问的另一系统的计算机　　B. 物理距离 100km 以外

C. 位于不同国家的计算机　　D. 位于不同地区的计算机

12. Internet 与 WWW 的关系是____。

A. 都表示互联网，只不过名称不同

B. WWW 是 Internet 上的一个应用功能

C. Internet 与 WWW 没有关系

D. WWW 是 Internet 上的一种协议

13. WWW 的作用是____。

A. 信息浏览　　B. 文件传输

C. 收发电子邮件　　　　　　D. 远程登录

14. URL是____。

A. 定位主机的地址　　　　　B. 定位资源的地址

C. 域名与IP地址的转换　　　D. 表示电子邮件的地址

15. 以下关于Internet的描述，不正确的是____。

A. Internet以TCP/IP协议为基础，以Web为核心应用的企业内部信息网络

B. Internet用户不能够访问Internet上的资源

C. Internet采用浏览器技术开发客户端软件

D. Internet采用B/S模式

16. 域名系统DNS的作用是____。

A. 存放主机域名　　　　　　B. 存放IP地址

C. 存放邮件的地址表　　　　D. 将域名转换成IP地址

17. 发送电子邮件使用的传输协议是____。

A. SMTP　　B. Telnet　　C. HTTP　　D. FTP

18. 互联网上的远程登录基于____协议。

A. SMTP　　B. Telnet　　C. HTTP　　D. FTP

19. 以下关于FTP与Telnet的描述，不正确的是____。

A. FTP与Telnet都采用客户机/服务器方式

B. 允许没有账号的用户登录到FTP服务器

C. FTP与Telnet可在交互命令下实现，也可利用浏览器工具

D. 可以不受限制地使用FTP服务器上的资源

20. 匿名FTP服务的含义是____。

A. 在Internet上没有地址的FTP服务

B. 允许没有账号的用户登录到FTP服务器

C. 发送一封匿名信

D. 可以不受限制地使用FTP服务器上的资源

21. 当你从Internet获取邮件时，你的电子信箱是设在____。

A. 你的计算机上　　　　　　B. 发信给你的计算机上

C. 你的ISP的服务器上　　　D. 根本不存在电子信箱

22. 在IE浏览器的历史记录中记录的是____。

A. 网页的内容　　　　　　　B. 网页的地址

C. 本地主机的IP地址　　　　D. 电子邮件

23. 在浏览网页时，若超链接以文字方式表示时，文字上通常带有____。

A. 引号　　B. 括号　　C. 下划线　　D. 方框

24. 电子邮件分为邮件头和邮件体两部分，以下各项中____不属于邮件头。

A. 收件人地址　B. 抄送　C. 主题　D. 邮件内容

25. IPv4 的地址由____位二进制数组成。

A. 16　B. 24　C. 32　D. 64

26. 用于传输文件的协议是____。

A. TCP/IP　B. HTTP　C. FTP　D. HTTPS

27. 专用于信息搜索的网站是____。

A. www. sina. com　B. www. 163. com

C. www. 126. com　D. www. baidu. com

28. 下列比较少的传送信息方式是____。

A. 博客　B. 微博　C. BBS　D. 邮件

29. Outlook 软件不能用于____。

A. 播放歌曲　B. 发邮件　C. 接收邮件　D. 删除邮件

30. 实时交流的软件是____。

A. Telnet　B. TCP/IP　C. IE　D. QQ

第 8 章 计算机安全

随着网络通信技术的发展，计算机已逐渐渗透到人们生活的各个领域，与此同时计算机病毒的产生和迅速蔓延使计算机系统的安全受到极大的威胁。本章介绍计算机病毒的基本知识、计算机安全技术、计算机病毒和木马的预防方法、使用计算机应当遵守的道德规范。

知识导论

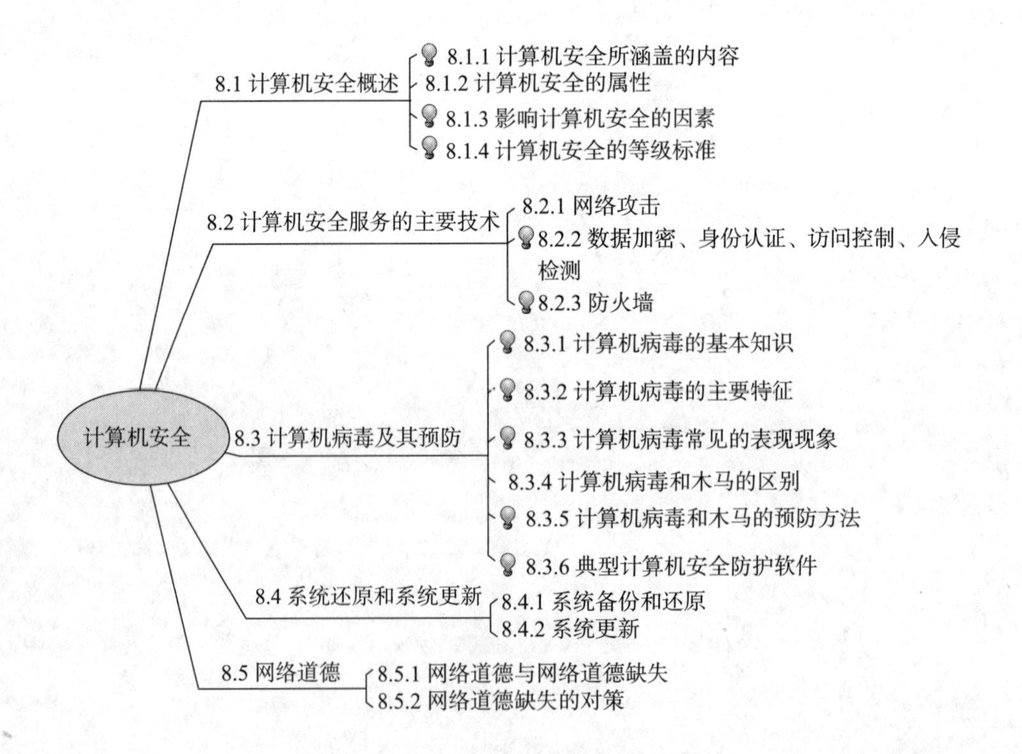

8.1　计算机安全概述

学习目标

※ 了解计算机安全所涵盖的内容；

※ 了解计算机安全的属性；

※ 了解影响计算机安全的主要因素。

8.1.1　计算机安全所涵盖的内容

计算机安全是指计算机系统的硬件、软件、数据受到保护，即计算机信息系统资源和信息资源不受自然和人为等因素的威胁和危害，不因意外的因素而遭到破坏、更改、泄露，系统能够连续正常运行。

计算机安全包括系统安全、网络安全、防范计算机病毒、防范黑客入侵、保证硬件安全五个部分。

8.1.2　计算机安全的属性

计算机安全通常包含保密性、完整性、可用性、可控性和不可抵赖性等属性。

（1）保密性是指保证信息只让合法用户访问，信息不泄露给未经授权的人。

（2）完整性一方面是指信息在传输、存储和使用过程中不被删除、篡改或伪造。另一方面是指信息处理方法的正确性，不正当的操作有可能造成重要信息的丢失。信息完整性是信息安全的基本要求。

（3）可用性是指得到授权的用户在需要时能访问资源和得到服务。

（4）可控性是指对信息的传播及内容具有控制能力。

（5）不可抵赖性也称不可否认性，是指通信双方对其收、发过的信息均不可抵赖。

8.1.3　影响计算机安全的因素

影响计算机安全的因素很多，包括人为因素、自然因素、系统设计因素和网络因素。

(1) 人为的恶性攻击、操作的不规范是影响计算机安全的主要因素。

(2) 自然灾害、电磁干扰、火灾、硬件故障、设备偷盗等，严重影响计算机的安全。

(3) 计算机软件系统提供了信息的管理功能，软件是程序员设计的。软件系统设计和使用带来的缺陷会影响到计算机的安全。

(4) 互联网是对全世界都开放的网络，任何单位或个人都可以在网上方便地传输和获取各种信息，互联网具有开放性、共享性、自由性的特点，给网络的安全带来了隐患。

8.1.4 计算机安全的等级标准

为了保证计算机的安全各国制定了计算机安全的等级标准。

计算机信息系统是由计算机及其相关的和配套的设备、设施（含网络）构成的，按照一定的应用目标和规则对信息进行采集、加工、存储、传输、检索等处理的人机系统。计算机信息系统可信计算基（Trusted Computing Base of Computer Information System）是指计算机系统内保护装置的总体，包括硬件、固件、软件和负责执行安全策略的组合体。它建立了一个基体的保护环境并提供一个可信计算系统所要求的附加用户服务。

1. 中国计算机信息系统安全保护等级划分

由公安部提出并组织制定、国家质量技术监督局发布的强制性国家标准《计算机信息系统安全保护等级划分准则》，将计算机信息系统的安全保护等级划分为用户自主保护级、系统审计保护级、安全标记保护级、结构化保护级、访问验证保护级等级别。

(1) 第一级：用户自主保护级。

本级的计算机信息系统可信计算基通过隔离用户与数据，使用户具备自主安全保护的能力。它具有多种形式的控制能力，对用户实施访问控制，即为用户提供可行的手段，保护用户和用户信息，避免其他用户对数据的非法读写与破坏。

(2) 第二级：系统审计保护级。

与用户自主保护级相比，本级的计算机信息系统可信计算基实施了更细的自主访问控制，它通过登录规程、审计安全性相关事件和隔离资源，使用户对自己的行为负责。包括自主访问控制、身份鉴别、审计、数据完整性控制。

(3) 第三级：安全标记保护级。

本级的计算机信息系统可信计算基具有系统审计保护级的所有功能。此外，还需提供有关安全策略模型、数据标记以及主体对客体强制访问控制的非形式化描述，具有准确标记输出信息的能力；消除通过测试发现的任何错误。

（4）第四级：机构化保护级。

本级的计算机信息系统可信计算基建立于一个明确定义的形式安全策略模型之上，要求将第三级系统中的自主和强制访问控制扩展到所有主体与客体。此外，还要考虑隐蔽通道。本级的计算机信息系统可信计算基必须结构化为关键保护元素和非关键保护元素。计算机信息系统可信计算基的借口也必须明确定义，使其设计与实现能经受更充分的测试和更完整的复审。加强了鉴别机制，支持系统管理员和操作员的职能，提供可信设施管理，增强了配置管理控制。系统具有相当的抗渗透能力。

（5）第五级：访问验证保护级。

本级的计算机信息系统可信计算基满足访问监控器需求。访问监控器仲裁主体对客体的全部访问。访问监控器本身是抗篡改的；必须足够小，能够分析和测试。为了满足访问监控器需求，计算机信息系统可信计算基在构造时，排除那些对实施安全策略来说并非必要的代码；在设计和现实时，从系统工程角度将其复杂性降低到最小程度。支持安全管理员职能；扩充审计机制，当发生与安全相关的事件时发出信号；提供系统恢复机制。系统具有很高的抗渗透能力。

2. 美国计算机安全保护等级划分

美国国防部于1985年颁布了计算机安全等级标准，共划分为四类七级，这七个等级从低到高依次为D（D1）、C（C1、C2）、B（B1、B2、B3）、A（A1）。

（1）D1级。

这是计算机安全的最低一级。整个计算机系统是不可信任的，硬件和操作系统很容易被侵袭。D1级计算机系统对用户没有验证要求，也就是任何人都可以使用该计算机系统。系统不要求用户进行登记或口令保护。

（2）C1级。

C1级系统要求硬件有一定的安全机制（如硬件带锁装置和需要钥匙才能使用计算机等），用户在使用前必须登录到系统。C1级系统还要求具有完全访问控制的能力，允许系统管理员为一些程序或数据设立访问许可权限。C1级防护不足之处在于用户直接访问操作系统的根。C1级不能控制进入系统的用户的访问级别，所以用户可以将系统的数据任意移走。

（3）C2级。

C2级针对C1级的某些不足加强了几个特性，C2级引进了受控访问环境的增强特性。这一特性不仅以用户权限为基础，还进一步限制了用户执行某些系统指令。授权分级使系统管理员能够分用户分组，授予他们访问某些程序的权限或访问分级目录。另外，用户权限以个人为单位授权用户对某一程序所在目录的访问。如果其他程序和数据也在同一目录下，那么用户也将自动得到访问这些信息的权限。C2 级系统还采用了系统审计。审计特性跟踪所有的“安全事件”。

（4）B1 级。

B1 级系统支持多级安全，多级是指这一安全保护安装在不同级别的系统中（网络、应用程序、工作站等），它对敏感信息提供更高级的保护。

（5）B2 级。

这一级别称为结构化的保护（Structured Protection）。B2 级安全要求给计算机系统中的所有对象加标签，而且给设备（如工作站、终端和磁盘驱动器）分配安全级别。如用户可以访问一台工作站，但可能不允许访问有人员工资资料的磁盘子系统。

（6）B3 级。

B3 级要求用户工作站或终端通过可信任途径连接网络系统，这一级必须采用硬件来保护安全系统的存储区。

（7）A 级。

最高安全级别，这一级包括了它下面各级的所有特性。A 级还附加一个安全系统受监视的设计要求。另外，必须采用严格的形式化方法来证明该系统的安全性。而且在 A 级，所有构成系统的部件的来源必须有安全保证，这些安全措施还必须担保在销售过程中这些部件不受损害。

8.2 计算机安全服务的主要技术

学习目标

※ 了解数据加密、身份认证、访问控制、入侵检测、防火墙的概念；

※ 了解 Windows 防火墙的基本功能。

8.2.1 网络攻击

网络攻击常被分为主动攻击和被动攻击，多数情况下这两种类型被联合用于入侵一个站点。主动攻击是攻击者采用故意行为对网站进行的攻击。主动攻击包括拒绝服务攻击、信息篡改、资源使用、欺骗等攻击方法。被动攻击是攻击者以收集信息为主，通过对数据的分析来攻击网站。被动攻击包括嗅探、信息收集等攻击方法。

当前的网络攻击没有规范的分类模式，攻击方法往往非常多样。从攻击的目的来看，有拒绝服务攻击、获取系统权限攻击、获取敏感信息攻击等。从攻击的切入点来看，有缓冲区溢出攻击、系统设置漏洞攻击等。从攻击的纵向实施过程来看，有获取初级权限攻击、提升最高权限攻击、后门攻击、跳板攻击等。从攻击的类型来看，包括对各种操作系统的攻击、对网络设备的攻击、对特定应用系统的攻击等。所以说，很难以一个统一的模式对各种攻击手段进行分类。

实际上，黑客实施一次网络攻击行为，为达到其攻击目的会采用多种攻击手段，在不同的入侵阶段使用不同的方法。

8.2.2　数据加密、身份认证、访问控制、入侵检测

当今互联网蓬勃发展，如何保护信息的安全，成为一项重要的研究课题。利用加密技术、进行身份认证、实施访问控制、进行入侵检测、设置防火墙是保护信息的最基本的方法。

1. 数据加密

（1）加密的概念。

加密是用基于数学算法的程序和加密的密钥对信息进行编码，生成常人难以理解的符号。加密的目的是对消息或信息进行伪装或改变。

原始的、未被伪装的消息称作明文 P（Plaintext），也称作信源 M（Message）。通过一个密钥 K（Key）和加密算法，可以将明文 P 变换成一种伪装的形式，称为密文 C（Cipher Text），这种变换过程称为加密 E（Encryption）。由密文 C 恢复出原明文 P 的过程称为解密 D（Decryption）。密钥 K 的所有可能的取值范围叫做密钥空间。对明文进行加密所采用的一组规则，即加密程序的逻辑称作加密算法。消息传送后的预定对象称作接收者，它对密文进行解密时所采用的一组规则称作解密算法。加密和解密算法的操作通常都在一组密钥 K 的控制下进行，分别称作加密密钥和解密密钥。

加密程序和加密算法对保护安全至关重要。加密消息的可破密性取决于加密所用密钥的长度，其单位是位（bit）。40bit 的密钥是最低要求，更长（如 128bit）的密钥能提供更高程度的加密保障。

（2）现代加密技术。

密码体制按不同的标准或方式可以分为多种形式，如果按密钥的数量和使用方式划分，密码体制可分为对称密码体制和非对称密码体制。

● 对称密码体制是指加密和解密使用单一的相同密钥的加密制度。对称密码体制也称作常规密钥密码体制、单钥密码体制等。对称密码体制的加密和解密过程使用同一算法。通信时发送方和接受方必须相互交换密钥，当发送方需要发送信息给

接受方时，发送方用自己的加密密钥对明文进行加密，而接受方在接收到密文后，用发送方的密钥进行解密得到明文。

● 非对称密码体制加密密钥和解密密钥不同。在非对称密码体制中，需要将这两个不同的密钥区分为公开密钥（Public Key，PK）和私有密钥（Secrete Key，SK）。非对称密码体制也称作公钥密码体制、双钥密码体制。顾名思义，公开密钥就是该密钥信息可以告诉他人，属于公开性质的。私有密钥是指属于某个用户或者实体独自享有的信息，对他人来说该信息是保密的。PK 与 SK 是成对出现的，换句话说，存在一个 PK 就必然有配对的 SK；反过来类似，存在一个 SK 就存在对应的 PK。

2. 身份认证

身份认证是系统审查用户身份的过程，通过身份认证能够确定该用户是否具有对某种资源的访问和使用权限。身份认证通过标识和鉴别用户的身份，提供一种判别和确认用户身份的机制。计算机网络中的身份认证是通过将一个证据与实体身份绑定来实现的。实体可能是用户、主机、应用程序。身份认证技术在信息安全中处于非常重要的地位，是其他安全机制的基础。只有实现了有效的身份认证，才能保证访问控制、安全审计、入侵防范等安全机制的有效实施。

（1）基于密码的身份认证。

密码是用户与计算机之间以及计算机与计算机之间共享的一个秘密，密码通常由一组字符串组成。在密码验证的过程中，其中一方向认证方提交密码，表示自己知道该秘密，认证方核对密码确认后通过认证。

（2）基于智能卡的身份认证。

智能卡也称作 IC 卡，由集成电路芯片组成。智能卡可以安全地存储密钥、证书和用户数据等安全信息。智能卡芯片在应用中可以独立完成加密、解密、身份认证、数字签名等安全任务，从而完成智能卡的身份认证。

（3）基于生物特征的身份认证。

生物特征认证是指通过计算机利用人体固有的物理特征或行为特征鉴别个人身份的认证方式，例如，指纹、视网膜可以用于身份认证。

（4）SSL 协议。

SSL（Secure Socket Layer，安全套接字协议）是 Web 浏览器与 Web 服务器之间安全交换信息的协议，提供两个基本的安全服务——鉴别与保密。SSL 是一种点对点的协议，是一种综合利用对称密钥和公开密钥技术进行安全通信的工业标准。

3. 访问控制

访问控制是指保证合法用户访问受保护的网络资源，防止非法的主体进入受保护的网络资源，防止合法用户对受保护的网络资源进行非授权的访问。访问控制首先需要对用户身份的合法性进行验证，同时利用控制策略进行管理。当用户身份和访问权限验证之后，还需要对越权操作进行监控。因此访问控制的内容包括认证、控制策略实现和安全审计。

访问控制有自主访问控制、强制访问控制和基于角色访问控制。

（1）自主访问控制。

自主访问控制（Discretionary Access Control）是一种接入控制服务，系统允许主体（客体的拥有者）按照自己的意愿控制谁、以何种模式访问该客体。

（2）强制访问控制。

强制访问控制是系统强制主体服从访问控制策略。主要特征是对所有主体及其所控制的进程、文件、设备等客体实施强制访问控制。

（3）基于角色的访问控制。

角色指完成一项任务必须访问的资源及相应操作权限的集合。角色作为一个用户与权限的代理层，表示为权限和用户的关系，所有的授权应该给予角色而不是直接给用户或用户组。

4. 入侵检测

（1）入侵检测系统的含义。

入侵检测系统（Intrusion Detection System，IDS）是一项计算机网络安全技术。随着Internet网络技术的发展，资源共享型以及信息传递型计算机网络系统日益遭到恶意的破坏与攻击，使得计算机网络安全日益成为人们关注的焦点，为了弥补传统的计算机网络安全技术的缺陷与不足，入侵检测系统已经成为计算机网络安全保护的一道屏障。入侵检测系统作为一种积极主动的网络安全防护技术，提供对内部网络攻击、外部网络攻击以及误操作的实时保护，在网络系统受到侵害之前做出入侵响应。入侵检测系统能很好地弥补了防火墙技术的不足，软件技术还不可能百分之百地保证系统中不存在安全漏洞，针对日益严重的网络安全问题和安全需求，适应网络安全模型与动态安全模型应运而生，入侵检测系统在网络安全技术中占有重要的地位。

（2）入侵检测系统的分类。

入侵检测系统由控制台（Console）与传感器（Sensor）两部分组成，控制台起到中央管理作用，传感器则负责采集数据与分析数据并生成安全事件。入侵检测系统根据检测的对象可分为基于主机入侵检测系统与基于网络入侵检测系统。

- 基于主机入侵检测系统全面监测主机的状态与用户的操作并进行检测分析，可以检测到主机、进程或用户的异常行为，在受保护主机上有专门的检测代理系统，通过对系统日志和审计记录的不间断监视与分析来发现系统的攻击，及时发送警告信息和采取相应的措施来阻止攻击，其主要目的是在事件发生之后，能够提供足够的分析数据来阻止进一步的攻击。

● 基于网络入侵检测系统不间断地监测网段中的各种数据包，可以对每一个数据包或者可疑数据包进行特征分析与研究。

8.2.3 防火墙

1. 防火墙的功能

防火墙总体上分为包过滤、应用级网关和代理服务器等几大类型，其主要功能如下：

(1) 数据包过滤。

数据包过滤（Packet Filtering）是指在网络层对数据包进行选择，选择的依据是系统内设置的过滤逻辑，被称为访问控制表（Access Control Table）。通过检查数据流中每个数据包的源地址、目的地址、所用的端口号、协议状态等因素，或它们的组合来确定是否允许该数据包通过。

数据包过滤防火墙的缺点：一旦非法访问突破防火墙，即可对主机上的软件和配置漏洞进行攻击。由于数据包的源地址、目的地址以及 IP 的端口号都在数据包的头部，很有可能被窃听或假冒。

(2) 应用级网关。

应用级网关在网络应用层上拥有协议过滤和转发功能。它针对特定的网络应用服务协议使用指定的数据过滤逻辑，并在过滤的同时，对数据包进行必要的分析、登记和统计，并形成报告。

数据包过滤和应用级网关防火墙有一个共同的特点，就是它们仅仅依靠特定的逻辑判定是否允许数据包通过。一旦满足逻辑，则防火墙内外的计算机系统便能建立直接联系，防火墙外部的用户可以直接了解防火墙内部的网络结构和运行状态，这有利于实施非法访问和攻击。

(3) 代理服务器。

代理服务器也称作链路级网关，也有人将它归于应用级网关一类。它是针对数据包过滤和应用级网关技术存在的缺点而引入的防火墙技术，其特点是将所有跨越防火墙的网络通信链路分为两段。防火墙内外计算机系统间应用层的“链接”，由两个终止于代理服务器的“链接”来实现，外部计算机的网络链路只能到达代理服务器，从而起到了隔离防火墙内外计算机系统的作用。此外，代理服务器也对过往的数据包进行分析、登记，形成报告，当发现被攻击迹象时会向网络管理员发出警报，并保留攻击痕迹。

2. 定制合适的防火墙

可以对防火墙进行定制，这意味着可以根据多个条件来添加或删除过滤器。

（1）IP 地址。互联网上的每台计算机被分配了一个唯一的地址，如果公司外部的某个 IP 地址从服务器读取了过多文件，则防火墙可以阻止与该 IP 地址之间的所有通信。

（2）域名。防火墙可以阻止特定域名访问。

（3）协议。防火墙可以只设置一台或两台计算机来处理特定协议，而在其他所有计算机上禁用该协议。

3. 防火墙提供的保护

- 防范他人连接到你的计算机并以某种形式控制计算机，例如，查看或访问计算机中的文件以及计算机上实际运行的程序。
- 防范具有特殊功能的程序如黑客程序，通过远程访问利用系统程序或用户程序存在的缺陷，对系统程序或用户程序进行控制。
- 防范黑客通过向服务器发送无数无法应答的会话请求，使得服务器速度变慢或者最终崩溃。
- 防范某人向用户计算机发送大量相同的电子邮件，直到用户的电子邮件系统再也无法接收任何邮件。
- 防范黑客利用创建的宏，摧毁用户的数据或使计算机崩溃。
- 防范计算机病毒对计算机的侵害。

4. Win7 防火墙的设置

（1）Win7 防火墙窗口。

在 Win7 系统桌面，选择“控制面板—系统和安全—Windows 防火墙”，打开如图 8—1 所示的“Windows 防火墙”窗口。

图 8—1　Windows 防火墙

(2) 启动 Win7 防火墙。

在图 8—1 所示的“Windows 防火墙”窗口，选择“打开和关闭 Windows 防火墙”选项，出现如图 8—2 所示的“打开和关闭 Windows 防火墙”窗口，可以设置开启或关闭 Windows 防火墙。

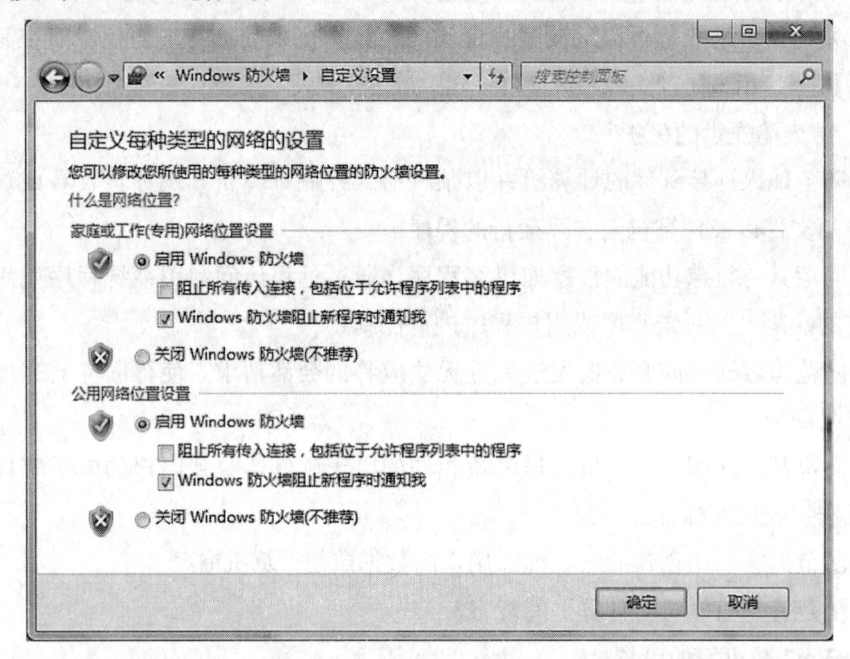

图 8—2　打开和关闭 Windows 系统防火墙

(3) Win7 防火墙的还原。

在图 8—1 所示的“Windows 防火墙”窗口，选择“还原默认设置”选项，出现如图 8—3 所示的“还原默认设置”窗口，可以还原 Windows 防火墙的设置。

(4) Win7 防火墙的高级设置。

在图 8—1 所示的“Windows 防火墙”窗口，选择“高级设置”选项，出现如图 8—4 所示的“Windows 防火墙—高级设置”窗口，可以设置包括出入站规则、连接安全规则等。

每个用户对于系统安全的需求是完全不同的，所以在对防火墙的设置方面要求也不一样。有的电脑用户由于经常通过 Wifi 公共网络上网工作或娱乐，所以对于系统的安全保护应当采用较高级别，不能让任何入侵者悄然进入自己的电脑系统中来。而如果从来都不使用公共网络，防火墙就没有必要设置那么高的防御级别，否则会给自己的使用带来不便。

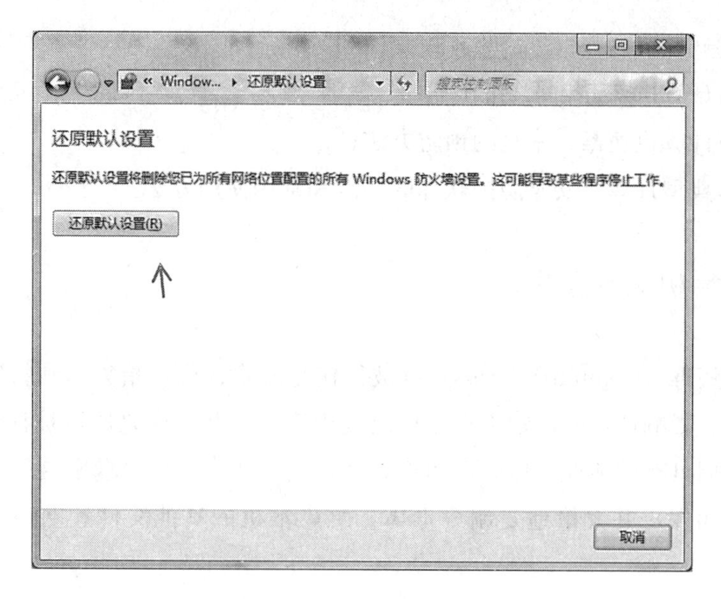

图 8--3　还原默认设置

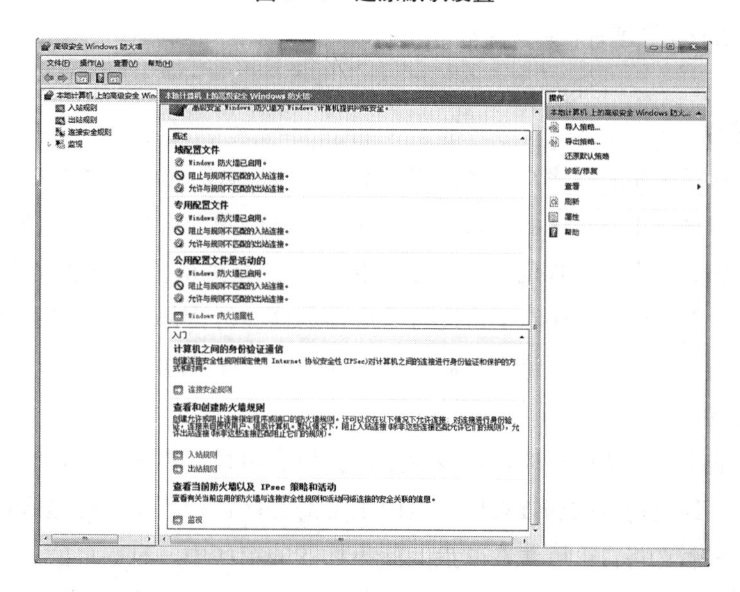

图 8—4　Windows 防火墙—高级设置

8.3　计算机病毒及其预防

学习目标

※ 了解计算机病毒的基本知识；

※ 了解计算机病毒的主要特征；

※ 了解计算机病毒常见的表现现象；

※ 了解计算机病毒和木马的区别；

※ 了解计算机病毒、木马的预防方法；

※ 了解典型计算机安全防护软件的功能和常用使用方法。

8.3.1 计算机病毒的基本知识

计算机病毒（Computer Virus）也被称作是恶意代码，指为达到特殊目的而制作和传播的、影响计算机正常工作的代码或程序。这些程序之所以被称作病毒，主要是由于它们具有破坏性、传染性和寄生性，某些恶意代码会隐藏在计算机的正常文件中伺机而发，并大量地复制病毒体，感染本机的其他文件和网络中的计算机系统。

8.3.2 计算机病毒的主要特征

1. 非法性

计算机病毒是非法程序，计算机用户不会明知是病毒程序而故意去执行运行它。但计算机病毒具有正常程序的一切特性，它将自己隐藏在合法的程序或数据中，当用户运行诸如这些合法程序时，病毒会伺机窃取计算机系统的控制权并抢先运行，此时的用户一般还认为程序在正常运行。病毒的这些行为都是在未获得计算机用户的允许下悄悄运行的，而且绝大多数都是违背用户自身意愿和利益的。

2. 隐藏性

计算机病毒是非法的程序，隐藏性是计算机病毒最基本的特征，它不可能正大光明地运行。经过伪装的病毒被用户当做正常的程序运行，这同样是病毒触发的一种手段。有些病毒将自己隐藏在磁盘上标为坏簇的扇区中，有些以隐含文件的形式出现，比较常见的隐藏方式是将病毒文件放在 Windows 系统目录下，使对计算机操作系统不熟悉的人不敢轻易删除它。计算机病毒能够在用户没有察觉的情况下扩散到上百万台甚至数目更为惊人的计算机中。计算机用户如果掌握了这些病毒的隐藏方式，通过加强对日常文件的管理，计算机病毒便无处藏身了。

3. 潜伏性

计算机病毒具有依附于其他媒体而寄生的能力，我们把这种媒体称为计算机病毒的宿主。依靠寄生能力，病毒传染到合法的程序和系统后，不立即发作，而是悄悄地隐藏起来，只有在发作日才会露出本来面目。病毒的潜伏性越好，它存在系统中的时间越长，传染的范围越大，危害性越大。计算机病毒在感染计算机系统后，其触发是由发作条件确定的，在发作条件满足前，病毒在系统中一般没有表现症状，从而不影响系统的正常运行。

4. 可触发性

计算机病毒一般都有一个或者几个触发条件。当满足这些触发条件或者激活病毒的传染机制就会使其进行传染，或者激活病毒的表现部分、破坏部分。"触发"实质是一种条件的控制，病毒程序依据设计者的要求，在一定条件下实施对计算机系统以及计算机网络的攻击。这个条件可以是使用特定文件、输入特定字符、某个特定日期或特定时刻，或者病毒内置的计数器达到一定次数等。

5. 破坏性

计算机病毒造成的最显著后果是破坏计算机系统，导致其无法正常工作或删除用户保存的数据。无论是占用大量的系统资源导致计算机无法正常使用，还是破坏文件，甚至损毁计算机硬件等都会影响用户正常使用计算机。病毒的破坏方式呈多样化的，破坏性可分为良性病毒和恶性病毒。良性病毒是指不直接对计算机系统进行破坏的病毒。比如，在屏幕上出现一些卡通形象或者一段音乐，但这并不代表其完全没有危害性。这类病毒有可能占用系统的大量资源，导致系统运行缓慢。恶性病毒对计算机系统来说是危险的，这类病毒发作后会严重破坏计算机系统，甚至使系统面临瘫痪与崩溃，给我们的工作和生活造成巨大的经济损失。

6. 传染性

计算机病毒可以从一个程序传染到另一程序，从一台计算机感染到另一台计算机，从一个计算机网络传播到另一个计算机网络，从而在各个系统上传蔓延、扩散，同时使被传染的计算机程序、计算机系统、计算机网络成为计算机病毒的生存环境及新的传染源。通常这类行为是未经用户允许的，隐藏进行的。

7. 变异性

计算机病毒在发展、演化过程中可以产生变种。有些病毒能够产生多种变异病毒。

8. 不可预见性

从对计算机病毒的检测方面来看，计算机病毒还具备不可预见的特性。不同种类病毒的代码千差万别，但有些操作是共有的。随着病毒的制作技术不断提高，病毒对反病毒软件来说永远是超前的。

8.3.3　计算机病毒常见的表现现象

通常情况下，计算机病毒总是依附某一系统软件或某一程序进行繁殖和扩散。病毒发作时对计算机的正常工作造成影响，主要表现在破坏数据与其他程序，侵吞计算机资源等方面。计算机感染病毒以后，总有一些规律性的异常现象，病毒的异常表现如下：

(1) 屏幕显示异常，屏幕显示不出由正常程序产生的画面或字符串，屏幕显示混乱。

(2) 异常死机。

(3) 程序装载时间明显增长，文件运行速率显著降低。

(4) 磁盘空间或内存空间减少。

(5) 系统引导时间增长。

(6) 访问磁盘时间增长。

(7) 磁盘出现莫名其妙的文件或坏块，卷标发生变化。

(8) 系统自行引导。

一般病毒的发作总是有规律的，当出现以上现象时，应当及时采取相应措施对计算机系统进行检测、杀毒。

8.3.4 计算机病毒和木马的区别

病毒与木马的区别在于病毒以感染为目的，木马则更注重于窃取计算机中的信息。木马病毒是一种伪装潜伏的网络病毒。病毒有两个最明显的特点，一个是自我复制性，另一个是破坏性。而木马的最主要特点是控制计算机。目前木马主要通过捆绑其他程序、通过在系统中安装后门程序等方式，窃取用户的私密信息。

8.3.5 计算机病毒与木马的预防方法

对于病毒和木马程序的预防，首先要树立正确的病毒木马防范意识，这是防病毒木马的前提和基础。其次，要加强对计算机应用的管理，增强对计算机病毒木马的认识，强化落实在各类病毒木马的传播阶段给予其设置阻碍。进而应用有效的技术手段，利用成熟的杀毒软件和病毒木马防火墙及时发现计算机病毒木马程序并阻止其传播。最后，需要在平时使用计算机过程中养成良好的操作习惯。

针对病毒的预防可以采用以下方法：

(1) 尽量避免在无防病毒软件的计算机上使用移动硬盘、U 盘等。

(2) 在计算机上安装一套具有防毒、查毒、杀毒的防病毒软件。

(3) 使用新软件时，要先用防病毒软件对其程序进行安全扫描，这样可以有效减少感染病毒的几率。

针对木马的防护可以采用以下方法：

（1）不要随意下载不明网站的文件。

（2）某些病毒程序的文件扩展名是PIF、JSE、VBE，要及时甄别清理这些文件。

（3）定期检查系统进程，查看是否有可疑进程存在。

8.3.6 典型计算机安全防护软件

1. 瑞星杀毒软件

全新极速杀毒引擎，查杀病毒速度提升50%。首创“木马墙”，彻底解决账号、密码丢失问题。提供在线专家门诊，实时解决用户安全问题。

2. 金山毒霸软件

主动实时升级；安全漏洞侦测，防范病毒主动攻击；反间谍软件，可以彻底清除驻留在内存及硬盘上的间谍软件和木马程序；隐私保护，确保用户的重要数据不会外泄。

3. 江民杀毒软件

软件运行速度快，占用内存少，杀毒效率高。自动过滤不良网站，提供邮件识别功能，智能过滤病毒垃圾邮件、广告垃圾邮件，提供木马程序监听保护，使网上支付从此安全无忧。

4. 360安全卫士

随着互联网与现实生活的联系越来越紧密，网络风险也与日俱增。网络欺诈和各类盗号木马使人们防不胜防，与此同时出现了很多打击木马、修复系统漏洞的软件。“360安全卫士”是一款免费的安全类上网辅助工具软件。它具有查杀恶意软件、插件管理、病毒查杀、诊断及修复、保护等功能，同时还提供弹出插件免疫，清理使用痕迹以及系统还原等特定辅助功能。并且提供对系统的全面诊断报告，方便用户及时定位问题所在，真正为每一位用户提供全方位系统安全保护。

在http://www.360.cn网站可以下载360安全卫士软件，然后进行软件的安装。

（1）电脑体检。

在图8—5所示的360安全卫士主界面，单击“立即检测”按钮，对电脑进行实时检测，对电脑系统进行快速一键扫描，对木马病毒、系统漏洞、恶评插件等问题进行修复，并全面解决欠载的安全风险，提高电脑的运行速度。检测完毕后，窗口中会出现电脑当前的体检指数，代表了电脑的健康状况。同时会提醒是否对电脑进行优化和安全项目列表。如果电脑存在不安全的项目，可以在下次体检时单独体检此项。另外通过“修改体检设置”还能够设置利用360安全卫士软件对电脑进行体检的方式和频率。

图 8—5　360 安全卫士主界面

（2）木马查杀。

在图 8—5 所示的 360 安全卫士主界面，单击“木马查杀”按钮，即开始查杀系统中存在的木马，能保障系统账号及个人信息的安全。如图 8—6 所示为 360 安全卫士木马查杀窗口，扫描木马的方式有三种，分别是：

- 快速扫描木马：只对系统内存、启动对象等关键位置进行扫描，速度较快。
- 自定义扫描木马：可以通过“扫描区域设置”指定需要扫描的范围。
- 全盘扫描木马：扫描系统内存、启动对象以及全部磁盘，速度较慢。

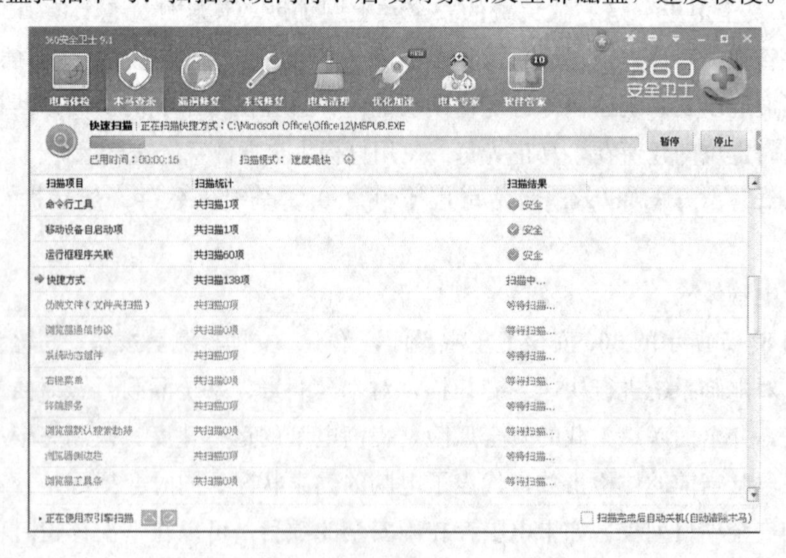

图 8—6　360 安全卫士木马查杀

选择一种扫描方式后，程序开始扫描，耐心等待一段时间后得到结果。如果电脑中有木马，扫描结束后会在列表中显示感染了木马的文件名称和所在位置。选择要清理的文件，单击“立即清理”按钮，可以清除木马文件。

(3) 漏洞修复。

在图 8—5 所示的 360 安全卫士主界面，单击“漏洞修复”按钮，电脑会自动进行系统漏洞扫描，然后会出现系统存在漏洞提示。选择需要修复的漏洞，单击“修复选中漏洞”按钮，即开始修复系统漏洞。之后按提示重新启动计算机系统来完成修复工作。

(4) 系统修复。

在图 8—5 所示的 360 安全卫士主界面，单击“电脑修复”选项，可以进行系统修复，计算机扫描查找漏洞、修复异常的上网设置及系统设置让系统恢复正常设置。

(5) 电脑清理。

在图 8—5 所示的 360 安全卫士主界面，单击“电脑清理”选项，可以清理如下痕迹：

- 使用 Windows 时留下的痕迹。
- 使用各种应用程序时留下的痕迹。
- 上网时留下的用户名、搜索词、密码、cookies、历史记录等。

选择“全选”、“推荐”或者手动点击选择需要清理的记录，单击“立即清理”按钮，即可清除记录。

(6) 优化加速。

在图 8—5 所示的 360 安全卫士主界面，单击“优化加速”按钮，可以优化计算机系统，对计算机的开机时间、启动项、上网设置等进行优化并提高计算机的速度。

(7) 电脑专家。

在图 8—5 所示的 360 安全卫士主界面，单击“电脑专家”按钮，可以诊断计算机的故障。

(8) 软件管家。

在图 8—5 所示的 360 安全卫士主界面，单击“软件管家”按钮，可以下载新的软件、卸载已经安装的软件、进行软件升级。

8.4 系统还原和系统更新

学习目标

※ 了解系统备份和还原的概念。

※ 了解系统更新的概念。

8.4.1 系统备份和还原

在 Win7 系统的桌面，选择“控制面板—系统和安全—备份和还原”，出现如图 8—7 所示的“备份和还原”窗口。

1. 系统备份

在图 8—7 所示的“备份和还原”窗口，单击“设置备份”按钮，出现如图8—8 所示的“设置备份”对话框，选择需要备份的磁盘名称，单击“下一步”按钮，开始备份系统。

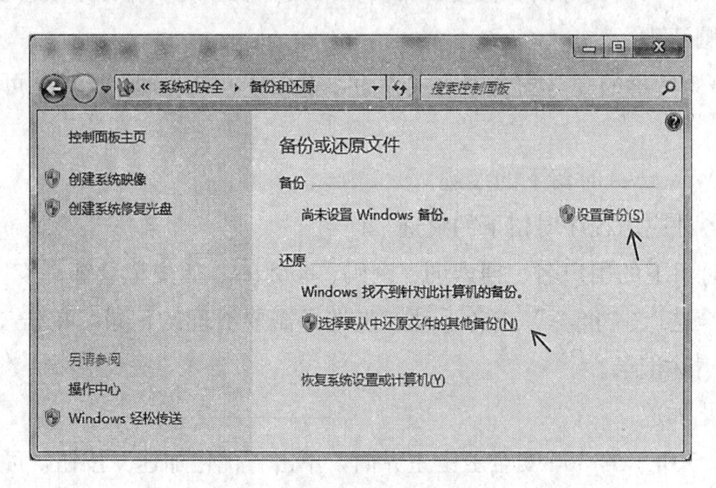

图 8—7 备份和还原

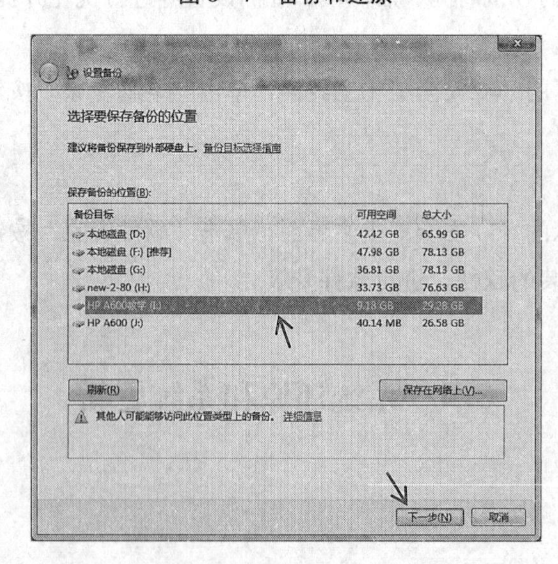

图 8—8 设置备份

2. 系统还原

完成备份以后，可在图 8—7 所示的“备份和还原”窗口，单击“还原我的文件”按钮，将出现“还原我的文件”对话框，选择需要还原的磁盘，单击“下一步”按钮，即开始还原系统。

8.4.2 系统更新

系统更新（Windows Update）是 Windows 系统用来升级系统的组件，通过它来更新我们的系统，扩展系统的功能，让系统支持更多的软、硬件，解决各种兼容性问题，让系统更安全、更稳定。Microsoft 发布的更新程序类型多种多样，可用于解决各类问题。

在 Win7 系统的桌面，选择“控制面板—系统和安全—Windows Update”，会出现如图 8—9 所示的“系统更新 Windows Update”窗口。

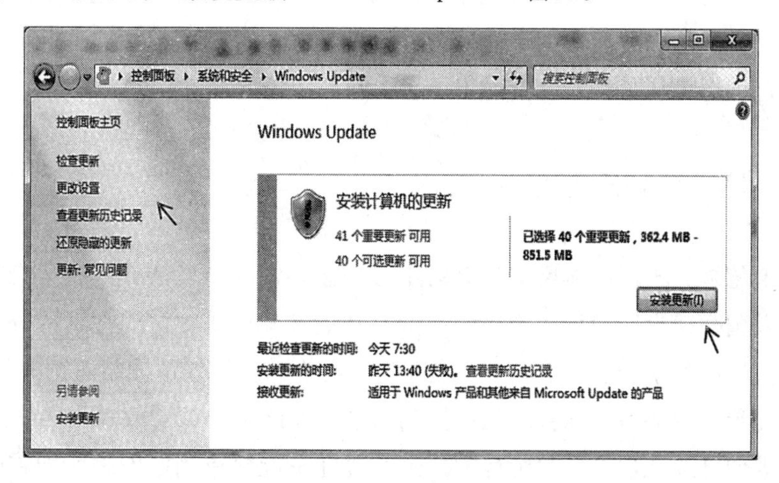

图 8—9 系统更新 Windows Update

在图 8—9 所示的“系统更新 WindowsUpdate”窗口，可以检查更新、更改设置、查看更新的历史记录、还原隐藏的更新。屏幕上列出了想要更新的程序，单击“安装更新”按钮，便可安装更新程序。

8.5 网络道德

学习目标

※ 网络道德的基本要求。

8.5.1 网络道德与网络道德缺失

互联网的出现和飞速发展，正广泛而深刻地影响着人们的生活内容和生活方式。在网络强势进入人们的现实生活的同时，网络道德也以新的姿态随之而来。网络道德并不是游离于社会道德体系之外的一种社会道德概念，它是社会发展历史进程中所出现的一种与新的社会生活方式相适应的阶段性或以后长期存在的一种道德形式。

网络作为新的技术平台，具有交互性、即时性、便捷性、开放性等特点。但在为人们提供大量信息和便利条件的同时，也使一些人利用网络这个平台做了一些道德所不能容忍的事甚至是犯罪。一些电脑爱好者经常到黑客网站浏览教程并下载软件，然后以黑客的身份入侵网络系统。

网络的虚拟性、隐蔽性和无约束性特征会助长黑客的侥幸与放纵心理。许多人由于忽视网络文明进而引发网络犯罪，使之成为一个新的社会问题。实际上，网络道德失范已经不是一种简单的错误行为，它是当代人道德意识和心理畸形发展的具体反映，这种行为从某种角度折射出了诸多问题，极具危害性。

8.5.2 网络道德缺失的对策

网络道德缺失不仅影响网络社会的正常交往和进一步发展，同时也会对公民的社会化以及国家建设造成极为消极的影响，其危害不可小视。应在深入分析社会网络道德缺失原因的基础上，有针对性地采取各种有效措施缓解网络道德缺失现象。

（1）完善技术环境，从技术层面控制网络失范行为。

尽管人们已经认识到依赖纯粹的技术手段并不能解决当前网络所面临的各种问题，但对网络相关技术的完善仍是当前缓解网络道德缺失的一种重要手段。这主要包括网络社会交往中的登录、交往行为以及信息发布等方面。如通过推广网络实名制和建立与IP地址的关联等手段防止网络欺诈。利用网络防火墙等技术对黑客等攻击性行为进行严格控制，防止盗取信息现象的发生。在信息的发布与传播方面，则可以通过加强内容审查或安装过滤软件等方式加以控制。

（2）建立完善的网络道德规范体系和法律法规制度。

网络道德规范的建设是网络道德建设的基础。在建设有效的网络道德规范过程中，必须结合网络社会的本质特征，从网络社会是现实社会在网络中的延伸这一观点出发，遵循现实与虚拟相结合的原则，立足于现实社会道德，运用既有道德的一般原则培养并在网络活动实践中形成现实合理的网络道德规范，如诚信规范、公平规范、平等规范等都可以经过修改后成为网络社会重要的道德规范，形成统一的信息社会的道德体系。加大网络道德的宣传力度，在多元道德体系中遵守适合我国国情和社会发展要求的道德规范，发展和弘扬既有道德的优势。

法律是最低的道德规范。在当前人们的网络规范意识还普遍比较缺乏的情况下，可以借助适当的道德立法来提高人们遵循道德规范的自觉性，达到网络道德建设的目的。在网络道德建设中，应当把那些重要的、基本的网络道德规范尽量纳入到法律中，融入管理制度中，融入公众的各种守则、公约中，对那些严重违背网络道德的行为和现象，应制定出相应的惩罚措施，这对于促使社会成员养成对社会的高度责任感有着积极的意义。

目前我国有关部门已经颁布了《互联网信息服务管理办法》、《互联网电子公告服务管理规定》和《互联网站从事登载新闻业务管理暂行规定》等网络法规，对网民的行为作出了严格的规定，这对网络环境的净化起到了一定的积极作用。但从总体上看，由于网络环境的复杂性，现有的法律、法规还难以对众多的网络违规行为进行比较全面的约束。因此，当前要将网络法律、法规的建设尤其是与网络道德相关的法律制度的完善作为一项重要任务，尽快制定出更加细致与更具操作性的相应法规，以防止和打击相应的网络违规行为。

（3）展开网络道德教育。

青年是网络世界中最活跃、最中坚的力量，很多网络犯罪分子都是有着较高学历的知识分子，因此，有必要在大学中展开网络道德教育。要摒弃那些不合时宜且毫无成效可言的条条框框，尽快制定出切合高校实际的校园网络规范守则，明确奖惩措施，对违反上网规范的学生予以教育，对一些利用网络进行犯罪活动的学生要移交司法部门。要引导青年文明上网、依法上网，将网络道德的培养作为个人思想道德教育的一个不可缺少的方面。要提高学生的自我保护能力。

作为使用计算机的人员，应该具备良好的计算机应用素养，遵守网络规范和网络道德，保护网络安全、畅通，使信息技术更好地为我们的学习、工作和生活服务。法律是道德的底线，计算机从业人员要遵守职业道德的最基本要求。同时还要：

- 按照有关法律、法规和有关机关、内部规定建立计算机信息系统。
- 以合法的用户身份进入计算机信息系统。
- 在工作中尊重各类著作权人的合法权利。
- 在收集、发布信息时尊重相关人员的名誉、隐私等合法权益。

习　题

一、简答题

1. 计算机安全所涵盖的内容是什么？

2. 影响计算机安全的主要因素有哪些？

3. 保证计算机安全有哪些措施？

4. 什么是计算机病毒？计算机病毒有哪些特征？

5. 说明病毒、黑客、木马的概念。

6. 应当遵守哪些网络道德规范？

二、操作题

1. 设置计算机的防火墙提高信息安全级别。

2. 利用360安全卫士监测你的计算机系统。

三、单选题

1. IP地址4.5.6.7所属的类别是____。

A. A类　　B. B类　　C. C类　　D. D类

2. 在电子邮件地址my_mail@163.com中，域名部分是____。

A. my_mail　　B. 163.com

C. my_mail@163.com　　D.（A）和（B）

3. 电子邮件客户端通常需要用____协议来发送邮件。

A. 仅SMTP　　B. 仅POP

C. SMTP和POP　　D. 以上都不正确

4. 在OSI参考模型的描述中，下列说法中不正确的是____。

A. OSI参考模型定义了开放系统的层次结构

B. OSI参考模型是一个在制定标准时使用的概念性的框架

C. OSI参考模型的每层可以使用上层提供的服务

D. OSI参考模型是开放系统互联参考模型

5. ____协议主要用于加密机制。

A. HTTP　　B. FTP　　C. TELNET　　D. SSL

6. 属于被动攻击的恶意网络行为是____。

A. 缓冲区溢出　　B. 网络监听　　C. 端口扫描　　D. IP欺骗

7. 向有限的存储空间输入超长的字符串属于____攻击手段。

A. 缓冲区溢出　　B. 运行恶意软件

C. 浏览恶意代码网页　　D. 打开病毒附件

8. 在VPN中，对____进行加密。

A. 内网数据包　　B. 外网数据包

C. 内网和外网数据包　　D. 内网和外网数据包都不

9. 以下算法中属于非对称算法的是____。

A. Hash算法　　B. RSA算法　　C. IDEA　　D. 三重DES

10. 以下不属于代理服务技术优点的是____。

A. 可以实现身份认证　　B. 内部地址的屏蔽和转换功能

C. 可以实现访问控制　　D. 可以防范数据驱动侵袭

11. 以下哪一项不属于计算机病毒的防治策略____。

A. 防毒能力　B. 查毒能力　C. 解毒能力　D. 禁毒能力

12. 以下关于计算机病毒的特征说法正确的是____。

A. 计算机病毒只具有破坏性，没有其他特征

B. 计算机病毒具有破坏性，不具有传染性

C. 破坏性和传染性是计算机病毒的两大主要特征

D. 计算机病毒只具有传染性，不具有破坏性

13. 可以通过哪种安全产品划分网络结构，管理和控制内部和外部通信____。

A. 防火墙　B. CA 中心　C. 加密机　D. 防病毒产品

14. IPSec 协议是开放的 VPN 协议。对它的描述有误的是____。

A. 适用于向 IPv6 迁移　　B. 提供在网络层上的数据加密保护

C. 支持动态的 IP 地址分配　　D. 不支持除 TCP/IP 外的其他协议

15. 在以下人为的恶意攻击行为中，属于主动攻击的是____。

A. 身份假冒　　B. 数据监测

C. 数据流分析　　D. 非法访问

16. 黑客利用 IP 地址进行攻击的方法有____。

A. IP 欺骗　B. 解密　C. 窃取口令　D. 发送病毒

17. 防止用户被冒名所欺骗的方法是____。

A. 对信息源发送方进行身份验证

B. 进行数据加密

C. 对访问网络的流量进行过滤和保护

D. 采用防火墙

18. 对状态检查技术的优缺点描述有误的是____。

A. 采用检测模块监测状态信息

B. 支持多种协议和应用

C. 不支持监测 RPC 和 UDP 的端口信息

D. 配置复杂会降低网络的速度

19. SSL 指的是____。

A. 加密认证协议　　B. 安全套接层协议

C. 授权认证协议　　D. 安全通道协议

20. 以下哪一项不属于入侵检测系统的功能？____

A. 监视网络上的通信数据流　　B. 捕捉可疑的网络活动

C. 提供安全审计报告　　D. 过滤非法的数据包

21. 加密技术不能实现____。

A. 数据信息的完整性　　B. 基于密码技术的身份认证

C. 机密文件加密　　D. 基于 IP 头信息的包过滤

22. 以下关于对称密钥加密说法正确的是____。

A. 加密方和解密方可以使用不同的算法

B. 加密密钥和解密密钥可以是不同的

C. 加密密钥和解密密钥必须是相同的

D. 密钥的管理非常简单

23. 以下关于数字签名说法正确的是____。

A. 数字签名是指在所传输的数据后附加上一段和传输数据毫无关系的数字信息

B. 数字签名能够解决数据的加密传输，即安全传输问题

C. 数字签名一般采用对称加密机制

D. 数字签名能够解决篡改、伪造等安全性问题

24. 下列说法中不正确的是____。

A. IP 地址用于标识连入 Internet 上的计算机

B. 在 Ipv4 协议中，一个 IP 地址由 32 位二进制数组成

C. 在 Ipv4 协议中，IP 地址常用带点的十进制标记法书写

D. A、B、C 类地址是单播地址，D、E 类是组播地址

25. 包过滤是有选择地让数据包在内部与外部主机之间进行交换，根据安全规则有选择地路由某些数据包。下面不能进行包过滤的设备是____。

A. 路由器　　B. 一台独立的主机

C. 交换机　　D. 网桥

26. 计算机网络威胁大体可分为两种：一种是对网络中信息的威胁；另一种是____。

A. 人为破坏　　B. 对网络中设备的威胁

C. 病毒威胁　　D. 对网络人员的威胁

27. 以下属于系统物理故障的是____。

A. 硬件故障与软件故障　　B. 计算机病毒

C. 人为的失误　　D. 网络故障和设备环境故障

28. 保证信息安全最基本、最核心的技术是____。

A. 信息加密技术　　B. 信息确认技术

C. 网络控制技术　　D. 反病毒技术

29. 以下关于非对称密钥加密说法正确的是____。
    A. 加密方和解密方使用的是不同的算法
    B. 加密密钥和解密密钥是不同的
    C. 加密密钥和解密密钥相同
    D. 加密密钥和解密密钥没有任何关系
30. Telnet 协议主要应用于____。
    A. 应用层　　B. 传输层　　C. Internet 层　　D. 网络层

第9章 计算机多媒体技术

多媒体技术是信息技术领域发展最快、最活跃的技术，多媒体技术融计算机、文本、声音、图像、动画、视频和通信等多种技术于一体，在很多领域得到了应用。本章介绍计算机多媒体技术的基本知识、多媒体应用工具以及多媒体信息处理工具等内容。

知识导论

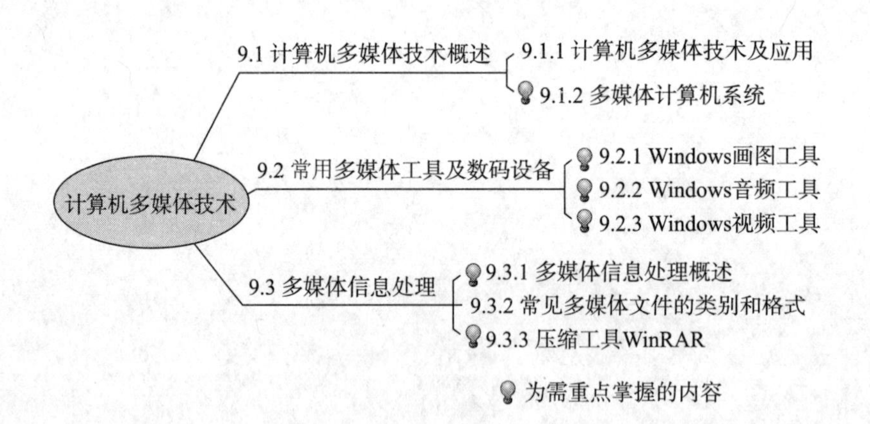

9.1　计算机多媒体技术概述

学习目标

※ 了解计算机多媒体技术的概念以及在网络教育中的作用；

※ 了解多媒体计算机系统的基本构成和多媒体设备的种类。

9.1.1　计算机多媒体技术及应用

1. 多媒体的概念

媒体是指信息表示和传播的载体，媒体能够向人们传递各类信息，例如，文字、声音、图像等都是媒体。在计算机领域媒体包括：

（1）感觉媒体。

感觉媒体是指人能够直接感觉到的媒体。例如，人的语言、音乐，自然界的声音、图形、计算机的文件、程序等。

（2）表示媒体。

表示媒体是指各种编码，例如，文本编码、语音编码、图像编码，是为了进行加工、处理和保存而构造出来的媒体。

（3）存储媒体。

存储媒体用于存放信息，包括硬盘、CD 光盘、DVD 光盘等。

2. 计算机多媒体技术

计算机多媒体技术（简称多媒体技术）是利用计算机技术获取、处理和存储文字（Text）、声音（Sound）、图形（Graph）、图像（Image）、动画（Animation）和视频（Video）等多种媒体信息的技术。它可以将这些不同类型的媒体信息有机地结合在一起，并赋予人机交互的功能，从而创造出集多种形式于一体的新型信息处理系统。

3. 多媒体技术的应用

多媒体技术在很多领域得到了广泛的应用。

（1）教育培训领域。

多媒体计算机辅助教学已经在教育教学中得到广泛的应用。多媒体教材通过图、文、声、像的有机组合，能够多角度、多侧面地展示教学内容。多媒体技术通过视觉或听觉或视、听并用等多种方式同时刺激学生的感觉器官，激发学生的学习兴趣，提高学习效率，帮助教师将抽象的不易用语言和文字表达的教学内容，表达得更直观、更清晰。计算机多媒体技术能够以多种方式向学生提供学习材料，包括抽象的教学内容、动态的变化过程、多次的重复等。利用计算机存储容量大、显示速度快的特点，能快速展现和处理教学信息，拓展教学信息的来源。能够提供丰富的教学容量，教师和学生能够在有限的时间内检索到所需要的内容。

多媒体计算机辅助教学有效地支持了个别化的教学模式，促进了学生的自主学习活动，使学生从被动接受知识转变为自主选择教学信息，根据自己的学习情况，调整学习的进度。针对不同的信息，采用相应的学习方法，克服传统教育在空间、时间和教育环境等方面的限制。学生可以利用多媒体计算机，结合自己的学习基础和学习能力，自主选择学习的步调去完成学习任务，也可以根据自己的兴趣、爱好、知识水平自主地选择学习内容，完成学习、练习、复习、测评等学习过程。它要求学生必须集中精力，积极参与学习过程，因为没有学生的参与学习过程就无法进行。计算机可以对学生的每一个反应做出及时评判，帮助学生提高学习质量。计算机辅助教学这种新的教学模式充分体现了以学生为主体的教学理念。

多媒体教学网络系统在教育培训领域中得到广泛应用，教学网络系统可以提供丰富的教学资源，优化教师的教学设计，更有利于个别化学习。多媒体教学网络系统在教学管理、教育培训、远程教育等方面都发挥着重要的作用。多媒体教学网络系统应用于教学突破了传统的教学模式，使学生在学习时间和学习地点上有了更多的自由选择的空间，越来越多地应用于各种培训、学校教学、个别化学习等教学和学习过程中。

(2) 电子出版领域。

电子出版是多媒体技术应用的一个重要方面。电子出版物是指将文字、声音、图像、动画、影像等种类繁多的信息集成为一体，通过计算机或类似设备阅读使用，并可复制发行的大众传播媒体。电子出版物的内容可以是多种多样的如电子杂志、百科全书、地图集、信息咨询、简报等。电子出版物的存储密度非常高，人们在获取电子出版物中的信息时，需要对信息进行检索、选择，所以电子出版物的使用方式灵活、方便，交互性强。

目前电子出版物的出版形式主要有电子网络出版和单行电子书刊两大类。电子网络出版是以数据库和通信网络为基础的一种新的出版形式，通过计算机向用户提供网络联机服务、电子报刊、电子邮件以及影视作品等服务，信息的传播速度快、更新快。单行电子书刊主要以只读光盘、集成卡等为载体，容量大、成本低是其突出的特点。

(3) 娱乐领域。

随着多媒体技术的日益成熟，多媒体系统已大量进入娱乐领域。多媒体计算机游戏和网络游戏，不仅具有很强的交互性而且人物造型逼真，使人很容易进入游戏场景，如同身临其境一般。

另外数码照相机、数码摄像机、DVD 等越来越多地进入到人们的生活和娱乐活动中，利用数码设备采集的信息，可以加工制作个人相册、音频、视频文件。

（4）咨询服务领域。

多媒体技术在咨询服务领域的应用主要是使用触摸屏查询相应的多媒体信息，如票务查询、宾馆查询、展览信息查询、图书情报查询、导购信息查询等。查询信息的内容可以是文字、图形、图像、声音和视频等。

（5）多媒体网络通信领域。

随着数据通信的快速发展，以异步传输模式（ATM）技术为主的宽带综合业务数字网为实施多媒体网络通信奠定了技术基础。网络多媒体应用系统主要包括可视电话、多媒体会议系统、视频点播系统、远程教育系统、IP 电话等，这些技术已经得到了应用。

9.1.2　多媒体计算机系统

1. 多媒体计算机系统的组成

多媒体计算机系统对基本计算机系统的软、硬件功能进行扩展。如表 9—1 所示为多媒体计算机系统的层次结构，一个完整的多媒体计算机系统包括五个层次。

表 9—1　　多媒体计算机系统的层次结构

应用系统 多媒体应用作品，如：游戏、数字电影、教育课件等
制作工具 图形处理、图像处理、音频处理、视频处理软件等
接口层 多媒体应用程序接口
软件系统 多媒体文件系统、多媒体操作系统、多媒体通信系统等
硬件系统 多媒体存储、CPU、图像、图形、视频、音频设备

（1）硬件系统。其主要任务是能够实时地综合处理文、图、声、像信息，实现全动态视像和立体声的处理，同时还需对多媒体信息进行实时的压缩与解压缩。

（2）软件系统。它主要包括多媒体操作系统、多媒体通信软件等部分。操作系统具有实时任务调度、多媒体数据转换和同步控制、多媒体设备驱动和控制以及图形用户界面管理等功能。为支持计算机对文字、音频、视频等多媒体信息的处理，解决多媒体信息的时间同步问题，提供了多任务的环境。多媒体通信软件主要支持网络环境下的多媒体信息的传输、交互与控制。

(3) 接口层。这一层是为上一层提供软件接口，以便程序员在高层通过软件调用系统功能，并能在应用程序中控制多媒体硬件设备。为了能够让程序员方便地开发多媒体应用系统，Microsoft 公司推出了 DirectX 设计程序，提供了让程序员直接使用操作系统的多媒体程序库，使 Windows 变为一个集声音、视频、图形和游戏于一体的平台。

(4) 制作工具。在多媒体操作系统的支持下，可以利用图形和图像编辑软件、视频处理软件、音频处理软件等编辑与制作多媒体节目素材，并在多媒体制作工具软件中集成。多媒体制作工具的设计目标是缩短多媒体应用软件的制作开发周期，降低对制作人员技术方面的要求。

(5) 应用系统。这一层直接面向用户，是为满足用户的各种需求服务的。应用系统要求有较强的多媒体交互功能，良好的人机界面。

2. 多媒体硬件

多媒体硬件除了普通计算机硬件外，还包括音频、视频处理设备，例如，声卡、视频压缩卡、视频播放卡、话筒、音箱、刻录机、触摸屏等，其中最重要的是根据多媒体技术标准研制生产的多媒体信息处理芯片、板卡和外围设备等。

(1) 芯片类：音频/视频芯片组、视频压缩/还原芯片组、数模转化芯片、网络接口芯片、数字信号处理芯片（DSP）、图形图像控制芯片等。

(2) 板卡类：音频处理卡、文/语转换卡、视频采集/播放卡、图形显示卡、图形加速卡、光盘接口卡、VGA/TV 转换卡、小型计算机系统接口（SCSI）、光纤连接接口（FDDI）等。

(3) 外设类：扫描仪、数码相机、激光打印机、液晶显示器、光盘驱动器、触摸屏、话筒、喇叭等。

3. 多媒体软件

(1) 多媒体制作软件。

利用多媒体制作软件可以制作多媒体应用程序，例如，用户自行设计相册、音频文件、视频文件等。常用的多媒体制作软件包括：

- 图形图像处理软件：PhotoShop、CorelDraw、Freehand。
- 动画制作软件：AutoDesk Animator Pro、3ds MAX、Flash。
- 声音处理软件：Ulead Media Studio、Sound Forge、Audition（Cool Edit）、Wave Edi。

- 视频处理软件：Ulead Media Studio、Adobe Premiere、After Effects。
- 视频编辑软件：Corel Video Studio Pro Multilingual（会声会影）。

（2）多媒体播放软件。

多媒体播放软件是指可以播放多媒体应用程序的软件。常用的多媒体播放软件包括：

- Windows Media Player 微软公司播放器，可以播放 WMA、WMV 格式的音视频文件。
- Real Player，可以播放 RM、RMVB 格式的网络视频压缩文件。
- 暴风影音全能播放器，几乎支持所有的视频音频文件。

4. 多媒体设备与接口

（1）音频设备及接口。

声卡主要用于处理声音，是多媒体计算机的基本配置。计算机通过声卡处理音频信号。声卡的关键技术包括数字音频、音乐合成和 MIDI。声卡的主要功能：

- 数字音频的播放。声卡的主要技术指标是数字化量化位（例如 8 位、16 位）和立体声声道（例如单声道、立体声声道）。
- 录制生成 WAVE 文件。声卡配有话筒输入、线性输入接口。数字音频的音源可以是话筒、录音机和 CD 唱盘等，可以选择数字音频参数（如采样率、量化位和压缩编码算法等）在音频处理软件的控制下，通过声卡对音源信号进行采样，生成 WAVE 文件。
- MIDI 和音乐合成。通过 MIDI 接口可以获得 MIDI 数据。采用频率合成的方法可以实现 MIDI 乐声的合成以及文本—语音转换合成。
- 多路音源的混合和处理。借助混音器可以混合和处理不同音源发出的声音信号，混合数字音频和来自 MIDI 设备、CD 音频、线性输入、话筒及扬声器等的各种声音。

（2）数字图像设备及接口。

- 摄像头。

摄像头作为一种视频输入设备，一般用于视频会议、远程医疗及实时监控。随着摄像头成像技术的不断进步和成熟。摄像头基本有两种：一种是数字摄像头，可以独立与计算机配合使用。另一种是模拟摄像头，要配合视频捕捉卡一起使用。数字摄像头能与多媒体计算机配合。

数字摄像头的像素数是数码摄像头的一个重要指标，最早期的产品以 10 万像素者居多，现在的摄像头普遍都在 30 万像素以上，高端产品为 130 万像素或 210 万像素。但是也不是像素越高越好，因为像素越高就意味着同一幅图像所包含的数据量越大，对于有限的带宽来说，高像素会造成低速度。

数字摄像头采用USB接口，使得摄像头的硬件检测、安装变得比较方便，而且USB接口的最高传输率高，这使高分辨率、真彩色的大容量图像传送成为可能。

一般好的摄像头都有较宽广的调焦范围，有的还应该具备物理调焦功能，能够手动调节摄像头的焦距。

● 数码相机。

数码相机是一种能够进行拍摄，并通过内部处理机制把拍摄到的景物转换成以数字格式存放的图像的特殊照相机，数码相机可以直接连接到计算机、电视机或者打印机上。

数码相机的工作原理：按下快门拍照时，镜头首先将光线汇聚到感光器件上，把光信号转变为电信号，这样得到了对应于拍摄景物的电子图像。然后，电子图像按照计算机的要求进行从模拟信号到数字信号的转换。同时，对数字信号进行压缩并转化为特定的图像格式（例如JPEG格式）。最后，图像文件被存储在内置存储器中。由于图像文件占用的空间大，所以数码相机为扩大存储容量而使用可移动存储器，如PC卡或者SD卡。此外，还提供了连接到计算机和电视机的接口。

● 扫描仪。

扫描仪是一种图形输入设备，由光源、光学镜头、光敏元件、机械移动部件和电子逻辑部件组成。该设备主要用于输入黑白或彩色图片资料、图形方式的文字资料等平面素材。配合适当的应用软件后，扫描仪还可以进行中英文文字的智能识别。

扫描仪的连接方式：扫描仪与多媒体个人计算机之间通过USB接口连接，不同的扫描仪配有不同的扫描仪驱动软件，通过软件驱动程序能使计算机识别扫描仪并与之建立通信联系。扫描仪一般都配有相应的扫描应用软件，用户通过软件来选择扫描时的工作参数，控制扫描仪的工作。扫描软件还可以对图像做一些预处理，生成的数字图像可按不同的文件格式存储下来。

（3）视频设备及接口。

DV摄像机是常用的视频设备，DV摄像机通过USB接口与电脑进行连接。其图像分辨率高，色彩及亮度频宽比普通摄像机高，因而色彩极为纯正，达到专业级标准；可无限次翻录、影像无损失；可方便地将视频图像传输到计算机；可直接传输数码化后的影像数据，因此没有图像和音频的失真；只需一根电缆，便可将视频、音频、控制等信号进行数据传输。具有热插拔功能，可在多种设备之间进行数据传输。

许多DV摄像机具有静态图像拍摄功能，实现了数码摄像机和数码相机的集成。

9.2　常用多媒体工具及数码设备

学习目标

※ 掌握 Windows 画图工具的基本操作；

※ 掌握 Windows 音频工具的基本操作；

※ 掌握 Windows 视频工具的基本操作。

9.2.1　Windows 画图工具

1. 画图工具窗口

在 Win7 系统的桌面，选择“所有程序—附件—画图”，出现如图 9—1 所示的“画图”窗口。中间白色的区域为画图区，相当于画纸。功能区有工具、形状、颜色等供画图时使用。

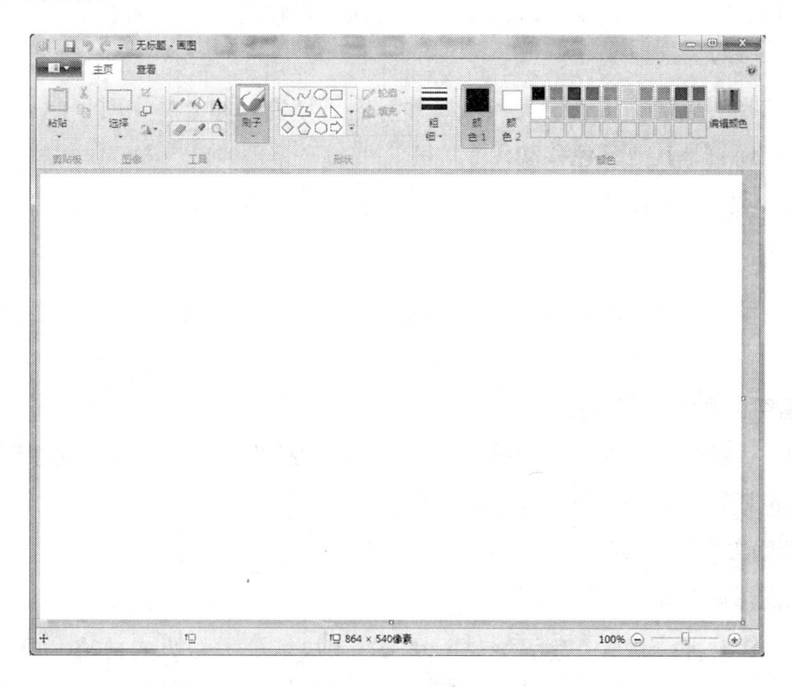

图 9—1　画图

2. 常用画图工具

(1) 铅笔工具。在画纸上拖曳鼠标可以画出线条，还可以在颜色板上选择其他颜色画图，鼠标左键选择的是前景色，右键选择的是背景色，在画图的时候，左键拖曳画出的是前景色，右键画的是背景色。

（2）刷子工具。在画纸上拖曳鼠标可以画出不同粗细的线条。

（3）橡皮工具。选中橡皮工具可以用左键或右键进行擦除，这两种擦除方法适用于不同的情况。左键擦除是把画面上的图像擦除，并用背景色填充经过的区域。右键擦除可以只擦除指定的颜色，而对其他的颜色没有影响。

（4）颜料填充工具。用颜料填充工具能够把一个封闭区域内都填上颜色。

（5）A文字工具。在画面上拖曳可以生成文本框，并可以输入文字，同时可以选择字体和字号。

（6）直线工具。在画纸上用鼠标拖曳可以画出直线。

（7）曲线工具。使用该工具可以画出曲线。

（8）矩形工具、多边形工具、椭圆工具、圆角矩形，它们分别用来画出相应的图形。

（9）矩形选择工具、任意型选择工具。按住鼠标左键拖曳，然后只要一松开鼠标，那么最后一个点和起点会自动连接形成一个选择范围。选定图形后，可以将图形移动到其他地方，也可以按住 Ctrl 键拖曳，将选择的区域复制一份移动到其他地方。

如果选择不包括背景色模式，比如背景色是绿色，那么移动时，画面上的绿色不会移动，而只是其他颜色移动。

（10）取色器工具。用它可以取出单击点的颜色，这样可以画出与原图完全相同的颜色。

（11）是放大镜，在图像任意的地方单击，可以把该区域放大，再进行精细修改。

3. 画图工具的颜色配置

在图 9—1 所示的“画图”窗口，在颜色功能区双击鼠标，会出现如图 9—2 所示的“调色板”，可以设置自己需要的颜色。

4. 画图工具操作技巧

（1）图形内容缩放。

对图形内容进行大小缩放的操作方法是：用鼠标单击左边工具箱中的、按钮，移动光标至图形中，这时光标变成十字形，移动光标至图形中需缩放部分的一个矩形区域的左上顶点处，按住鼠标左键往右下方拖曳，此时将出现一矩形虚线框，直到出现的矩形虚线框完全包围所需缩放的图形部分，这时放开鼠标左键，移动光标至矩形虚线框上的八个缩放点之一，当光标变成双箭头形状时，按住鼠标左键拖放矩形

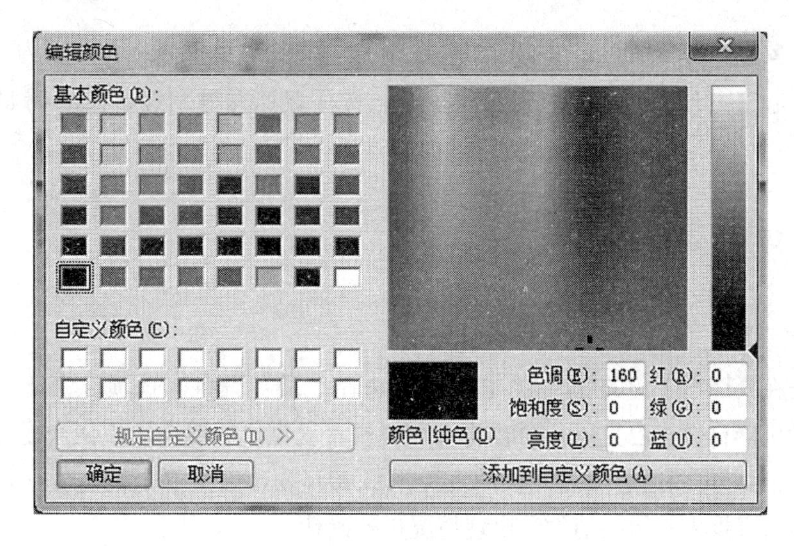

图 9—2　调色板

框，这时发现图形内容会随鼠标的拖曳而缩放。

(2) 图形边框调整。

我们有时需把某一图形的长宽调整成一定的大小，可以采用以下操作方法：

- 把鼠标移至图像边框上的缩放操作点，当光标变成双箭头符号时按住鼠标左键不放，然后拖动图形缩放操作点使图像达到需要的大小，放开鼠标左键即可。这种方法简单快捷，但不易精确调整图形大小，有时需要重复拖动几次才能达到目的。
- 选择“图像—重新调整大小”，出现对话框，在对话框中输入需要的宽度和高度数值，单击“确定”按钮，即可精确调整图形的大小。

(3) 图形部分内容的位置移动。

如果我们想把图形上某一部分的位置进行调整，可以单击工具箱中的、按钮，在图形中选取欲移动的一小部分图形，如果是不规则的图形，可用工具箱中的“任意形状的裁剪”按钮选取，然后移动光标到选取框内，当光标变成时，按住鼠标左键拖动被选取部分图形到指定的地方，然后释放鼠标左键即可。用此方法也可以任意剪切图形的某一部分，并进行复制、粘贴等操作。

(4) 图形的翻转或旋转。

单击工具箱中的、按钮，按前面讲过的方法选中需要实现旋转的图形部分，选择菜单栏上的“图像—翻转/旋转”，此时弹出对话框，在对话框中选定需翻转或旋转的角度，单击“确定”按钮即可完成图形的翻转或旋转。

(5) 图形的擦除。

如果想擦除整个图形内容，选择“图像—选择—删除”，就可以把整个图形擦除。如果要擦除部分图形，可单击工具箱中的按钮，移动光标到图形内，此时光标变成空心正方形，移动光标到需擦除处，按住鼠标左键不放，拖动即可擦除图形。

9.2.2 Windows 音频工具

1. 麦克风

首先在桌面右下角的上单击右键，选择“录音设备”选项。先要认准麦克风，一般机器自带有麦克风，同时插入耳麦或者麦克风后就会出现两个麦克风，如图 9—3 所示，可以通过拔插外接的麦克风或者耳麦，确定哪个是需要使用的麦克风，拔插时根据麦克风的消失和出现情况进行确认。

在如图 9—3 所示的界面，确认麦克风之后，在选定的麦克风上单击右键，出现如图 9—4 所示的“声音—录制—设置”列表，选择“设置为默认设备”选项。

之后，选择“属性”选项，出现如图 9—5 所示的“麦克风—属性—级别”界面，把麦克风滑块拉到最右面选择 100 即可。

如果语音聊天的过程中有比较大的啸叫声或者耳鸣声，可在如图 9—6 所示的“麦克风—属性—侦听”界面，取消选中“侦听此设备”。

如果在语音时有噪音或者回音，可在如图 9—7 所示的“麦克风—属性—增强”界面，把图示三个选项都选中。

图 9—3　声音—录制

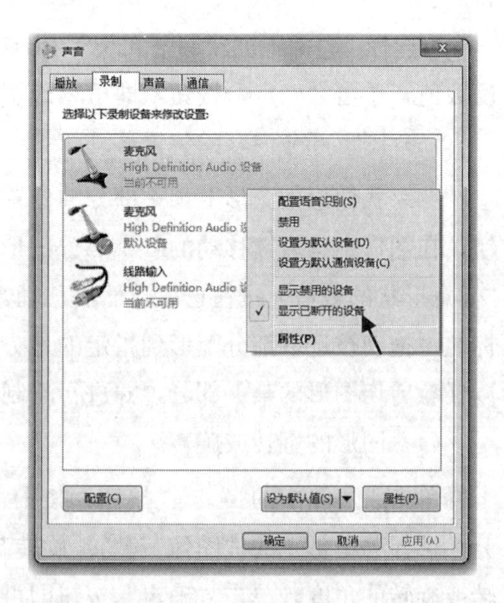

图 9—4　声音—录制—设置

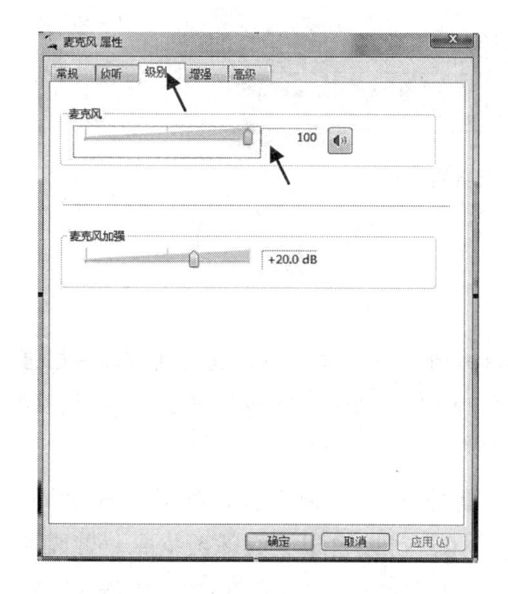

图 9—5　麦克风—属性—级别

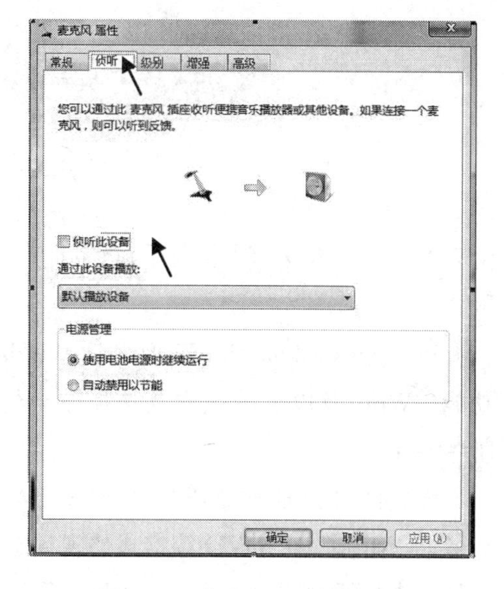

图 9—6　麦克风—属性—侦听

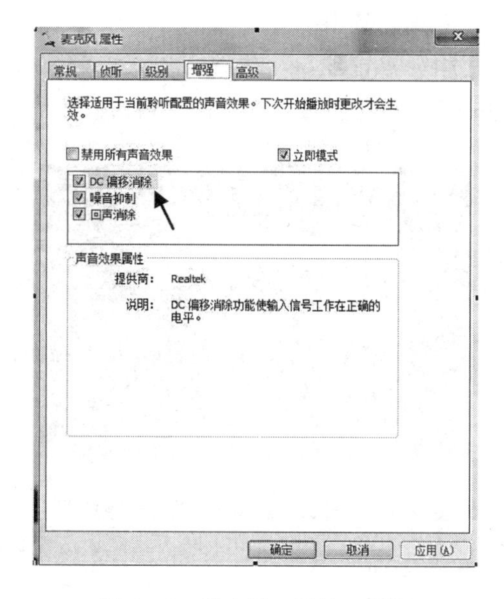

图 9—7　麦克风—属性—增强

2. 录音机

在 Win7 系统的桌面，单击“开始—所有程序—附件—录音机”，出现如图 9—8 所示的“录音机”界面，点击“● 继续录制(S)”按钮，此时录音机开始录音。录制完毕后，单击“■ 停止录制(S)”按钮，就会弹出“另存为”对话框，输入录音文件名，即可保存录音文件。Win7 系统的录音机只能生成 WMA 格式的声音文件，不能对其进行加工。

图 9—8　录音机

9.2.3　Windows 视频工具

Windows Media Player 是一款 Windows 系统自带的播放器，支持通过插件增强功能，Win7 及以后的版本支持换肤、刻录、翻录、同步、流媒体传送、观看、倾听等操作。

该软件可以播放 MP3、WMA、WAV 等格式的音频文件，可以播放 AVI、WMV、MPEG-1、DVD 等格式的视频文件。用户可以自定义媒体数据库收藏媒体文件。支持播放列表，支持从 CD 抓取音轨复制到硬盘；支持刻录 CD，支持图形界面更换；支持 MMS 与 RTSP 的流媒体。

在 Win7 系统中，利用资源管理器，找到音频或视频文件，双击鼠标会出现如图 9—9 所示的“Windows Media Player 播放器”窗口。

图 9—9　Windows Media Player 播放器

9.3　多媒体信息处理

学习目标

※ 了解文件压缩和解压缩的基本知识；

※ 了解常见多媒体文件的类别和文件格式；

※ 掌握压缩工具 WinRAR 的基本操作。

9.3.1　多媒体信息处理概述

1. 数字量和模拟量

计算机内部采用二进制编码存储的信息称作数字量。计算机只能处理数字信号，要让计算机处理模拟信号，必须先将模拟量通过 A/D（模/数）转换器转换成数字信号，这样计算机才能处理。媒体技术是面向文本、图形、图像、声音、动画和视频信息处理的技术，其核心是完成信息的模拟量与数字量之间的转换、存储和加工工作。

2. 多媒体信息的表示

（1）文本。

英文文本信息的表示采用 ASCII 编码方案，汉字信息的表示采用汉字国标编码方案。

（2）声音。

声音数字化信息的表示与采样频率、采样位数、声道数和声音持续时间有关。

声音的数据量＝（采样频率×采样位数×声道数×声音持续时间）/8（字节）

- 采样频率是指录音设备在一秒钟内对声音信号的采样次数，采样频率越高声音的还原就越真实越自然。在当今的主流声卡上，采样频率共分为 22.05kHz、44.1kHz、48kHz 三个等级，22.05kHz 只能达到调频广播的声音品质，44.1kHz 则是理论上的 CD 音质，48kHz 则更加精确一些。
- 采样位数可以理解为声卡处理声音的解析度。这个数值越大，解析度就越高，录制和回放的声音就越真实。常见的有 8 位、16 位、24 位、32 位。
- 声道数：目前声卡一般配置 5.1 声道或 7.1 声道。

例如，CD 音乐光盘的采样频率为 44.1kHz、采样位数为 16 位、声道数为 5.1、1 首歌曲为 6 分钟，则声音数据量＝（44.1×16×5.1×360）/8≈161 935.2（Kb）≈158（Mb）。

（3）静态图像。

静态图像数字化信息的表示与垂直方向的分辨率、水平方向的分辨率和颜色深度有关。

$$\text{静态图像的数据量}=\frac{(\text{垂直方向的分辨率}\times\text{水平方向的分辨率}\times\text{颜色深度})}{8}\ (\text{字节})$$

例如，一幅分辨率为 1 024×768、颜色深度为 24 的静态真彩色图像，其数据量＝1 024×768×24/8≈2.3（MB）。

（4）动态视频。

动态视频数字化信息的表示与分辨率、颜色深度、帧数和播放时间有关。

动态视频的数据量=（分辨率×颜色深度×帧频×播放时间）/8（字节）

帧频是指每秒播放静止画面的数量。

例如，PAL 制式的彩色电视，帧频为 25、颜色深度为 24、每帧画面为 625 行、高宽比为 4∶3，1 秒钟的动态视频数据量=（625×4/3）×625×24×25/8≈35.25（MB）。

3. 多媒体信息的冗余

冗余是指信息的多余度。一般而言图像、音频数据中存在数据冗余。

（1）空间冗余。这是图像数据经常存在的一种冗余。在同一幅图像中规则物体和规则背景的表面特性具有相关性，这些相关性的成像结构在数字化图像中就表现为数据冗余。

（2）时间冗余。时间冗余在图像序列中是指相邻帧图像之间有较大相关性，一帧图像中的某物体或场景可以由其他帧图像中的物体或场景重构出来。音频的一个连续的渐变过程中也存在时间冗余。

（3）视觉冗余。人眼对于图像场的注意是非均匀的，人眼并不能觉察图像场的所有变化。事实上人类视觉的一般分辨率为 26 灰度等级，而一般图像的量化采用的是 28 灰度等级，即存在着视觉冗余。

（4）听觉冗余。人耳对不同频率的声音的敏感性是不同的，并不能察觉所有频率的变化，对某些频率不是特别关注，因此存在听觉冗余。

（5）结构冗余。图像一般都有非常强的纹理结构。纹理一般都是比较有规律的结构，因此在结构上存在冗余。

（6）知识冗余。对图像的理解与某些基础知识有很大的相关性。例如，人脸的图像有同样的结构：嘴的上方有鼻子，鼻子上方有眼睛，鼻子在正脸图像的中线上等。这些规律性可由某些基础知识得到，此类冗余为知识冗余。

（7）其他冗余。多媒体数据除了上述冗余类型外，还存在其他一些冗余类型，如由图像非定常特性所产生的冗余等。

4. 多媒体数据压缩和解压缩

多媒体的信息量是多媒体的数据量与多媒体冗余数据量的和。各种媒体信息（特别是图像和动态视频）的数据量非常大，这么大的数据量不仅超出了计算机的存储和处理能力，也是当前通信信道的传输速率所不能达到的。因此，为了存储、处理和传输这些数据，必须对多媒体信息进行数据压缩。数据压缩的核心是计算方法，不同的计算方法，产生不同形式的压缩编码，以解决不同数据的存储与传送问题。数据的解压缩是对压缩的数据按照某种算法标准进行的还原处理。

数据压缩方法种类繁多，可以分为无损（无失真）压缩和有损（有失真）压缩两大类，无损压缩编码采用统计编码，而有损压缩则采用预测或者变换编码等。

（1）无损压缩算法。

无损压缩是指解码后的数据与压缩之前的原始数据完全一致，不会产生失真。无损压缩利用数据的统计冗余进行压缩，可完全恢复原始数据而不引起任何失真，但压缩率受到数据统计冗余度的限制，一般为 2∶1 到 5∶1。这类方法广泛用于文本数据、程序和特殊应用场合的图像数据的压缩。由于压缩比的限制，仅使用无损压缩方法不可能解决图像和数字视频的存储和传输问题。无损压缩编码属于可逆编码，其压缩比一般不高。典型的可逆编码有霍夫曼编码、算术编码、LZW 编码等。

（2）有损压缩算法。

有损压缩是指解码后的数据与原始数据不一致，会有失真。有损压缩方法利用了人类视觉对图像中的某些频率成分不敏感的特性，允许压缩过程中损失一定的信息。虽然不能完全恢复原始数据，但是所损失的部分对理解原始图像的影响较小，却换来了大得多的压缩比。有损压缩广泛应用于语音、图像和视频数据的压缩。有损压缩编码在压缩时舍弃部分数据，还原后的数据与原始数据存在差异。有损压缩具有不可恢复性和不可逆性。有损压缩编码类型有预测编码、变换编码等。

9.3.2　常见多媒体文件的类别和格式

1. 图形文件格式

（1）BMP 格式。

BMP 对应位图文件。它是 Windows 操作系统中的标准图像文件格式，能够被多种 Windows 应用程序所支持。这种格式的特点是包含的图像信息较丰富，几乎不进行压缩，缺点是占用磁盘空间过大。

（2）GIF 格式。

GIF（Graphics Interchange Format）对应图形交换格式文件。GIF 格式的特点是压缩比高，磁盘空间占用较少，所以这种图像格式得到了广泛的应用。最初的 GIF 只是简单地用来存储单幅静止图像，后来随着技术发展，可以同时存储若干幅静止图像进而形成连续的动画，使之成为支持 2D 动画为数不多的格式之一。

此外，考虑到网络传输中的实际情况，GIF 图像格式还增加了渐显方式，也就是说，在图像传输过程中，用户可以先看到图像的大致轮廓，然后随着传输过程的继续而逐步看清图像中的细节部分。目前 Internet 上大量采用的彩色动画文件多为这种格式的文件。

但 GIF 有个缺点，即不能存储超过 256 色的图像。尽管如此，这种格式仍在网络上很受欢迎，这与 GIF 图像文件短小、下载速度快、可用许多具有同样大小的图像文件组成动画等优势是分不开的。

(3) JPEG 格式。

JPEG（Joint Photographic Experts Group）也是常见的图像格式。JPEG 文件的压缩技术十分先进，它用有损压缩方式去除冗余的图像和彩色数据，取得极高的压缩率的同时能展现十分丰富生动的图像，换句话说，就是可以用最少的磁盘空间得到较好的图像质量。同时 JPEG 还是一种很灵活的格式，具有调节图像质量的功能，允许用不同的压缩比例对这种文件进行压缩。目前各类浏览器均支持 JPEG 这种图像格式，因为 JPEG 格式的文件尺寸较小，下载速度快，使得 Web 页有可能以较短的下载时间提供大量美观的图像，JPEG 也因此成为网络上最受欢迎的图像格式。

(4) TIFF 格式。

TIFF（Tag Image File Format）图像格式的特点是图像格式复杂、存储信息多。正因为它存储的图像细微层次的信息非常多，图像的质量也得以提高，故而非常有利于原稿的复制。

(5) PSD 格式。

PSD（Photoshop Document）是 Adobe 公司的图像处理软件 Photoshop 专用的文件格式。PSD 其实是 Photoshop 进行平面设计的一张“草稿图”，它里面包含有各种图层、通道、遮罩等多种设计的样稿，以便于下次打开文件时可以修改上一次的设计。在 Photoshop 所支持的各种图像格式中，PSD 的存取速度比其他格式快很多，功能也很强大。

(6) PNG 格式。

PNG（Portable Network Graphics）是一种不失真的格式，它汲取了 GIF 和 JPEG 二者的优点，存储形式丰富，兼有 GIF 和 JPEG 的色彩模式。它的另一个特点是能把图像文件压缩到极限以利于网络传输，但又能保留所有与图像品质有关的信息，因为 PNG 采用无损压缩方式来减少文件的大小。它的第三个特点是显示速度很快。第四，PNG 同样支持透明图像的制作，透明图像在制作网页图像的时候很有用，我们可以把图像背景设为透明，用网页本身的颜色信息来代替设为透明的色彩，这样可让图像和网页背景很和谐地融合在一起。PNG 的缺点是不支持动画应用效果。

(7) SWF 格式。

SWF（Shockwave Format）是 Flash 动画对应的格式，这种格式的动画图像能够用比较小的体积来表现丰富的多媒体信息。在图像的传输方面，不必等到文件全部下载才能观看，而是可以边下载边看，因此特别适合网络传输，特别是在传输速率不佳的情况下，也能取得较好的效果。

SWF 文件已被大量应用于 Web 网页进行多媒体演示与交互性设计。此外，

SWF 动画是基于矢量技术制作的，因此不管将画面放大多少倍，画面不会因此而有任何损害。SWF 格式作品以其高清晰度的画质和小巧的体积，受到了越来越多网页设计者的青睐，也越来越成为网页动画和网页图片设计制作的主流，目前已成为网上动画的标准。

（8）SVG 格式。

SVG（Scalable Vector Graphics）是目前广泛使用的可缩放的矢量图形文件格式。它是一种开放标准的矢量图形语言，可以设计高分辨率的 Web 图形页面。用户可以直接用代码来描绘图像，可以用任何文字处理工具打开 SVG 图像，通过改变部分代码来使图像具有互交功能，并可以随时插入到 HTML 中通过浏览器来观看。

（9）PCX 格式。

PCX 格式是一种经过压缩的格式，占用磁盘空间较少。该格式出现的时间较长，并且具有压缩及全彩色的能力。

（10）DXF 格式。

DXF（Autodesk Drawing Exchange Format）是 AutoCAD 中的矢量文件格式，以 ASCII 码方式存储文件，在表现图形的大小方面十分精确。许多软件支持 DXF 格式的输入与输出。

（11）WMF 格式。

WMF（Windows Metafile Format）是 Windows 中常见的一种图元文件格式，属于矢量文件格式。它具有文件短小、图案造型化的特点，整个图形常由各个独立的组成部分拼接而成，其图形往往较粗糙。

（12）TGA 格式。

TGA（Tagged Graphics）文件的结构比较简单，是一种通用的图形、图像数据格式，在多媒体领域有很大的影响，是计算机生成图像向电视转换的一种首选格式。

2. 音频文件格式

（1）. MIDI 或 . MID 格式。

MIDI 是乐器数字接口的英文缩写，是数字音乐/电子合成乐器的国际标准。

（2）. WAVE 或 . WAV 格式。

由 Microsoft 公司开发的一种 WAV 声音文件格式，是如今电脑上最为常见的声音格式，用于保存 Windows 平台的音频信息资源，被 Windows 应用程序广泛支持，WAVE 格式支持多种压缩算法，支持多种音频位数、采样频率和声道，但其缺点是文件占用的空间较大，所以不适合长时间记录。

（3）. MP3 格式。

MPEG 视频文件根据压缩质量和编码复杂程度的不同可分为不同层次，MP3 的压缩率则高达 10∶1～12∶1。目前 Internet 上的音乐格式以 MP3 最为常见。MP3

是一种有损压缩，但是它的最大优势是以极小的声音失真换来了较高的压缩比。

（4）.AU 格式。

AU 格式是 SUN 公司推出的一种经过压缩的数字声音格式。AU 格式原先是 UNIX 操作系统下的数字声音格式。由于早期 Internet 上的 Web 服务器主要是基于 UNIX 的，所以，AU 格式在如今的 Internet 中也是常用的声音文件格式。

（5）.RA/.RM/.RAM 格式。

RealAudio 文件是一种音频流文件，主要用于在低速率的广域网上实时传输音频信息。网络连接速率不同，客户端所获得的声音质量也不尽相同。

3. 视频文件格式

（1）3GP 格式。

3GP 是一种 3G 流媒体视频编码格式，主要是为了配合 3G 网络的高传输速度而开发的，也是目前手机中最为常见的一种视频格式。目前有许多具备摄像功能的手机，拍出来的短片文件其实都是以 .3GP 为后缀的。

（2）ASF 格式。

ASF（Advanced Streaming Format ）是一种支持直接在网上观看视频节目的文件压缩格式。由于它使用了 MPEG4 的压缩算法，所以压缩率和图像的质量都很不错。

（3）AVI 格式。

AVI（Audio Video Interleave）即音频视频交叉存取格式。在 AVI 文件中运动图像和伴音数据以交织的方式存储，并独立于硬件设备。这种按交织方式组织音频和视像数据的方式可以使得读取视频数据流时能更有效地从存储媒介得到连续的信息。AVI 文件的主要参数包括视像参数、伴音参数和压缩参数等。

（4）FLV 格式。

FLV（Flash Video）是一种视频格式，由于它形成的文件极小、加载速度也极快，这就使得网络观看视频文件成为可能。FLV 视频格式的出现有效地解决了视频文件导入 Flash 后，使导出的 SWF 格式文件体积庞大，不能在网络上很好地使用等缺点。

（5）MOV 格式。

MOV 视频格式具有很高的压缩比率和较完美的视频清晰度，其最大的特点是跨平台性。MOV 格式具有跨平台、存储空间要求小的技术特点，而采用了有损压缩方式的 MOV 格式文件，画面效果较 AVI 格式要稍微好一些。

（6）MPEG。

MPEG 不是简单的一种文件格式而是编码方案。

- MPEG-1 是标准图像交换格式。MPEG-1 规范了 PAL 制和 NTSC 制模式下的流量标准，提供了相当于家用录像系统（VHS）的影音质量。常见的 VCD 就是 MPEG-1 编码。

- MPEG-2 在视频编码算法上基本和 MPEG-1 相同，只是有了一些小的改良，例如，增加隔行扫描电视的编码。它追求的是大流量下的更高质量的运动图像及其伴音效果。MPEG-2 的改进多来自音频部分的编码。目前最常见的 MPEG-2 相关产品是 DVD、SVCD。
- MPEG-3 最初是为 HDTV 高清晰电视制定的。
- MPEG-4 追求的不是高质量而是高压缩率以及适用于网络的交互能力。MPEG-4 提供了非常惊人的压缩率，MPEG-4 标准主要应用于视像电话（Video Phone）、视像电子邮件（Video Email）和电子新闻（Electronic News）等。

（7）RMVB 格式。

RMVB 格式是由 RM 视频格式升级而延伸出的新型视频格式。RMVB 视频格式打破了原先 RM 格式使用的平均压缩采样的方式，在保证平均压缩比的基础上更加合理，对静止和动作场面少的画面场景采用较低编码速率，从而留出更多的带宽空间，这些带宽会在出现快速运动的画面场景时被利用。这就在保证了静止画面质量的前提下，大幅度提高了运动图像的画面质量，从而在图像质量和文件大小之间达到了平衡。RMVB 视频格式还具有内置字幕和无需外挂插件支持等优点。

（8）WMV 格式。

WMV（Windows Media Video）是微软推出的一种采用独立编码方式并且可以直接在网上实时观看视频节目的文件压缩格式。WMV 视频格式的主要优点有本地或网络回放、可扩充的媒体类型、可伸缩的媒体类型、多语言支持以及有较好的扩展性。

（9）SWF 格式。

SWF 是 Macromedia 公司的动画设计软件 Flash 的专用格式，是一种支持矢量和点阵图形的动画文件格式，被广泛应用于网页设计、动画制作等领域。用普通 IE 浏览器就可以浏览 SWF 文件。

9.3.3　压缩工具 WinRAR

压缩软件的作用是减少源文件的存储空间。WinRAR 是在 Windows 环境下对文件和文件夹进行管理和操作的一款压缩软件。

1. 使用 WinRAR 压缩文件

在“资源管理器”窗口，选择文件或文件夹后，单击鼠标右键，出现图 9—10 所示的“WinRAR 快捷菜单”，选择“添加到压缩文件”选项，出现图 9—11 所示的

“压缩文件名和参数”界面，要进行的主要设置都在“常规”标签页。

图 9—10　WinRAR 快捷菜单

(1) 压缩文件名。

在图 9—11 所示的“压缩文件名和参数”界面，单击“浏览”按钮，可以选择将生成的压缩文件保存在磁盘上的具体位置和名称。

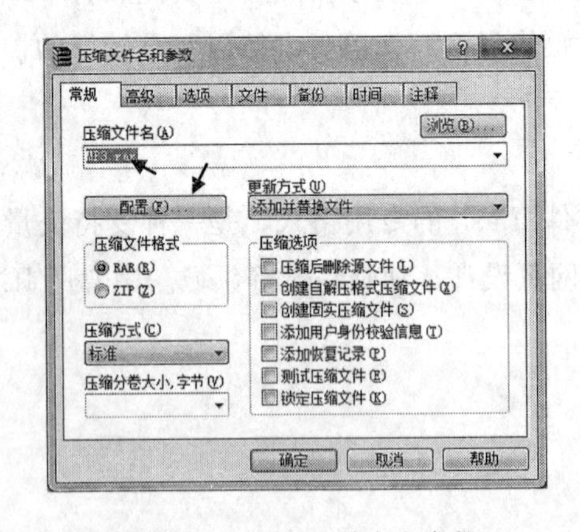

图 9—11　压缩文件名和参数

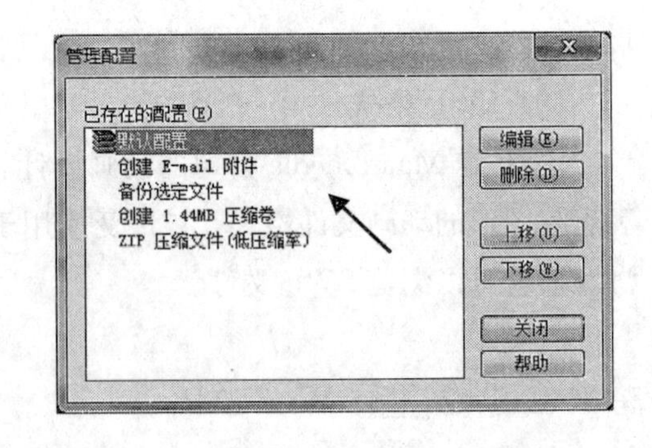

图 9—12　管理配置

(2) 配置。

在图 9—11 所示的“压缩文件名和参数”界面，单击“配置”按钮，出现图 9—12 所示的“管理配置”界面，不同的压缩模式会提供不同的配置方式。比较常用的是“默认配置”。

（3）压缩文件类型。

在图 9—11 所示的“压缩文件名和参数”界面，选择生成的压缩文件是 RAR 格式（经 WinRAR 压缩形成的文件）或 ZIP 格式（经 Winzip 压缩形成的文件）。

（4）更新方式。

在图 9—11 所示的“压缩文件名和参数”界面，选择“更新方式”选项，这是关于文件更新方面的内容，一般用于以前曾压缩过，现在由于更新等原因需要再压缩的情况。

（5）存档选项。

存档选项组中最常用的是“存档后删除原文件”和“创建自释放格式档案文件”。前者是在建立压缩文件后删除原来的文件；后者是创建一个 EXE 可执行文件，以后解压缩时，可以脱离 WinRAR 软件自行解压缩。

（6）压缩方式。

在图 9—11 所示的“压缩文件名和参数”界面，“压缩方式”选项用于对压缩的比例和压缩的速度进行选择。

（7）分卷、字节。

在图 9—11 所示的“压缩文件名和参数”界面，可以设定分卷大小和字节数，对文件进行分卷压缩。

（8）档案文件的密码设置。

如果对压缩后的文件有保密的要求，可以在图 9—11 所示的“压缩文件名和参数”界面，单击“高级”按钮，出现图 9—13 所示界面，单击“设置密码”按钮，出现图 9—14 所示的对话框。输入密码，单击“确定”按钮，即为压缩文件设置密码。

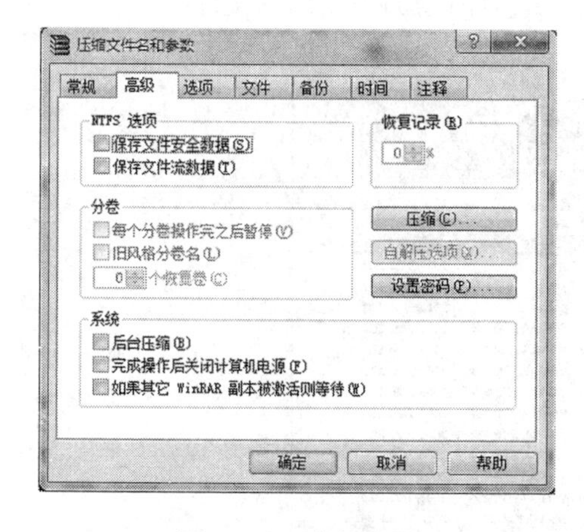

图 9—13　高级设置

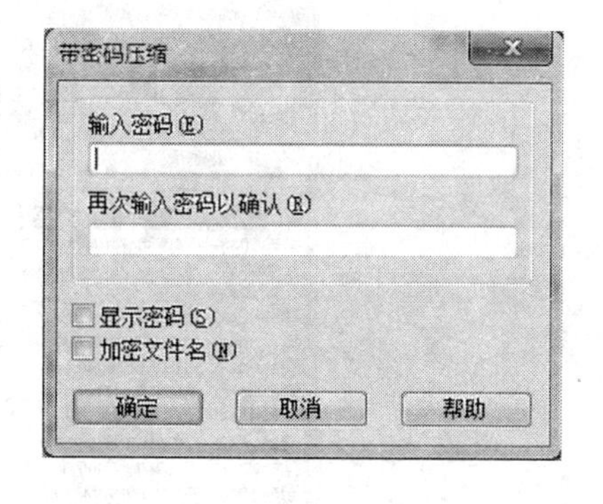

图 9—14　设置压缩密码

2. 使用 WinRAR 解压缩文件

（1）方法一。

在压缩文件上单击右键，出现类似于图 9—10 所示的“WinRAR 快捷菜单”，选择“解压文件”选项，出现图 9—15 所示的 WinRAR 解压缩界面，其中“目标路径”指的解压缩后的文件存放在磁盘上的位置。“更新方式”和“覆盖方式”是在解压缩文件与目标路径中的文件同名时的处理方式。

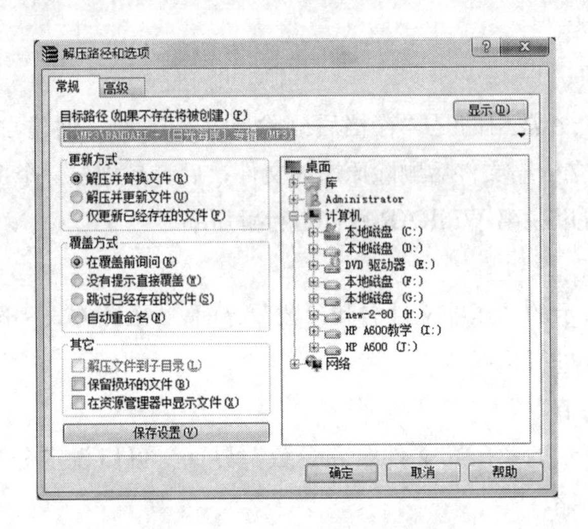

图 9—15　WinRAR 解压缩界面

（2）方法二。

在 Windows 的“资源管理器”窗口，双击压缩文件，出现图 9—16 所示的“WinRAR 解压文件”窗口，单击“解压到”按钮，接下来可按方法一所介绍的方法进行解压缩。单击“添加”按钮，可以向压缩包内增加需压缩的文件。

图 9—16　WinRAR 解压文件

习　题

一、简答题

1. 什么是多媒体技术?

2. 多媒体技术有哪些应用领域?

3. 说明多媒体计算机系统的层次结构。

4. 简述多媒体播放软件和多媒体制作软件。

5. 说明文字、图片、声音、动画数字化的计算机方法。

二、操作题

1. 利用 Windows 的“画图”程序，在“d:\myfile\bmp”文件夹建立一个文件名为“my_bmp.bmp”的图片文件，图片出现 5 颗大小不同、颜色不同的五角星图案。

2. 利用 Windows 的“录音机”，在“d:\myfile\mus”文件夹建立一个文件名为“my_mus.wam”的声音文件，任意录音 30 秒。

3. 利用 Windows 的“WinRAR”程序，在“d:\myfile”文件夹建立一个文件名为“my_rar.rar”的压缩文件，将“d:\myfile”文件夹以下的所有文件进行压缩。

4. 利用 Windows 的“WinRAR”程序，将“d:\myfile\my_rar.rar”压缩文件，解压缩到“d:\myfile”文件夹下。

5. 利用百度搜索歌曲“同一首歌.mp3”，将其下载到“d:\myfile\mus”文件夹，利用“Windows Media Player”软件播放该歌曲。

三、单选题

1. 以下关于多媒体技术的描述正确的是____。

A. 多媒体技术中的“媒体”概念特指音频和视频

B. 多媒体技术就是能用来观看的数字电影技术

C. 多媒体技术是指将多种媒体进行有机组合而成的一种新的媒体应用系统

D. 多媒体技术中的“媒体”概念不包括文本

2. 以下不能用于连接扫描仪的接口是____。

A. USB　　B. SCSI　　C. 并行接口　　D. VGA 接口

3. 以下用于获取视频信息的设备是____。

A. 声卡　　B. 彩色扫描仪

C. 数码摄像机　　D. 条码读写器

4. Windows 自带的多媒体软件工具是____。

A. Windows Media Player　　B. GoldWave
C. Winamp　　D. RealPlayer

5. 以下说法错误的是____。
A. 使用 Windows “画图” 可以给图像添加简单效果
B. 使用 Windows “录音机” 可以给声音添加简单效果
C. 使用 Windows Media Player 可以给视频添加简单效果
D. 使用 WinRAR 可以对 ZIP 文件进行解压缩

6. 以下软件不属于音频播放软件的是____。
A. Winamp　　B. 录音机
C. Premiere　　D. RealPlayer

7. 以下软件仅用于音频播放的软件是____。
A. QuickTime Player　　B. Media Player
C. 录音机　　D. 超级解霸

8. 以下关于文件压缩的说法错误的是____。
A. 文件压缩后文件尺寸一般会变小
B. 不同类型的文件的压缩比率是不同的
C. 文件压缩的逆过程称为解压缩
D. 文件压缩工具可以将 JPG 图像压缩 70%左右

9. 以下属于音频文件格式的是____。
A. WAV 格式　B. JPG 格式　C. DAT 格式　D. MOV 格式

10. 以下格式属于视频文件格式的是____。
A. WMA 格式　B. MOV 格式　C. MID 格式　D. MP3 格式

11. 下面属于多媒体创作工具的是____。
A. PhotoShop　　B. Fireworks
C. PhotoDraw　　D. Authorware

12. 能够同时在显示屏幕上实现输入输出的设备是____。
A. 手写笔　B. 扫描仪　C. 数码相机　D. 触摸屏

13. 使用 Windows “录音机” 不能实现的功能是____。
A. 给录制的声音设置回音效果
B. 给录制的声音设置加速效果
C. 给录制的声音设置渐隐效果
D. 给录制的声音设置反转效果

14. 以下有关 “Windows Media Player” 的说法正确的是____。
A. 媒体播放机可以用于为视频文件添加视频特效

B. 媒体播放机既能够播放视频文件，也能够播放音频文件

C. 媒体播放机可用于播放所有格式的视频文件

D. 媒体播放机只能观看视频文件，不能播放音频文件

15. 下面有关多媒体信息处理工具的说法正确的是____。

A. WinRAR 既可以用于压缩文件，也可以用于解压缩文件

B. 使用 WinRAR 制作的压缩文件可以在没有 WinRAR 的计算机中实现自动解压缩

C. Premiere 是一种专业的音频处理工具

D. Authorware 是一种专业的视频处理软件

16. 下列不属于常用的多媒体信息压缩标准的是____。

A. JPEG　　B. MP3　　C. LWZ　　D. MPEG

17. 使用 Windows 自带的“录音机”录音，计算机必须安装____。

A. 麦克风　　B. 耳机　　C. 软驱　　D. CD-ROM

18. 在 Windows 系统，录音机录制的声音文件的扩展名是____。

A. MID　　B. WAV　　C. AVI　　D. HTM

19. 以下不属于多媒体声卡功能的是____。

A. 录制音频文件　　B. 录制视频文件

C. 压缩和解压音频文件　　D. 可与 MIDI 设备连接

20. 下列选项最常用的三维动画制作工具是____。

A. Dreamweaver　　B. Fireworks

C. Flash　　D. 3D MAX

21. 下列选项中能处理图像的媒体工具是____。

A. 录音机　　B. 磁盘备份程序

C. 记事本　　D. Windows“画图”

22. 以下应用领域中属于典型的多媒体应用的是____。

A. 流媒体播发　　B. 电视广告播出

C. 电子表格处理　　D. 网络远端控制

23. 要把一台普通的计算机变成多媒体计算机，要解决的关键技术不包括____。

A. 多媒体数据压编码和解码技术　B. 视频音频数据的输出技术

C. 视频音频数据的实时处理　　D. 网络路由技术

24. 视频设备不包括____。

A. 视频监控卡　　B. 声霸卡

C. DV 卡、视频压缩卡、电视卡　　D. 视频采集卡

25. 视频信息的采集和显示播放是通过____。

A. 视频卡、播放软件和显示设备来实现的

B. 音频卡实现的

C. 通过三维动画软件生成实现的

D. 通过计算机运算实现的

26. 以下属于多媒体应用的是____。

A. 网上购物　　B. 科学计算

C. 视频会议　　D. 收发电子邮件

27. 计算机多媒体技术在教学中的应用不能够达到____。

A. 提供丰富的教学内容　　B. 提高学生的自主学习能力

C. 利用计算机辅助教学　　D. 学生做实验

28. 视频信息在计算机中的存储格式是____。

A. 模拟信号　　B. 视频信号　　C. 数字信号　　D. 数模信号

29. 计算机多媒体技术解决的关键问题____。

A. 多媒体技术的数据压缩和解压缩

B. 视频音频的播放

C. 视频音频的制作

D. 计算机的速度

30. 多媒体信息在计算机中的存储格式是____。

A. 二进制代码　　B. 多媒体代码

C. 模拟信号　　D. 数模信号

附录：单选题参考答案

第 1 章单选题答案

1. C	2. D	3. A	4. B	5. C	6. B	7. A	8. C	9. D	10. C
11. A	12. A	13. C	14. A	15. A	16. B	17. D	18. D	19. D	20. B

第 2 章单选题答案

1. B	2. B	3. C	4. B	5. C
6. D	7. A	8. A	9. B	10. A
11. B	12. C	13. A	14. D	15. B

第 3 章单选题答案

1. B	2. B	3. B	4. D	5. A
6. A	7. C	8. C	9. D	10. B
11. B	12. D	13. A	14. C	15. D

第 4 章单选题答案

1. B	2. A	3. C	4. C	5. B
6. A	7. B	8. D	9. A	10. C
11. B	12. D	13. B	14. A	15. B

第 5 章单选题答案

1. C	2. B	3. B	4. C	5. B
6. B	7. B	8. D	9. B	10. C
11. D	12. C	13. C	14. A	15. C

第 6 章单选题答案

1. A	2. B	3. B	4. D	5. B	6. D	7. C	8. A	9. A	10. D
11. B	12. A	13. C	14. B	15. B	16. B	17. A	18. C	19. A	20. A
21. D	22. C	23. A	24. D	25. D	26. D	27. B	28. A		

第 7 章单选题答案

1. A	2. D	3. D	4. C	5. A	6. D	7. B	8. A	9. A	10. A
11. A	12. B	13. A	14. B	15. B	16. D	17. A	18. B	19. D	20. B
21. C	22. B	23. B	24. D	25. C	26. C	27. D	28. B	29. A	30. D

第 8 章单选题答案

1. A	2. B	3. B	4. C	5. D	6. B	7. A	8. A	9. B	10. D
11. D	12. C	13. A	14. C	15. A	16. A	17. A	18. C	19. B	20. D
21. D	22. C	23. D	24. D	25. C	26. B	27. A	28. A	29. B	30. A

第 9 章单选题答案

1. C	2. A	3. C	4. A	5. C	6. C	7. C	8. D	9. A	10. B
11. D	12. D	13. B	14. B	15. A	16. C	17. A	18. B	19. D	20. D
21. D	22. A	23. D	24. B	25. A	26. C	27. D	28. C	29. A	30. A

参考文献

[1] 全国高校网络教育考试委员会办公室. 计算机应用基础（2013年修订版）. 北京：清华大学出版社，2013.

[2] 尤晓东等. 大学计算机应用基础. 北京：中国人民大学出版社，2009.

图书在版编目（CIP）数据

计算机应用基础/李刚主编．—北京：中国人民大学出版社，2014.3
21世纪远程教育精品教材．公共基础课系列
ISBN 978-7-300-19036-5

Ⅰ.①计… Ⅱ.①李… Ⅲ.①电子计算机-远程教育-教材 Ⅳ.①TP3

中国版本图书馆CIP数据核字（2014）第054499号

21世纪远程教育精品教材·公共基础课系列
计算机应用基础
主编 李 刚

出版发行	中国人民大学出版社		
社　　址	北京中关村大街31号	**邮政编码**	100080
电　　话	010－62511242（总编室）		010－62511770（质管部）
	010－82501766（邮购部）		010－62514148（门市部）
	010－62515195（发行公司）		010－62515275（盗版举报）
网　　址	http://www.crup.com.cn		
	http://www.ttrnet.com（人大教研网）		
经　　销	新华书店		
印　　刷	北京鑫丰华彩印有限公司		
规　　格	185 mm×260 mm　16开本	**版　　次**	2014年5月第1版
印　　张	17.5	**印　　次**	2019年12月第7次印刷
字　　数	321 000	**定　　价**	38.00元

教师信息反馈表

为了更好地为您服务，提高教学质量，中国人民大学出版社愿意为您提供全面的教学支持，期望与您建立更广泛的合作关系。请您填好下表后以电子邮件或信件的形式反馈给我们。

您使用过或正在使用的我社教材名称		版次	
您希望获得哪些相关教学资料			
您对本书的建议（可附页）			
您的姓名			
您所在的学校、院系			
您所讲授课程的名称			
学生人数			
您的联系地址			
邮政编码		联系电话	
电子邮件（必填）			
您是否为人大社教研网会员	□ 是，会员卡号：__________ □ 不是，现在申请		
您在相关专业是否有主编或参编教材意向	□ 是 □ 否 □ 不一定		
您所希望参编或主编的教材的基本情况（包括内容、框架结构、特色等，可附页）			

我们的联系方式：北京市海淀区中关村大街甲 59 号文化大厦 1508（2）室

中国人民大学出版社教育分社

邮政编码：100872

电话：010-62515905

网址：http://www.crup.com.cn/jiaoyu/

E-mail：jyfs_2007@126.com